江西省林业局林业科技创新专项资金项目
赣南师范大学出版基金 资助出版

江西优良乡土树种识别与应用

刘仁林　谢宜飞　编著

中国林业出版社

图书在版编目（CIP）数据

江西优良乡土树种识别与应用 / 刘仁林 , 谢宜飞编著 . -- 北京 : 中国林业出版社 , 2021.8
　　ISBN 978-7-5219-1301-9

　　Ⅰ . ①江… Ⅱ . ①刘… ②谢… Ⅲ . ①树种—识别—江西 Ⅳ . ① S79

中国版本图书馆 CIP 数据核字 (2021) 第 159514 号

策划编辑：李春艳
责任编辑：李春艳　　刘开运　　郑雨馨
出版发行：中国林业出版社（北京市西城区德胜门内大街刘海胡同 7 号 100009）
邮箱：377406220@qq.com
电话：010-83143520
印刷：河北京平诚乾印刷有限公司
版次：2021 年 10 月第 1 版
印次：2021 年 10 月第 1 次
开本：880mm×1230mm　1/16
印张：20.5
字数：480 千字
定价：268.00 元

前 言

江西植物资源丰富，在中国植物区系分区位置中属于泛北极植物区，中国–日本森林植物亚区，华东植物地区；在中国植被区划中属于亚热带常绿阔叶林区域，东部（湿润）亚热带常绿阔叶林亚区域，中亚热带常绿阔叶林地带；地跨中亚热带北部亚地带和南部亚地带，森林树种多样性丰富，而且具有南亚热带和温带成分的交汇特点，保护、利用的潜力较大，开发利用方向广阔。初步统计江西种子植物约4000种（含栽培种以下等级），隶属于196科1100属。为了可持续利用这些丰富的多样性植物资源，作者对江西的优良乡土树种进行了长期的调查研究，掌握了它们的分布地点、生境和分类学特征，分析其生态学、生物学特性以及适应的环境类型和相应的繁殖技术、功能应用方向，然后进行理论分析，完成了《江西优良乡土树种识别与应用》的撰写。本书共收录优良乡土树种206种，适合林业、园林、园艺、环保、生物多样性保护、生态保护与规划、"三化"树种规划与选择，以及高等院校生物科学教学与研究等各行业的使用。

"乡土树种"是生产实践中的"术语"，不是严格意义的专业术语，它是指符合下列主要条件的树种：适应人工栽培的环境；通过试验研究掌握了其繁殖技术及其生物学、生态学习性；野生分布于一定的地理区域。"优良乡土树种"不仅符合"乡土树种"的主要条件，而且经过进一步的研究，在实践应用中更具有针对性、可操作性、成功率高的特点。显然，乡土树种不是一般意义的野生植物名录。对于极少量的一些特殊种类，如水杉、池杉、落羽杉、中山杉虽然在江西境内没有野生分布，但它们在江西广泛栽培、历史悠久。为了方便比较水杉与池杉、落羽杉、中山杉的区别，也将其收录在本书中；桢楠在江西也没有野生分布，但栽培较多，林农希望掌握桢楠与闽楠的区别和应用，故也将其列于书中。

《江西优良乡土树种识别与应用》一书的主要特点有以下五个方面。一是优良树种的优良性状具有明显的针对性，主要针对六个功能方面：观赏（又分为彩叶、观花、观果、特殊观赏、树形观赏五个类型）、反映自然地理特征、优良用材、药用、野生果树和生态修复。二是具有可靠的适应性。虽然野生植物资源丰富，但并不是随意挑选一种植物就能适应所栽培的环境。因此，必须在调查、观测的基础上，掌握其生物学特性、生态学习性，然后才能挑选出适应于相应的栽培环境类型的树种。这项工作是在长期的研究积累基础之上实现的。三是应用技术可行。树种的繁殖技术是应用成功的关键环节，由于本书涉及的树种较多，其中又有许多没有繁殖试验的文献报道，本书相应内容是经过了较长时间的试验积累，以使所选录的树种的繁殖技术在实际应用中可行、有效。四是明确了每一树种的功能应用方向。在熟悉这些树种的生物学特性、生态学习性的基础上，依据其优良特性，提出了相应的应用方向。其中有些树种具有多个应用方向，本书也以表格形式一一列出，以备实践应用选择。五是采用图示的直观方法。解释了与分类识别密切相关的术语，有利于对识别特征的准确理解和判断，这一特点不同于一般的植物志或图谱，可适合不同层次的人群阅读。

鉴于上述特点，本书在树种的编排顺序上具有独特性，与其他图谱不同。首先本书树种不是按照分类系统排列，而是按照树种的重要性顺序排列。这个重要性顺序的综合表达就是针对某一功能目标（如要达到彩叶观赏的功能目标），确定选择哪些树种更容易成功；其次，为使所选用的树种在实际应用中获得成功，指出了这些树种在这一功能方面的价值高低、适应性程度、繁殖难易程度三个重要性状（反映在树种的排列顺序上）；最后，让应用者择优良树种而用之。这样的排列符合技术应用的逻辑规律，也符合读者"关注"效应的发生规律，方便读者使用。

《江西优良森林树种识别与应用》是江西省林业局林业科技创新专项资金资助项目，由赣南师范大学生命科学学院刘仁林（教授/博士）、谢宜飞（博士）共同完成。由于本书涉及的内容较广泛，难免存在疏忽、错漏之处，望不吝赐教。

编著者
2021年8月20日

目 录

第一部分　主要术语图解

1. **芽的类型** …………………… 002
2. **叶的形态特征** ……………… 003
   - 2.1　单叶与复叶 ……………… 003
   - 2.2　叶着生方式 ……………… 004
   - 2.3　叶脉类型 ………………… 005
   - 2.4　叶基形状 ………………… 006
   - 2.5　叶边缘 …………………… 007
   - 2.6　叶片基本形状 …………… 007
   - 2.7　托叶（生于叶柄基部）… 008
   - 2.8　裸子植物的叶 …………… 008
3. **被子植物的花** ……………… 010
   - 3.1　花的构成 ………………… 010
   - 3.2　花托的变化 ……………… 011
   - 3.3　子房的位置 ……………… 011
   - 3.4　心皮的类型 ……………… 013
   - 3.5　胎座类型 ………………… 014
   - 3.6　花序类型 ………………… 015
4. **果的类型** …………………… 017
   - 4.1　被子植物的果实 ………… 017
   - 4.2　裸子植物的果 …………… 022

第二部分　优良乡土树种的识别

一、观赏树种 …………………………… 024
（一）彩叶树种 ……………………… 024
　银杏 ………………………………… 024
　山乌桕 ……………………………… 025
　乌桕 ………………………………… 026
　圆叶乌桕 …………………………… 027
　枫香 ………………………………… 028
　红花檵木 …………………………… 029
　无患子 ……………………………… 030
　吴茱萸五加 ………………………… 031
　鹅掌楸 ……………………………… 032
　金叶含笑 …………………………… 033
　紫果槭 ……………………………… 034
　天台阔叶槭 ………………………… 035
　青榨槭 ……………………………… 036
　中华槭 ……………………………… 037
　深裂叶中华槭 ……………………… 038
　五裂槭（原亚种）………………… 039
　榔榆 ………………………………… 040
　朴树 ………………………………… 041
　西川朴 ……………………………… 042
　檫木 ………………………………… 043
　山胡椒 ……………………………… 044
　白蜡树 ……………………………… 045

苦楝 …………………………………… 046
蓝果树 ………………………………… 047
椴树 …………………………………… 048
槲栎 …………………………………… 049
槲树 …………………………………… 050
麻栎 …………………………………… 051
栓皮栎 ………………………………… 052
黄连木 ………………………………… 053
野漆树 ………………………………… 054
棟叶吴萸 ……………………………… 055
臭椿（原变种） ……………………… 056
天料木（原变种） …………………… 057
天师栗 ………………………………… 058
全缘琴叶榕 …………………………… 059
蜡梅 …………………………………… 060
五列木 ………………………………… 061
加拿大杨 ……………………………… 062
中山杉 ………………………………… 063
池杉 …………………………………… 064
墨西哥落羽杉 ………………………… 065
水杉 …………………………………… 066
金钱松 ………………………………… 067

（二）观花类 …………………………… 068
广西紫荆（南岭紫荆） ……………… 068
湖北紫荆 ……………………………… 069
金缕梅 ………………………………… 070
钟花樱花 ……………………………… 071
山樱花 ………………………………… 072
栾树 …………………………………… 073
庐山芙蓉（原变种） ………………… 074
伏毛杜鹃 ……………………………… 075
杜鹃（映山红） ……………………… 076
龙岩杜鹃 ……………………………… 077
丝线吊芙蓉 …………………………… 078
鹿角杜鹃 ……………………………… 079
刺毛杜鹃 ……………………………… 080
齿缘吊钟花 …………………………… 081
灯笼花 ………………………………… 082

（三）观果树种 …………………………… 083
梧桐 …………………………………… 083
红果罗浮槭 …………………………… 084
岭南槭 ………………………………… 085
复羽叶栾树 …………………………… 086
冬青 …………………………………… 087
铁冬青 ………………………………… 088
枸骨 …………………………………… 089
大叶冬青 ……………………………… 090
野鸦椿 ………………………………… 091
圆齿野鸭椿 …………………………… 092
华南青皮木 …………………………… 093
猴欢喜 ………………………………… 094
山桐子 ………………………………… 095
鸡树条（天目琼花） ………………… 096
南方红豆杉 …………………………… 097

（四）特殊观赏树种 ……………………… 098
紫茎 …………………………………… 098
尾叶紫薇 ……………………………… 099
大叶桂樱 ……………………………… 100
异色泡花树 …………………………… 101
油柿 …………………………………… 102
光皮树（光皮棶木） ………………… 103

（五）树形观赏树种 ……………………… 104
香叶树 ………………………………… 104
黑壳楠（原变型） …………………… 105
红楠 …………………………………… 106
川桂 …………………………………… 107
密花梭罗 ……………………………… 108
毡毛泡花树 …………………………… 109
棱角山矾 ……………………………… 110

老鼠矢 …………………………… 111
乐东拟单性木兰 ………………… 112
井冈山木莲 ……………………… 113
花榈木 …………………………… 114
日本杜英（薯豆）……………… 115
多花山竹子 ……………………… 116
树参 ……………………………… 117
蕈树（阿丁枫）………………… 118
江西褐毛四照花 ………………… 119

二、反映自然地理特征的主要树种
……………………………………… 120
樟树（香樟）…………………… 120
猴樟 ……………………………… 121
紫楠 ……………………………… 122
广东琼楠 ………………………… 123
毛锥（南岭栲）………………… 124
栲（丝栗栲）…………………… 125
青冈 ……………………………… 126
细柄蕈树 ………………………… 127
木荷 ……………………………… 128
川榛 ……………………………… 129

三、优良用材树种 ………………… 130
浙江润楠 ………………………… 130
刨花润楠 ………………………… 131
浙江楠 …………………………… 132
闽楠 ……………………………… 133
桢楠（楠木）…………………… 134
黄樟 ……………………………… 135
沉水樟 …………………………… 136
豹皮樟 …………………………… 137
大果木姜子 ……………………… 138
越南安息香（东京野茉莉）…… 139

红皮树（栓叶安息香）………… 140
红花香椿 ………………………… 141
翅荚香槐 ………………………… 142
香槐 ……………………………… 143
木荚红豆 ………………………… 144
红豆树 …………………………… 145
苍叶红豆（软荚红豆的变型）…… 146
肥皂荚 …………………………… 147
大叶榉树（原榉树）…………… 148
榉树（原光叶榉）……………… 149
赤皮青冈 ………………………… 150
红锥（小红栲）………………… 151
白花泡桐 ………………………… 152
杉木 ……………………………… 153
江南油杉 ………………………… 154
铁坚油杉 ………………………… 155
长苞铁杉 ………………………… 156
福建柏 …………………………… 157

四、药用树种 ……………………… 158
红花凹叶厚朴 …………………… 158
苦树（苦木）…………………… 159
半枫荷 …………………………… 160
青钱柳 …………………………… 161
黄花倒水莲 ……………………… 162
锐尖山香圆（山香圆）………… 163
钩藤 ……………………………… 164
金豆 ……………………………… 165
酸橙 ……………………………… 166
枳（枸橘）……………………… 167
栀子（黄栀子）………………… 168
广东紫珠 ………………………… 169
老鸦柿 …………………………… 170
余甘子 …………………………… 171
钩吻 ……………………………… 172

五、野生果树树种 ……… 173

　麻梨（鹅梨） ……………… 173
　豆梨 ………………………… 174
　台湾林檎 …………………… 175
　枳椇 ………………………… 176
　南酸枣 ……………………… 177
　锥栗 ………………………… 178
　野柿 ………………………… 179
　毛花猕猴桃 ………………… 180
　三叶木通 …………………… 181
　尾叶那藤 …………………… 182
　桃金娘 ……………………… 183
　南烛（乌饭树） …………… 184
　褐毛杜英（冬桃、青果） … 185

六、生态修复树种 ……… 186

（一）土壤修复树种 ……… 186

1. 乔木类 ……………… 186

　木油桐 ……………………… 186
　构树 ………………………… 187
　厚壳树 ……………………… 188
　野枣（枣） ………………… 189
　虎皮楠 ……………………… 190
　皂荚 ………………………… 191

2. 灌木及藤本 ………… 192

　窄叶短柱茶 ………………… 192
　岗松 ………………………… 193
　单叶蔓荆 …………………… 194
　黄荆 ………………………… 195
　檵木 ………………………… 196
　长叶冻绿 …………………… 197
　硬毛马甲子 ………………… 198

　轮叶蒲桃（三叶赤楠） …… 199
　显齿蛇葡萄 ………………… 200

（二）矿区修复木本植物 … 201

　老虎刺 ……………………… 201
　刺槐 ………………………… 202
　葛藤（葛） ………………… 203
　常春油麻藤 ………………… 204
　夹竹桃 ……………………… 205
　粗叶悬钩子 ………………… 206
　广东蛇葡萄 ………………… 207
　算盘子 ……………………… 208
　蓖麻 ………………………… 209
　山芝麻 ……………………… 210
　白背黄花稔（原变种） …… 211
　梵天花（原变种） ………… 212

（三）湿地修复树种 ……… 213

　水松 ………………………… 213
　枫杨 ………………………… 214
　风箱树 ……………………… 215
　水团花 ……………………… 216
　细叶水团花 ………………… 217
　长梗柳（原变种） ………… 218
　石榕树 ……………………… 219

（四）石头山环境修复的树种 …… 220

　枹栎 ………………………… 220
　多穗柯（木姜叶柯、甜茶） … 221
　东南栲（秀丽锥、乌楣栲） … 222
　青檀 ………………………… 223
　女贞 ………………………… 224
　构棘（葨芝） ……………… 225
　山麻杆 ……………………… 226
　李 …………………………… 227
　珍珠莲（变种） …………… 228

第三部分 优良乡土树种的应用

一、观赏树种 ……………………… 230

（一）彩叶树种 ……………………… 230

银杏　山乌桕 ……………………… 230

乌桕　圆叶乌桕　枫香 …………… 231

红花檵木　无患子　吴茱萸五加 … 232

鹅掌楸　金叶含笑　紫果槭 ……… 233

天台阔叶槭　青榨槭　中华槭

深裂叶中华槭 …………………… 234

五裂槭（原亚种）　榔榆　朴树 … 235

西川朴　檫木　山胡椒　白蜡树… 236

苦楝　蓝果树 ……………………… 237

椴树　槲栎　槲树　麻栎 ………… 238

栓皮栎　黄连木　野漆树

棟叶吴萸 ………………………… 239

臭椿（原变种）　天料木（原变种）

天师栗 …………………………… 240

全缘琴叶榕　蜡梅　五列木

加拿大杨 ………………………… 241

中山杉　池杉　墨西哥落羽杉 …… 242

水杉　金钱松 ……………………… 243

（二）观花类 ……………………… 243

广西紫荆（南岭紫荆）…………… 243

湖北紫荆　金缕梅　钟花樱花

山樱花 …………………………… 244

栾树　庐山芙蓉（原变种）……… 245

伏毛杜鹃　杜鹃（映山红）

龙岩杜鹃　丝线吊芙蓉 ………… 246

鹿角杜鹃　刺毛杜鹃

齿缘吊钟花 ……………………… 247

灯笼花 ……………………………… 248

（三）观果树种 ……………………… 248

梧桐　红果罗浮槭　岭南槭 ……… 248

复羽叶栾树　冬青　铁冬青 ……… 249

枸骨　大叶冬青　野鸦椿 ………… 250

圆齿野鸭椿　华南青皮木

猴欢喜 …………………………… 251

山桐子　鸡树条（天目琼花）…… 252

南方红豆杉 ………………………… 253

（四）特殊观赏树种 ……………… 253

紫茎　尾叶紫薇 …………………… 253

大叶桂樱　异色泡花树　油柿 …… 254

光皮树（光皮梾木）……………… 255

（五）树形观赏树种 ……………… 255

香叶树　黑壳楠（原变型）……… 255

红楠　川桂　密花梭罗 …………… 256

毡毛泡花树　棱角山矾　老鼠矢 … 257

乐东拟单性木兰　井冈山木莲

花桐木 …………………………… 258

日本杜英（薯豆）　多花山竹子

树参 ……………………………… 259

薯树（阿丁枫）

江西褐毛四照花 ………………… 260

二、反映自然地理特征的主要树种

 ……………………………………… 261

樟树（香樟）　猴樟　紫楠 ……… 261

广东琼楠　毛锥（南岭栲）

栲（丝栗栲）…………………… 262

青冈　细柄薯树　木荷 …………… 263

川榛 ………………………………… 264

三、优良用材树种 ………………… 265

浙江润楠　刨花润楠　浙江楠 …… 265

闽楠　桢楠（楠木）　黄樟 …………… 266
沉水樟　豹皮樟　大果木姜子 ……… 267
越南安息香（东京野茉莉）
红皮树（栓叶安息香）　红花香椿 … 268
翅荚香槐　香槐　木荚红豆 ………… 269
红豆树　苍叶红豆（软荚红豆的变型）
肥皂荚 …………………………………… 270
大叶榉　榉树　赤皮青冈
红锥（小红栲）………………………… 271
白花泡桐　杉木　江南油杉 ………… 272
铁坚油杉　长苞铁杉　福建柏 ……… 273

四、药用树种 …………………………… 274
红花凹叶厚朴　苦树（苦木）
半枫荷 …………………………………… 274
青钱柳　黄花倒水莲
锐尖山香圆（山香圆）………………… 275
钩藤　金豆　酸橙 …………………… 276
枳（枸橘）　栀子（黄栀子）
广东紫珠 ………………………………… 277
老鸦柿　余甘子　钩吻 ……………… 278

五、野生果树树种 …………………… 279
麻梨（鹅梨）　豆梨　台湾林檎 … 279
枳椇　南酸枣 ………………………… 280
锥栗　野柿　毛花猕猴桃 …………… 281
三叶木通　尾叶那藤　桃金娘 …… 282
南烛（乌饭树）
褐毛杜英（冬桃，青果）…………… 283

六、生态修复树种 …………………… 284
（一）土壤修复树种 ………………… 284
1. 乔木类 …………………………… 284

木油桐　构树 ………………………… 284
厚壳树　野枣（枣）　虎皮楠 …… 285
皂荚 ……………………………………… 286

2. 灌木及藤本 …………………… 286
窄叶短柱茶　岗松　单叶蔓荆 …… 286
黄荆　檵木　长叶冻绿 ……………… 287
硬毛马甲子　轮叶蒲桃（三叶赤楠）
显齿蛇葡萄 …………………………… 288

（二）矿区修复木本植物 …………… 289
老虎刺　刺槐　葛藤（葛）
常春油麻藤 …………………………… 289
夹竹桃　粗叶悬钩子　广东蛇葡萄 290
算盘子　蓖麻　山芝麻 ……………… 291
白背黄花稔（原变种）
梵天花（原变种）…………………… 292

（三）湿地修复树种 ………………… 292
水松　枫杨 …………………………… 292
风箱树　水团花　细叶水团花 …… 293
长梗柳（原变种）　石榕树 ……… 294

（四）石头山环境修复的树种 …… 294
枹栎　多穗柯（木姜叶柯，甜茶） 294
东南栲（秀丽锥，乌楣栲）
青檀　女贞 …………………………… 295
构棘（葨芝）　山麻杆　李
珍珠莲 ………………………………… 296

七、应用术语说明 …………………… 298
（一）果实处理 ……………………… 298
堆沤法 ………………………………… 298
阴干法 ………………………………… 298

（二）种子储藏 ……………………… 298
干藏 …………………………………… 298
普通沙藏 ……………………………… 298

  特殊沙藏 …………………………… 298

（三）播种 …………………………… 298
  播种法Ⅰ …………………………… 298
  播种法Ⅱ …………………………… 299
  播种法Ⅲ …………………………… 299

（四）扦插 …………………………… 301
  扦插Ⅰ ……………………………… 301
  扦插Ⅱ ……………………………… 302
  扦插法Ⅲ …………………………… 302

八、同一树种的多功能应用方向
…………………………… 303

（一）两用树种 ……………………… 303

（二）三用树种 ……………………… 306

中文名索引 …………………………… 307
学名索引 ……………………………… 311

第一部分
主要术语图解

1. 芽的类型

顶芽鳞芽

腋芽

裸芽（露出叶纹）

包含的叶

混合芽（含叶、花）

包含的花，先展叶后开花

叶柄基部膨空套住芽

芽

叶柄下芽

芽的种类
- ①按芽的位置分：定芽（包括顶芽、腋芽=侧芽）和不定芽。
- ②按芽鳞分：裸芽、鳞芽、叶柄下芽。
- ③按发育性质分：叶芽（含枝）、花芽、混合芽。
- ④按活动性分：活动芽和休眠芽。

一个芽有三个发育方向
- 抽枝、展叶，这种芽叫叶芽。
- 既抽枝展叶，也开花，这种芽叫混合芽。
- 开花、结果，这种芽叫花芽。

2. 叶的形态特征

2.1 单叶与复叶

单叶，叶腋具芽

小叶基部无芽；奇数一回羽状复叶，顶端仅具 1 枚叶片
叶轴不分枝（一回）

叶轴二次分枝所再生叶
二回奇数羽状复叶

偶数羽状复叶，叶轴顶端并生 2 枚小叶

掌状复叶，4 枚以上叶片从叶轴顶点辐射生出

三出复叶，仅 3 枚小叶

叶基部关节
叶轴狭翅
单身复叶

叶基部关节
叶轴狭翅
单身复叶

叶基部关节
叶轴狭翅
指状单身复叶

2.2 叶着生方式

2.3 叶脉类型

2.4 叶基形状

2.5 叶边缘

全缘（边缘无锯齿） 单锯齿 重锯齿（一个锯齿上还有一个或多个小锯齿）

2.6 叶片基本形状（其他形状是在此基础上添加形容词而成，如卵状披针形等）

卵形（叶片最宽处位于中线以下） 倒卵形（最宽处位于中线以上） 椭圆形（最宽处位于中线）

2.7 托叶（生于叶柄基部）

托叶针形

托叶叶状

托叶与叶柄基部合生，且流苏状分裂

托叶刺

2.8 裸子植物的叶

叶鞘
针叶（两针一束）

针叶（五针一束）

钻形叶（基部较宽）

条形叶，螺旋排列

鳞叶紧贴枝条，螺旋状排列

鳞叶（叶为鱼鳞状，如柏类）

鳞叶异形（正面平，绿色）

福建柏

叶背中脉两侧有淡绿色气孔带

南方红豆杉

叶交互对生
此 2 枚叶片与下方一对成十字架对生，但基部扭曲成平面二列

此 2 叶片对生

水杉

每一节 3 片鳞叶

鳞叶异形（背面凹、具白粉）

福建柏

第一部分 主要术语图解

3. 被子植物的花

3.1 花的构成

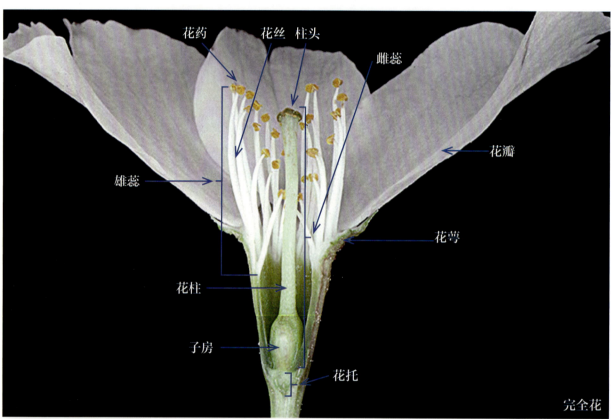

完全花

蝶形花

无萼花

副萼花

3.2 花托的变化

花托柱状隆起

花托隆起圆锥状

花托膨大包被子房

苦瓜

3.3 子房的位置

子房上位（花下位，即长在子房下面）

子房上位（花下位）

花托
花梗

子房上位（花下位，果期仍可辨）

子房上位（花周位）

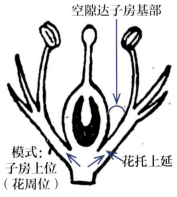
空隙达子房基部

模式：子房上位（花周位）
花托上延

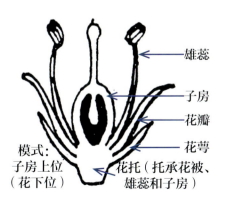
雄蕊
子房
花瓣
花萼
花托（托承花被、雄蕊和子房）

模式：子房上位（花下位）

子房下位（花上位）

子房露出一半
子房半下位（花周位）

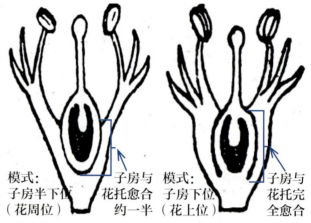
模式：子房半下位（花周位）　子房与花托愈合约一半
模式：子房下位（花上位）　子房与花托完全愈合

胎座
种子
果皮（子房壁发育而来）
伯乐树果（中轴胎座）

子房与花托完全愈合
子房下位（花上位）

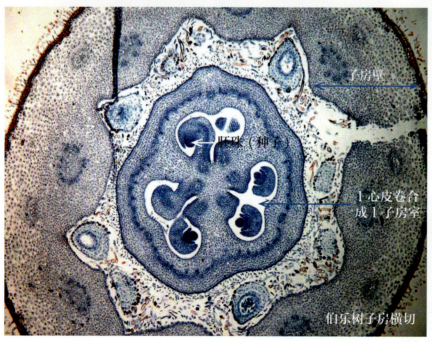
子房壁
胚珠（种子）
1心皮卷合成1子房室
伯乐树子房横切

残留花萼
子房下位（花上位，果期）

3.4 心皮的类型

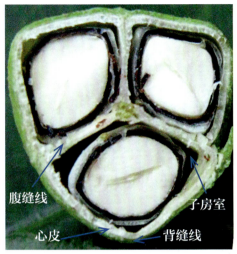

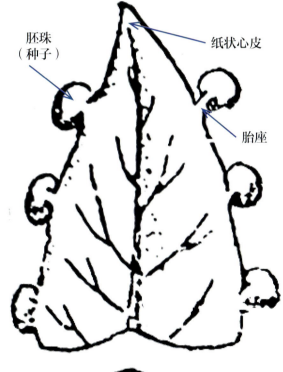

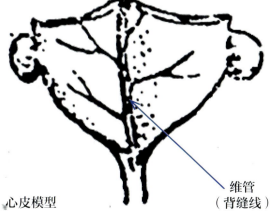

3.5 胎座类型

边缘胎座（豆荚）

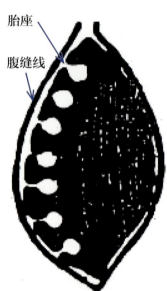
胎座
腹缝线
模式：边缘胎座

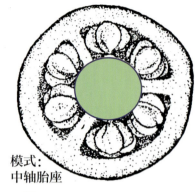
模式：中轴胎座

中轴胎座（秋葵）

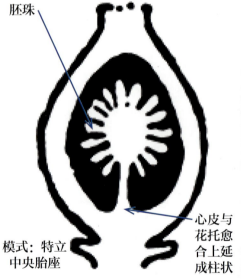
胚珠
心皮与花托愈合上延成柱状
模式：特立中央胎座

胚珠（种子）
特立中央胎座

中轴胎座（秋葵）

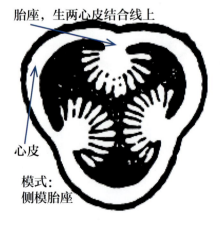
胎座，生两心皮结合线上
心皮
模式：侧模胎座

心皮
胚珠
胎座在两心皮结合处
侧模胎座

胎座，在两心皮结合处
侧模胎座（石榴）

3.6 花序类型

花梗

模式：总状花序

总状花序

果梗（花梗）

总状花序（果期）

穗状花序（无花梗）

无花梗

模式：穗状花序，（直立）

模式：复穗状花序（多次分枝，无花梗）

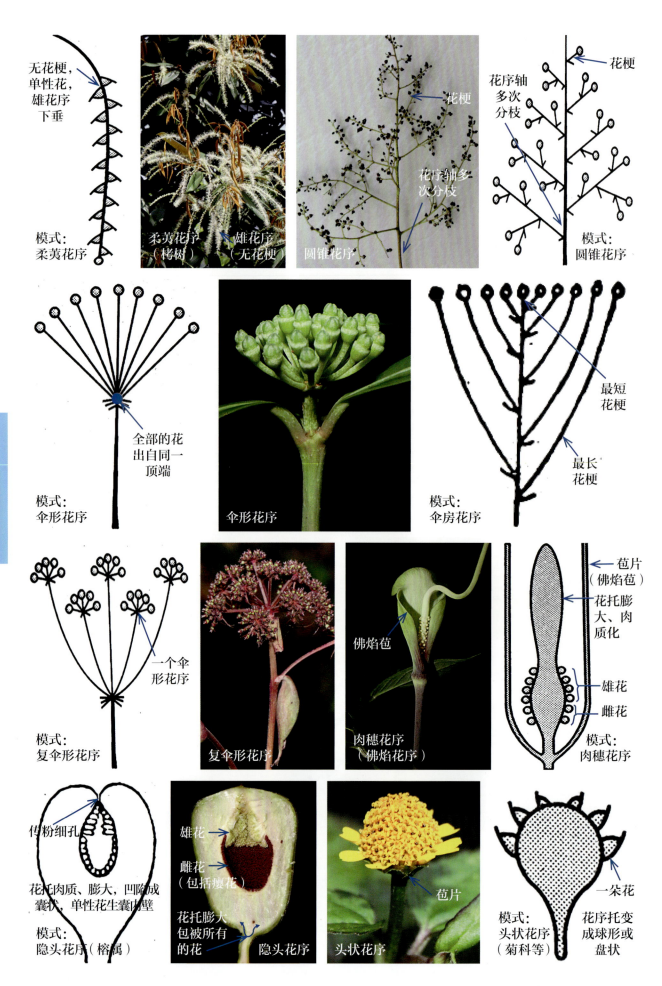

4. 果的类型

4.1 被子植物的果实

中、内果皮及胎座肉质化，汁多

浆果（猕猴桃）

浆果（黄瓜）

汁囊，由膜质内果皮产生

外果皮

中果皮

浆果（亦柑果）

浆果（亦瓠果，葫芦科类）

核果（野核桃，横切面）

核果（李）

核果（李）

核果（野核桃）

蓇葖果（单心皮，离生）

蓇葖果（单心皮，离生）

梨果（苹果）

梨果（麻梨）

荚果

蒴果（油茶）

蒴果（果皮木质、开裂）

结合点
角果（2心皮）

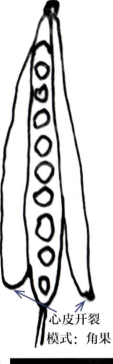
心皮开裂
模式：角果

瘦果（2心皮）

种子生于基部
心皮（亦果皮）木质，易与种子分离
瘦果（纵切）

翅（果皮延伸）
含种子
翅果

翅果

苞片（花序苞片演变而来）
坚果
坚果（总苞包被）

坚果总苞（背面）

坚果（总苞外壁刺状，全包坚果）

坚果（总苞刺状）

坚果（从背后看苞片发育为总苞）

坚果（总苞碗状，亦壳斗）

双悬果（2心皮）

双悬果（顶部不分开）

模式：双悬果

聚合核果（悬钩子属）
单个核果
残留花柱

复果（亦聚花果 由花序而成）

复果（由花序托而成）

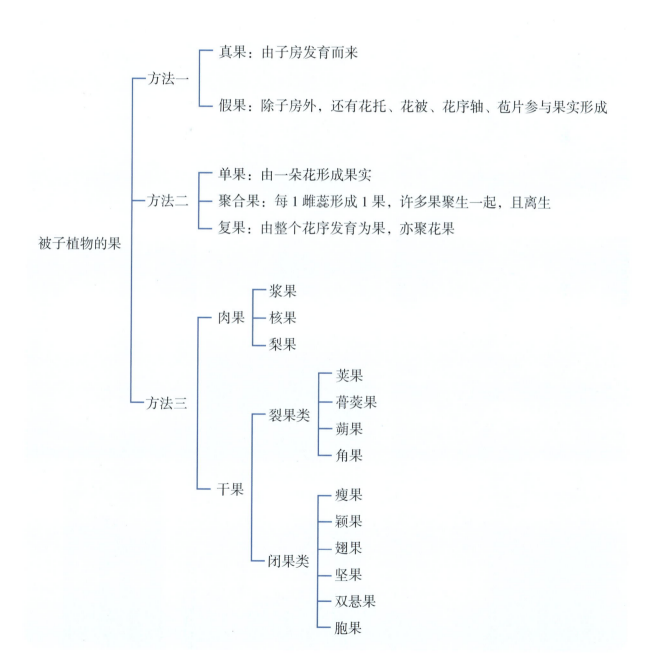

被子植物的果
- 方法一
  - 真果：由子房发育而来
  - 假果：除子房外，还有花托、花被、花序轴、苞片参与果实形成
- 方法二
  - 单果：由一朵花形成果实
  - 聚合果：每1雌蕊形成1果，许多果聚生一起，且离生
  - 复果：由整个花序发育为果，亦聚花果
- 方法三
  - 肉果
    - 浆果
    - 核果
    - 梨果
  - 干果
    - 裂果类
      - 荚果
      - 蓇葖果
      - 蒴果
      - 角果
    - 闭果类
      - 瘦果
      - 颖果
      - 翅果
      - 坚果
      - 双悬果
      - 胞果

4.2 裸子植物的果

银杏果（具肉质种皮）

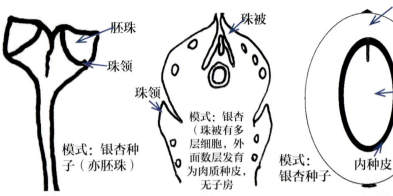
模式：银杏种子（亦胚珠） ｜ 模式：银杏（珠被有多层细胞，外面数层发育为肉质种皮，无子房） ｜ 模式：银杏种子

球果（马尾松）

种鳞（背面）

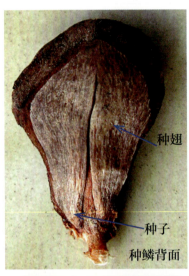
种鳞背面

球果（柳杉）

红豆杉种子

红豆杉种子

三尖杉种子

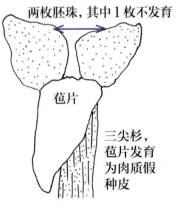
三尖杉，苞片发育为肉质假种皮

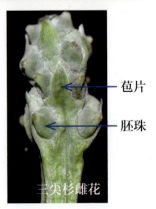
三尖杉雌花

第二部分
优良乡土树种的识别

一、观赏树种

（一）彩叶树种

银杏 Ginkgo biloba L.　银杏科 Ginkgoaceae　银杏属 Ginkgo

形态特征： 落叶乔木，高可达 20~30m，枝条有长枝和短枝之分。叶扇形，顶端 1~3 裂，叶柄较长 3~8cm，叶无毛；通常在长枝上螺旋状散生，短枝上簇生状，秋、冬季为黄色。雌雄异株、花单性；雄球花下垂，具短梗；雌球花具长梗，梗端常分两叉，每叉顶生一枚盘状珠座，胚珠着生其上，其中一个叉端的胚珠发育成种子，风媒传粉。开花期 3~4 月，种子成熟期 9 月（下旬）至 11 月。

分布： 江西南昌、庐山、幕府山黄龙寺、井冈山茨坪等各地有栽培。据记载仅浙江天目山有野生分布；全国广泛栽培，已逸为野生。

生境： 生于海拔 200~2000m 的山坡下部、寺庙等地方；幼树耐阴，大树喜光。

识别要点
①④ 具短枝；叶扇形、平行脉；
② 种子球形、具肉质种皮；
③ 高大乔木，秋叶金黄色。

山乌桕 Sapium discolor (Champ. ex Benth.) Muell.- Arg.　大戟科 Euphorbiaceae　乌桕属 Sapium

形态特征：落叶乔木，高约 15m，全株无毛。叶嫩时淡红色，叶片椭圆形，长 6~10cm，宽 3~5cm，叶柄长 2~7cm，顶部具 2 枚腺体。花单性，雌雄同株，顶生总状花序，雌花生于花序轴下部。蒴果球形，直径约 2cm，中轴胎座；种子近球形，长约 0.6cm。开花期 4~6 月，果成熟期 9 月（下旬）至 10 月。

分布：江西庐山、九岭山、南昌梅岭、武功山、井冈山、九连山、寻乌项山等山区有分布。云南、四川、贵州、湖南、广西、广东、安徽、福建、浙江、台湾等地也有分布。

生境：生于海拔 300~1200m 的路边、疏林内、山坡中上部，少见于山谷；喜光。

识别要点
① 蒴果木质、球形；　③ 叶椭圆状，羽状脉；
② 乔木；秋叶红色；　④ 叶柄顶部具 2 枚腺体。

乌桕 Sapium sebiferum (L.) Roxb.　大戟科 Euphorbiaceae　乌桕属 Sapium

形态特征： 落叶乔木，高约15m，全株无毛，嫩枝或叶柄折断后出现乳汁。叶互生、近菱形，长3~8cm，宽3~9cm，全缘；叶柄长2.5~6cm，顶端具2枚腺体。花单性，雌雄同株，顶生总状花序，雌花生于花序轴最下部，或整个花序全为雄花。蒴果近球形，熟时黑色，直径约1.5cm；种子白色，外被蜡质假种皮。开花期4~8月，果成熟期9~10月。

分布： 江西各县有分布。陕西、甘肃、云南、四川、贵州、广西、广东、浙江、福建、台湾等地均有分布。

生境： 生于海拔100~1000m的河边、水塘边、路边、荒山、疏林内、公园；喜光。

识别要点
①、④秋叶红色或金黄色；
②叶柄顶部具2枚腺体，叶近菱形；
③花柱3裂，子房上位。

圆叶乌桕　Sapium rotundifolium Hemsl.　大戟科 Euphorbiaceae　乌桕属 Sapium

形态特征： 落叶灌木，高 3 约 6m，全株无毛。叶互生，近圆形，长约 9cm，宽 6~8cm，顶端圆钝，基部宽圆或平截，全缘；叶柄长 3~7cm，顶端具 2 枚腺体。花单性，雌雄同株，顶生总状花序，雌花生于花序轴下部，雄花生于花序轴上部或整个花序全为雄花。蒴果近球形，直径约 1.5cm。开花期 5 月，果成熟期 9~10 月。

分布： 江西仅见于全南县大吉山。云南、贵州、广西、广东和湖南也有分布。

生境： 生于海拔 200~1200m 的路边、石灰岩地段；喜光。

识别要点

①叶淡红色（春、夏、秋）；叶柄顶端具 2 枚腺体。

枫香　Liquidambar formosana Hance　　金缕梅科 Hamamelidaceae　　枫香属 Liquidambar

形态特征： 落叶乔木，高约26m。小枝被柔毛；顶芽长约1.2cm，有光泽。叶掌状3裂，两侧裂片平展，基部心形；叶背有短柔毛，或后变无毛。叶柄长9~11cm，有短柔毛；托叶线形。雄花为短穗状，雌花为头状花序，花序柄长3~6cm；萼齿针形，长0.9cm。子房下半部藏在头状花序轴内，花柱长约1cm。蒴果球形、木质，具宿存花柱及针刺状萼齿。种子有窄翅。果成熟期11~12月。

分布： 江西各县有分布，河南、山东、四川、云南、西藏、广东、浙江、福建、台湾等地也有分布。

生境： 生于海拔200~1800m的村落附近、路边、山坡中下部、山谷、荒山等；幼树耐阴，大树喜光。

识别要点：
①秋叶红色；
②叶三裂，裂片边缘具细锯齿；
③鳞芽具短毛；
④聚合蒴果，宿存花柱顶端卷曲；萼齿针形；
⑤秋叶金黄色。

红花檵木　Loropetalum chinense Oliver var. rubrum Yieh　金缕梅科 Hamamelidaceae　檵木属 Loropetalum

形态特征： 落叶灌木，枝有星毛。叶四季红色，长 2~5cm，宽 1.5~2.5cm，两面被粗毛和星状毛。花瓣4，带状，花紫红色。蒴果木质，密被星状毛。开花期 3~4 月，果成熟期 10~11 月。

分布： 江西萍乡有野生分布，栽培广泛。

生境： 生于海拔 700m 的山坡中下部；喜光、稍耐干旱。

识别要点：
①叶红色；②花瓣红色、带状；③枝、芽、叶背具星状毛。

无患子 Sapindus mukorossi Gaertn.   无患子科 Sapindaceae   无患子属 Sapindus

形态特征： 落叶乔木，高约20m，全株无毛。偶数羽状复叶，叶轴有直槽；小叶5~8对，近对生，叶片椭圆状披针形，长7~15cm，宽2~5cm，基部楔形，稍不对称；小叶柄长0.5cm。圆锥花序顶生，花很小，花萼与花瓣5，雄蕊8，伸出花冠。核果球形，种子黑色。开花期4~5月，果成熟期8~10月。

分布： 庐山、幕府山、九岭山、武功山、井冈山、三百山、九连山、武夷山、凌华山、遂川县、永新县、全南县、泰和县等江西全省均有分布。中国东部、南部、西南部也有分布。

生境： 生于海拔100~900m的山坡中下部、路边、村落附近；喜光、稍耐干旱。

识别要点：
①秋叶金黄色；②圆锥花序（果序）顶生，核果球形；③偶数羽状复叶。

吴茱萸五加 Acanthopanax evodiaefolius Franch.　五加科 Araliaceae　五加属 Acanthopanax

形态特征： 落叶小乔木，枝有长枝和短枝之分。叶为 3 小复叶，簇生于短枝上；两侧小叶基部偏斜，叶背脉腋有簇毛。伞形花序，或组成顶生复伞形花序，总花梗长 2~8cm，花梗长 0.8~1.5cm。核果近实球形，有 2~4 浅棱。开花期 6~7 月，果成熟期 8~10 月。

分布： 武功山、井冈山、九岭山、幕阜山、项山、遂川县南风面、九连山等江西山区都有分布。四川、云南、安徽、浙江、陕西南部也有分布。

生境： 生于海拔 600~1500m 的山脊、山坡上部或中部、路边等阳光较丰富的地方。

识别要点：
①秋叶金黄色；
②秋叶点缀的森林景观；
③总叶柄较长，7~15cm；
④核果具 2~4 浅棱。

鹅掌楸 *Liriodendron chinense* (Hemsl.) Sargent. 木兰 Magnoliaceae 鹅掌楸属 Liriodendron

形态特征： 落叶乔木，高约30m，枝、叶无毛。叶马褂状开裂，每边一裂，顶部平截或凹，叶长约14cm，叶柄长6~10cm。花被片9，外轮3片绿色（萼片状）；内两轮6片，直立（花瓣状），长约4cm，具黄色纵条纹；花药长1.2cm，花丝长约0.7cm，雌蕊群超出花被之上。聚合果长7~9cm，小坚果具翅。开花期4~5月，果成熟期10~11月。

分布： 分布于江西武夷山、庐山。浙江天目山也有野生分布。

生境： 生于海拔600~1500m的山坡中下部，阔叶林中；幼树耐阴，大树稍耐阴，喜湿润、肥沃的土壤，亦喜光。

识别要点：
①、②秋叶黄色；③叶每边一裂，马褂状；坚果具翅；
④雌蕊超出花被高度；⑤花被内轮6枚，排列为2轮。

金叶含笑 Michelia foveolata Merr. ex Dandy   木兰 Magnoliaceae   含笑属 Michelia

形态特征： 常绿乔木，高约 16m，枝具托叶痕，芽、幼枝、叶柄、叶背、花梗密被红褐色绒毛。叶卵状阔披针形，长 17~23cm，宽 6~11cm；叶背面被红铜色绒毛；叶面网脉很清晰；叶柄长 1.5~3cm，无托叶痕。花被片 9~12，淡黄绿色，基部带紫色；花丝深紫色；雌蕊群长 2~3cm，雌蕊群柄长 1.7~2cm，被银灰色短毛。心皮仅基部与花托合生；胚珠约 8 枚。聚合果长 7~20cm。开花期：4~5 月，果成熟期 10 月。

分布： 江西井冈山、武功山、武夷山、三清山、幕阜山、九岭山、遂川县（南风面）、安远县（三百山）、九连山等地山区有分布。贵州、湖北、湖南、广东、广西、云南也有分布。

生境： 生于海拔 400~1700m 的山坡中下部、阔叶林中、林缘；幼树耐阴，大树喜光。

识别要点：
① 春叶、秋叶褐红色；
② 叶背具褐红色毛，花腋生；
③ 枝、芽、叶被褐红色毛。

紫果槭 Acer cordatum Pax 槭树科 Aceraceae 槭属 Acer

形态特征： 常绿乔木，全株无毛。叶对生，卵状长圆形，长6~9cm，宽3~4.5cm，基部宽圆形或浅凹形；叶近全缘，或稍有锯齿，基生三出脉；叶柄淡紫色，长约1cm。翅果的小坚果凸起，果翅张开成钝角或近于水平。开花期4月下旬。果成熟期9~11月。

分布： 江西井冈山、武功山、武夷山、三清山、幕阜山、九岭山、三百山、九连山等地山区有分布。

生境： 生于海拔600~1500m的山脊、山坡上部、疏林路边；幼树稍耐阴，中年以上树龄则喜阳光。

识别要点：
①秋叶红色，叶对生；
②叶无毛，基部宽圆形或浅凹；基生三出脉；
③翅果红色，果翅张开近水平，可作观果树种。

天台阔叶槭 Acer amplum Rehd. var. tientaiense (Schneid.) Rehd.　　槭树科 Aceraceae　　槭属 Acer

形态特征： 落叶乔木。叶对生，5裂（稀在基部裂片再小分裂成7裂）；除叶背脉腋被毛外，叶两面无毛；叶柄、枝无毛；叶基部近水平张开，叶长8~14cm，宽7~16cm；叶裂片边缘无锯齿；基部2裂片较长且近水平伸展。翅果长2.5~3.5cm，小坚果不明显凸起；果翅张开成近水平的钝角。开花期4~5月，果成熟期9~10月。

分布： 江西武功山（红岩谷）、羊狮幕、靖安县（北港林场）等地有分布。浙江、福建也有分布。

生境： 生于海拔700~1300m的山坡中上部，路边、疏林中；喜光。

识别要点：
①秋叶黄色；②叶对生；③叶被脉腋具簇毛，裂片边缘无锯齿；基部2裂片张开近水平。

青榨槭　Acer davidii Frarich.　槭树科 Aceraceae　槭属 Acer

形态特征： 落叶乔木，高约16m，全株无毛。叶对生，长6~14cm，宽4~9cm，基部心形或圆形，边缘具不整齐齿或浅裂；叶不裂或1~2开裂；叶柄长2~8cm。花黄绿色，杂性，雄花与两性花同株，二者均为下垂的总状花序。雄花与两性花都是5枚花萼、5枚花瓣、8枚雄蕊。雄花的特点是花梗极短，约0.3cm，雄蕊略长于花瓣，雌蕊退化。两性花的雄蕊短于花瓣，且与花瓣、无萼对生，花枝长1~1.5cm。翅果黄褐色；小坚果凸起，果翅张开成钝角或近水平。开花期4~5月，果成熟期9~10月。

分布： 江西庐山、九岭山、幕府山、武夷山、武功山、宜丰县（官山）、井冈山、遂川县、崇义县（齐云山）、上犹县、安远县（三百山）、信丰县（油山）、九连山、全南县等地有分布。浙江、福建、湖南、贵州、广西、广东等地也见分布。

生境： 生于海拔500~1200m的山坡中上部阔叶林中，少见于山谷密林中、路边；喜光。

识别要点：
①秋叶红色或金黄色；②翅果张开近水平；③叶有时1~2开裂；
④两性花，花萼5，与花瓣互生；雄蕊与花萼花瓣对生；具花盘。

中华槭 Acer sinense Pax 槭树科 Aceraceae 槭属 Acer

形态特征： 落叶乔木，高约19m，枝无毛。叶对生，长10~14cm，宽12~15cm，常5裂；基部2裂片凹陷为近心形；裂片深裂达叶长度的1/2，叶正面无毛，叶背面有白粉和脉腋具簇毛；叶柄长3~5cm。顶生圆锥花序，长5~9cm，总花梗长3~5cm；萼片5，淡绿色，花瓣5。翅果淡黄色，小坚果特别凸起，果翅张开成宽钝角或近水平。开花期4~5月，果成熟期9月下旬至10月。

分布： 江西庐山、九岭山、幕府山、武夷山、武功山、宜丰县（官山）、井冈山、遂川县、崇义县（齐云山）、上犹县、安远县（三百山）、信丰县（油山）、九连山、全南县等地有分布。浙江、福建、湖南、贵州、广西、广东等地也见分布。

生境： 生于海拔500~1200m的山坡中上部阔叶林中，少见于山谷密林中、山区路边；喜光，适应湿润、肥沃的土壤。

识别要点：
①秋叶红色或金黄色；
②叶5裂，裂片边缘具整齐锯齿；
③叶背基部脉腋具明显簇毛，余近无毛；
④翅果张开近水平；
⑤基部裂片凹陷为心形。

深裂叶中华槭　Acer sinense Pax var. longilobum Fang　槭树科 Aceraceae　槭属 Acer

形态特征： 本变种与中华槭的区别在于本变种的叶常5~7深裂，裂片的边缘具紧贴的粗锯齿；叶背近无毛；果翅张开近于水平。果成熟期9月下旬至10月。

分布： 江西大余县、崇义县（齐云山）、上犹县（光姑山）、遂川县、井冈山、武功山等地有分布。

生境： 生于海拔300~1100m的山坡中上部的阔叶林中，路边少见于山谷密林中、喜光，稍耐干旱。

识别要点：
①叶深裂至叶片长的2/3以上，春、秋叶红色；
②裂片边缘锯齿较粗、整齐，叶背近无毛。

五裂槭（原亚种） Acer oliverianum Pax subsp. oliverianum 槭树科 Aceraceae 槭属 Acer

形态特征： 落叶乔木，高约8m。枝无毛；叶对生，长5~8cm，宽5~9cm，叶5裂，裂片边缘有细锯齿；深裂达叶片的1/3或近1/2，基部裂片展开近水平，叶背仅脉腋有丛毛，其他（包括叶脉）无毛；叶柄长2.5~5cm。萼片5，花瓣5。翅果张开近水平。开花期4~5月，果成熟期9~10月。

分布： 江西庐山、九岭山、幕府山、武夷山、武功山、宜丰县（官山）、井冈山、遂川县、崇义县（齐云山）、上犹县、安远县（三百山）、信丰县（油山）、九连山、全南县等地有分布。河南、陕西、湖北、湖南、四川、贵州、云南、浙江、福建、广西、广东等地也有分布。

生境： 生于海拔500~1500m的山坡下中部阔叶林中，少见于山谷密林中、路边；喜光。

识别要点：
①秋叶黄色；②叶背仅脉腋有丛毛；
③叶基部裂片展开近水平（与中华槭不同之处）；④果翅张开近水平。

榔榆　Ulmus parvifolia Jacq.　榆科 Ulmaceae　榆属 Ulmus

形态特征： 落叶乔木，秋叶黄色或红色宿存至第二年，树皮不规则鳞状薄片脱落，一年生枝被短柔毛，冬芽红褐色、无毛。叶较厚，窄椭圆形，长约 2~6cm，宽 1.5~3cm，基部常偏斜，叶背被短柔毛或后变无毛或脉腋有毛，边缘具钝单锯齿，侧脉每边 10~15 条，叶柄很短（0.2~0.5cm）。簇状聚伞花序腋生，花被片 4。翅果椭圆形，果核位于翅果的中、上部或接近缺口。开花期 9~10 月，果成熟期 12 月至翌年 4 月。

分布： 江西庐山、三清山、武功山、井冈山、幕府山、遂川县等地有分布。河北、山东、江苏、安徽、浙江、福建、台湾、广东、广西、湖南、湖北、贵州、四川、陕西等地也有分布。

生境： 生于海拔 200~1600m 的山坡中上部，在石灰岩和酸性土壤亦能生长；耐干旱瘠薄，喜光。

识别要点：
①秋叶金黄色或红色；
②叶具单、钝锯齿，叶基部钝；
③翅果，果核居上部或近顶部缺口。

朴树　Celtis sinensis Pers.　　榆科 Ulmaceae　　朴属 Celtis

形态特征： 落叶乔木，枝被微毛。叶长 5~10cm，宽 2~5cm，基部偏斜，边缘中部以上具疏齿，叶背面叶脉及脉腋具疏毛，叶柄长 0.5~1cm。核果单生或 2~3 个并生叶腋，熟时红褐色，果梗与叶柄近等长。开花期 4 月，果成熟期 10 月。

分布： 江西庐山、武夷山、三清山、九岭山、幕府山、武功山、井冈山、九连山、遂川县、安远县、全南县、寻乌县等地有分布。山东、河南、江苏、安徽、浙江、福建、湖南、湖北、四川、贵州、广西、广东、台湾等地也有分布。

生境： 生于海拔 850m 以下的路边、疏林内、山坡中上部，有时也见于河边、石灰岩地区。

识别要点：
①秋叶金黄色；
②高大乔木；
③核果，果梗与叶柄近等长。

西川朴　Celtis vandervoetiana Schneid.　榆科 Ulmaceae　朴属 Celtis

形态特征： 落叶乔木，高约 18m，一年生小枝、叶柄和果梗无毛。叶厚纸质，卵状长披针形，长 8~13cm，宽 4~8cm，基部偏斜，叶先端尾尖，叶边缘 2/3 以上具锯齿，仅叶背中脉和侧脉间有簇毛；叶柄较粗壮，长 1~2cm。核果单生于叶腋，果梗长 1.8cm，果近球形，成熟时黄色，长 1.5~1.7cm；果核乳白色至淡黄色，具 4 条纵肋，表面具网孔状凹陷。开花期 4 月，果成熟期 9~10 月。

分布： 江西资溪县（大觉山）、武功山、井冈山、安远县（三百山）、崇义县、上犹县、信丰县（油山）、遂川县等地有分布。云南、贵州、四川、广西、广东、湖南、福建、浙江、湖南等地也见分布。

生境： 生于海拔 300~1200m 的山坡中上部阔叶林中；较耐阴，大树喜光。

①

②

识别要点：
①枝"之"字形；叶基生三出脉，基部偏斜；
②叶背近无毛，仅脉腋有微簇毛；
③秋叶黄色（观察记载）。

檫木 Sassafras tzumu (Hemsl.) Hemsl. 樟科 Lauraceae 科檫木属 Sassafras

形态特征： 落叶乔木，高约18m。叶互生，聚集枝顶，长9~18cm，宽6~10cm，基部楔形，全缘或2~3浅裂，叶背近无毛；开裂的叶常为离基三出脉；叶柄长2~7cm，带红色。花序顶生，花黄色，雌雄异株。核果蓝黑色，果梗长1.5~2cm。开花期3~4月，果成熟期5~9月。

分布： 江西庐山、幕府山、九岭山、武夷山、三清山、武功山、井冈山、遂川县、崇义县（齐云山）、上犹县（光姑山）、资溪县（大觉山）、黎川县（岩泉保护区）、安远县（三百山）等地有分布。江苏、安徽、浙江、福建、广东、广西、湖南、湖北、四川、贵州及云南等地也有分布。

生境： 生于海拔300~1200m的山坡中上部、疏林内、路边；喜光。

识别要点：
①落叶乔木；
②部分叶2~3裂；
③秋叶红色。

山胡椒 Lindera glauca (Sieb. et Zucc.) Bl.   樟科 Lauraceae   山胡椒属 Lindera

形态特征： 落叶灌木，高约 8m，一年生枝背毛。叶互生，长 4~8cm，宽 2~4cm，叶背被短毛，羽状脉，侧脉每侧 4~6 条；叶秋后黄色、不掉落，至翌年新叶发出时落下，叶柄长约 0.5cm。伞形花序腋生，总梗很短（约 0.4cm）。雄蕊 9，花丝无毛，第三轮雄蕊基部着生 2 枚腺体，其柄基部与花丝基部合生；雌花花被片黄色，内、外轮近相等。核果簇生老枝或叶腋，成熟时黑色；果梗长 1~1.5cm。开花期 3~4 月，果成熟期 7~8 月。

分布： 江西庐山、九岭山、幕府山、武夷山、武功山、宜丰县（官山）、井冈山、遂川县、崇义县（齐云山）、上犹县、安远县（三百山）、信丰县（油山）、九连山、全南县等地有分布。河南、陕西、湖北、湖南、四川、贵州、浙江、福建、广西、广东等地也有分布。

生境： 生于海拔 200~1500m 的山坡上部、路边、荒山，少见于山谷密林中；喜光、耐旱。

识别要点：
①秋叶黄色；
②叶柄短，叶全缘；
③叶背被短毛。

白蜡树 Fraxinus chinensis Roxb. 木樨科 Oleaceae 梣属 Fraxinus

形态特征： 落叶乔木，高约15m，芽被棕色柔毛，枝无毛。羽状复叶长16cm，叶柄长4~6cm，小叶柄长约0.8cm；小叶5~7枚，对生，卵形、倒卵状披针形，长5~8cm，宽2~3.5cm，先端渐尖，基部楔形，叶缘具整齐锯齿，叶正面无毛，叶背面近无毛，中脉在叶面平坦。圆锥花序顶生或腋生，长8~10cm，花雌雄异株；花萼小，长约0.1cm，无花冠；雌花疏离，花萼大，长0.3cm，4浅裂，柱头2裂。翅果匙形，长3~4cm，宽0.5cm，上部最宽，先端锐尖，基部渐狭，翅平展，下延至坚果中部；坚果圆柱形，长约1.5cm；宿存萼紧贴于坚果基部。开花期4~5月，果成熟期9~10月。

分布： 江西庐山、幕府山、九岭山、武夷山、三清山、武功山、井冈山、遂川县（南风面）、崇义县（齐云山）、上犹县（光姑山）、资溪县（大觉山）、安远县（三百山）等地有分布。浙江、福建、广东、广西、湖南、湖北等地也有分布。

生境： 生于海拔300~1200m的山坡中上部、疏林内、路边；喜光。

识别要点：
①花序（果序）顶生或生于枝上部叶腋，不生于枝下部无叶的枝段；
②秋叶黄色。

苦楝 Melia azedarach L.   楝科 Meliaceae   楝属 Melia

形态特征： 落叶乔木，高 18m。二至三回奇数羽状复叶，复叶长 20~40cm；小叶对生，长 3~7cm，宽 2~3cm，基部稍偏斜，边缘有钝锯齿，老叶两面无毛。圆锥花序，花萼 5 裂，外面被微柔毛；花瓣淡紫色，长约 1cm；雄蕊联合为管，紫色；子房近球形，花柱顶端具 5 齿，不伸出雄蕊管。核果近柱形，长 1.5~2cm，内果皮木质，4~5 室，每室有 1 种子。开花期 4~5 月，果成熟期 10~11 月。

分布： 江西庐山、幕府山、九岭山、武夷山、三清山、武功山、井冈山、遂川县（南风面）、崇义县（齐云山）、上犹县（光姑山）、资溪县（大觉山）、黎川县（岩泉保护区）、安远县（三百山）等地有分布。黄河以南各省区都有分布。

生境： 生于海拔 100~800m 的山坡、路边、疏林内、荒山；喜光。

识别要点：
①秋叶黄色；②雄蕊联合，紫色；③二至三回羽状复叶；④核果近柱形。

蓝果树　Nyssa sinensis Oliv.　蓝果树科 Nyssaceae　蓝果树属 Nyssa

形态特征： 落叶乔木。叶互生，全缘，长 12~15cm，宽 3.5~6cm。花序伞形或短总状，总花梗长 3~5cm，花单性。核果果梗长 0.3cm，总果梗长 3~5cm。开花期 4 月下旬，果成熟期 9~10 月。

分布： 江西庐山、幕府山、九岭山、武夷山、三清山、武功山、井冈山、遂川县（南风面）、崇义县（齐云山）、上犹县（光姑山）、资溪县（大觉山）、黎川县（岩泉保护区）、安远县（三百山）等地有分布。江苏、安徽、浙江、福建、广东、广西、湖南、湖北、四川、贵州及云南等地也有分布。

生境： 生于海拔 500~1200m 的山坡中下部，阔叶林中或疏林内、路边；幼树耐阴，大树喜光。

识别要点：
①秋叶黄色；
②核果；
③叶互生，叶背具短毛或近无毛。

椴树 Tilia tuan Szyszyl. var. tuan 椴树科 Tiliaceae 椴树属 Tilia

形态特征：落叶乔木，高约20m，枝无毛，顶芽无毛。叶互生，卵圆形，基部心形，偏斜，叶长8~15cm，宽5~7cm，先端渐尖，叶背初时有星状茸毛而后变无毛，仅脉腋有簇毛；叶边缘上半部有疏齿；叶柄长3~5cm。聚伞花序长8~13cm，无毛；花梗长1cm；苞片倒披针形，长10~16cm，宽2~3cm，无柄，先端钝，背面具星状毛，基部以上5~7cm与花序柄合生；子房有毛。果实核果状，不开裂，球形，无棱，被星状茸毛。开花期6~7月，果成熟期10~12月。

分布：江西庐山、幕府山、九岭山、武夷山、三清山、武功山、井冈山、遂川县（南风面）、崇义县（齐云山）、上犹县（光姑山）、资溪县（大觉山）等地有分布。湖北、四川、云南、贵州、广西、湖南等地也有分布

生境：生于海拔550~1300m的山坡中下部、阔叶林中或疏林内、路边；幼树耐阴，大树喜光。

识别要点：
①春、秋叶黄色；②苞片匙形，与果序合生；③叶基部显著偏斜；④叶背仅脉腋具簇毛。

槲栎　Quercus aliena Bl. var. aliena　壳斗科 Fagaceae　栎属 Quercus

形态特征： 落叶乔木，高约 17m，小枝无毛。叶互生，长 10~18cm，宽 5~12cm，顶端微钝或短渐尖，基部楔形，叶缘具波状钝齿，叶背被细毛；叶柄长 1~1.5cm，无毛。壳斗杯形，包被坚果约 1/2，壳斗直径 1.2~2cm，高 1~1.5cm；壳斗外具小苞片，卵状披针形，长约 0.2cm，被短毛。坚果直径 1.3~1.8cm，高 1.7~2.5cm。开花期 4~5 月，果成熟期 9~10 月。

分布： 江西庐山、幕府山、九岭山、三清山等地有分布。陕西、山东、江苏、安徽、浙江、河南、湖北、湖南、广东、广西、四川、贵州、云南也有分布。

生境： 生于海拔 100~1700m 的向阳山坡、山坡中上部、疏林内或路边；喜光、耐旱。

识别要点：
①秋叶黄色；②叶背无毛；③叶边缘锯齿钝；④壳斗外壁鳞片三角形、被短毛。

槲树　Quercus dentata Thunb.　壳斗科 Fagaceae　栎属 Quercus

形态特征： 落叶乔木，高达19m，小枝、芽密被星状毛。叶互生，叶片倒卵形，长10~18cm，宽6~14cm，顶端短钝尖，叶基部耳形，叶缘钝锯齿，叶背面密被星状茸毛；叶柄长0.5cm，具毛。雄花序生于新枝叶腋，长4~10cm，花序轴具茸毛；雌花序生于新枝上部叶腋，长1~3cm。壳斗包着坚果1/2~1/3，壳斗外壁苞片长条状披针形，反曲或直立，外面被丝状毛，壳斗内壁无毛。坚果直径1.2~1.5cm，花柱宿存。开花期4~5月，果成熟期9~10月。

分布： 江西庐山、幕府山、九岭山、三清山等地有分布。陕西、山东、江苏、安徽、浙江、河南、湖北、湖南、四川、贵州、云南也有分布。

生境： 生于海拔100~1800m的向阳山坡、山坡上部、疏林内或路边；喜光、耐旱。

识别要点：
①秋叶黄色；
②叶边缘锯齿圆钝；
③枝、叶背、芽被细茸毛；
④壳斗外壁苞片长条状披针形。

麻栎　*Quercus acutissima* Carruth.　壳斗科 Fagaceae　栎属 Quercus

形态特征： 落叶乔木，高达 16m。幼枝被柔毛，后近无毛，顶芽具柔毛。叶互生，叶形变化多样，一般为长椭圆状披针形，长 8~16cm，宽 3~5.5cm，顶端长渐尖，基部宽楔形，叶缘具芒状锯齿，叶背无毛（仅中脉有疏毛），侧脉直达齿端；叶柄长 1~2cm，近无毛。雄花序数个生于枝下部叶腋。壳斗杯形，包着坚果约 1/2。壳斗外壁小苞片（鳞片）线状披针形，向外反曲，被绒毛。坚果直径 1.5~2cm，果脐突起。开花期 3~4 月，果成熟期翌年 9~10 月。

分布： 江西庐山、幕府山、九岭山、三清山、宜丰县（官山）等地有分布。辽宁、河北、山西、山东、江苏、安徽、浙江、福建、河南、湖北、湖南、广东、海南、广西、四川、贵州、云南等地也有分布。

生境： 生于海拔 100~1800m 的向阳山坡、山坡上部、疏林内或路边；喜光、耐旱。

识别要点：
①秋叶黄色；②叶缘具芒状粗硬锯齿；③坚果，壳斗外壁小苞片线状披针；④壳斗外壁中下部苞片短小；⑤叶背无毛（或中脉具稀微毛）。

栓皮栎 Quercus variabilis Bl.　壳斗科 Fagaceae　栎属 Quercus

形态特征： 落叶乔木，高约20m，树干深纵裂，木栓层发达。小枝无毛。叶互生，卵状披针形，长8~16cm，宽3~6cm，顶端渐尖，基部宽楔形，叶缘具长芒状锯齿，叶背密被星状毛，侧脉直达齿端；叶柄长2~4cm，无毛。雄花序长14cm，花序轴密被绒毛，花被4~6裂，雄蕊10枚或较多；雌花序生于新枝上端叶腋；壳斗杯形，包被坚果约2/3；壳斗外壁小苞片线状钻形、反曲，具短毛。坚果宽卵形，高和径约1.7cm，果脐突起。开花期：4月，果成熟期：第二年9月中、下旬。

分布： 江西上栗县（鸡冠山）、庐山等地有分布。河北、山西、陕西、甘肃、山东、江苏、安徽、浙江、福建、台湾、河南、湖北、湖南、广东、广西、四川、贵州、云南等地也有分布。

生境： 生于海拔850m以下的山坡中上部、疏林内、路边；喜光，耐旱。

识别要点：
①秋叶黄色；
②叶缘具长芒状锯齿，侧脉直达齿端；
③壳斗外壁小苞片线状钻形，反卷，具短毛；
④叶被密被星状短毛（麻栎无毛）；
⑤壳斗外壁全部具长而反卷的小苞片（麻栎中下部具短小的苞片）。

黄连木　Pistacia chinensis Bunge　漆树科 Anacardiaceae　黄连木属 Pistacia

形态特征： 落叶乔木，高约20m。奇数或偶数羽状复叶，叶轴被柔毛；小叶5~6对，对生或近对生，卵状披针形，长6~10cm，宽2~3cm，先端渐尖，基部偏斜，全缘，叶两面被微柔毛或近无毛；小叶柄长0.2cm。花单性异株，先花后叶，圆锥花序腋生，雄花序排列紧密，长6~7cm；雌花序排列疏松，长15~20cm，花小；雄蕊3~5，雌花花被片7~9，长0.1cm。核果倒卵状球形，略扁，径约0.5cm，成熟时紫红色，干后具纵向细条纹，先端细尖。开花期5~6月，果成熟期10~11月。

分布： 江西庐山、幕府山、九岭山、三清山、彭泽县（桃红岭）、宜丰县（官山）、赣州市（八镜公园）、大余县（内良）等地有分布。长江以南及云南（石林）、北京等各地也有分布。

生境： 生于海拔150~900m的山坡中上部、疏林内、路边、石灰岩地区灌丛中；喜光，适应土壤酸性或碱性环境。

识别要点：
①乔木，秋叶黄色；
②枝、芽被毛，具红色皮孔；
③偶数或奇数羽状复叶。

野漆树　Toxicodendron succedaneum (L.) O. Kuntze　漆树科 Anacardiaceae　漆属 Toxicodendron

形态特征：落叶乔木，高约 15m，枝、芽、叶、果均无毛。奇数羽状复叶互生，常聚生枝上部，长 25~35cm，有小叶 4~7 对；小叶对生或近对生，卵状披针形，长 5~12cm，宽 3~5cm，先端渐尖，基部偏斜，全缘，叶背常具白粉，小叶柄长 0.5~1cm。圆锥花序（或果序）长 7~15cm，多分枝。核果偏斜、平扁，径约 1cm。果成熟期 11~12 月。

分布：江西庐山、幕府山、九岭山、武夷山、三清山、武功山、井冈山、遂川县（南风面）、崇义县（齐云山）、上犹县（光姑山）、资溪县（大觉山）等地有分布。河北、河南、湖北、四川、云南、贵州、广西、湖南等地也有分布。

生境：生于海拔 200~1200m 的山坡中下部，有时山坡上部也见分布，疏林内、路边；幼树耐阴，大树喜光，较耐旱。

识别要点：
①秋叶红色；②小叶基部偏斜；
③叶背粉白色、无毛；④核果平扁，无毛。

楝叶吴萸　Evodia glabrifolia (Champ. ex Benth.) Huang　芸香科 Rutaceae　吴茱萸属 Evodia

形态特征： 落叶乔木，高约20m，枝、叶无毛。奇数羽状复叶，小叶5~11枚，小叶斜卵状披针形，对生，长6~10cm，宽3~4cm，叶具透明油点（对光可见），叶背灰绿色；小叶柄长1~1.5cm。花序顶生，萼片与花瓣各5枚，稀4枚；花瓣白色，雄花中的退化雌蕊短棒状，顶部4~5浅裂，花丝中部以下被长柔毛；雌花中的退化雄蕊为鳞片状。蒴果淡紫红色，种子长0.5cm，褐黑色。开花期7~8月，果成熟期12月。

分布： 江西庐山、幕府山、九岭山、武功山、井冈山、三百山、九连山、武夷山、凌华山、遂川县、永新县、全南县、泰和县等地有分布。台湾、福建、广东、海南、广西、贵州、云南等地也有分布。

生境： 生于海拔100~900m的山坡中上部、荒山、路边、村落附近；喜光，耐干旱。

识别要点：
①秋叶红色；②叶背无毛；
③小叶基部偏斜；聚伞状圆锥花序顶生，花萼5枚，淡绿色，花瓣早落。

臭椿（原变种）Ailanthus altissima (Mill.) Swingle var. altissima 苦木科 Simaroubaceae 臭椿属 Ailanthus

形态特征： 落叶乔木，高约20m。嫩枝有髓，且幼时被柔毛，后变无毛。奇数羽状复叶，长40~60cm，总叶柄长7~13cm；小叶13~27枚，对生或近对生，卵状披针形，长7~12cm，宽3~4cm，基部偏斜，叶片基部两侧各具1~2个突出粗齿，且齿背有1个腺体；叶片背面无毛，搓碎后有臭味。圆锥花序长10~30cm；萼片5，花瓣5，雄蕊10，心皮5。翅果长椭圆形，长3~4.5cm，宽约1.5cm。种子位于翅的中间，扁圆形。开花期4~5月，果成熟期8~9月。

分布： 江西庐山、幕府山、九岭山、武夷山、三清山、武功山、井冈山、遂川县（南风面）、崇义县（齐云山）、上犹县（光姑山）、资溪县（大觉山）等地有分布。河北、河南、山东、江苏、浙江、福建、湖北、四川、云南、贵州、广西、湖南等地也有分布。

生境： 生于海拔350~1000m的山坡中下部、阔叶林中或疏林内、路边；喜光。

识别要点：
①野生臭椿林；②叶基部1~2突出的粗齿，且齿端具1腺体；③果期颜色；④翅果，种子位于中部。

天料木（原变种） Homalium cochinchinense (Lour.) Druce var. **cochinchinense**　　大风子科 Flacourtiaceae　　天料木属 Homalium

形态特征：小乔木，高约11m，一年生枝被短柔毛。叶互生，宽椭圆形，长6~15cm，宽4~6cm，先端钝尖，基部宽楔形，边缘有疏钝齿，两面沿中脉被短柔毛，叶片幼时背面具短毛，后变无毛；叶柄约0.6cm，被短柔毛。花多数，簇生排成总状，总状花序长8~15cm，被短柔毛；萼片线形或倒披针状线形，长约0.4cm，宽约0.1cm；花瓣匙形，长约0.7cm，边缘有睫毛；子房有毛，花柱通常3裂，侧膜胎座3。蒴果倒圆锥状，长约1cm，无毛。开花期5~8月，果成熟期9~12月。

分布：江西九岭山、武功山、井冈山、遂川县（南风面）、上犹县（光姑山）、寻乌县（龙庭水库）等地有分布。湖南、福建、台湾、广东、海南、广西等地也有分布。

生境：生于海拔250~1000m的山坡中下部、阔叶林中或疏林内、路边；喜光。

识别要点：
①秋叶黄色；②叶先端钝或短尖；③幼叶背、嫩枝具毛；④总状花序，具毛。

天师栗 Aesculus wilsonii Rehd.   七叶树科 Hippocastanaceae   七叶树属 Aesculus

形态特征：落叶乔木，高约20m，枝无毛。掌状复叶对生，总叶柄长10~15cm，老时无毛；小叶5~7枚，长圆状倒披针形，先端锐尖，基部阔楔形，边缘有密锯齿，小叶柄长1.5~3cm；小叶长10~25cm，宽4~8cm，叶背面有柔毛。花序顶生，直立，长20~30cm，总花梗长8~10cm。花杂性，雄花与两性花同株，雄花多生于花序上段，两性花生于其下段；花萼管状，5浅裂，裂片大小不等；花瓣4，倒卵形，长1.2~1.4cm，白色。蒴果卵圆形或近于梨形，长3~4cm，顶端具短尖头，有斑点，成熟时常3裂；种脐淡白色，约占种子的1/3。开花期4~5月，果成熟期9~10月。

分布：江西九岭山、武功山、井冈山、遂川县（南风面）、上犹县（光姑山）、寻乌县（项山）等地有分布。河南、湖北、贵州、四川、云南、湖南、广东等地也有分布。

生境：生于海拔700~1300m的山坡中下部、阔叶林或疏林内、路边；稍耐阴，大树喜光。

识别要点：
①春、夏叶绿色，秋叶黄色；②花白色，紧密总状花序；
③掌状复叶5~7枚。

全缘琴叶榕　Ficus pandurata Hance var. holophylla Migo　桑科 Moraceae　榕属 Ficus

形态特征： 小灌木，高 0.5~1.8m，一年生枝被白色柔毛。叶互生，倒卵状披针形或披针形，先端渐尖，长 6~10cm，先端渐尖，基部近圆形或宽楔形，叶中部不缢缩，叶正面无毛，叶背面脉上有疏毛或近无毛，具较短的基生侧脉 2 条，侧脉 3~5 对；叶柄疏被糙毛，长 0.3~0.8cm。榕果单生叶腋，红色，近球形，直径约 0.6cm，顶部微脐状突起，总果梗长约 0.7cm。开花期 6~8 月，果成熟期 10~12 月。

分布： 江西广昌县（铜钹山）、幕府山、九岭山、武宁县等地有分布。中国南部各地区常见分布。

生境： 生于海拔 200~800m 的山坡中上部、路边、村旁；喜光，稍耐旱。

识别要点：
①秋叶金黄色；
②叶中部不缢缩；
③叶基部具 2 条短基出脉（近三出脉）；
④总果梗、叶柄、幼枝被毛。

蜡梅　Chimononthus praecox (L.) Link　蜡梅科 Calycanthaceae　蜡梅属 Chimonanthus

形态特征： 落叶灌木，高约 2m，幼枝略四方形，枝无毛；鳞芽生于二年生的枝条叶腋内。叶对生，卵状披针形，长 7~15，宽 3~7cm，顶端急尖至渐尖，基部宽圆形，叶两面无毛（有时叶背脉上被稀疏微毛）。花着生于二年生枝条叶腋内，先花后叶。聚合瘦果生于坛状的果托之中，瘦果内具 1 枚种子；果托木质化，坛状或倒卵状椭圆形，长 2~5cm，直径 1~2.5cm。开花期 11 月至翌年 3 月，果成熟期 6~11 月。

分布： 江西庐山、三清山、幕府山等地有野生分布。山东、江苏、安徽、浙江、福建、湖南、湖北、河南、陕西、四川、贵州、云南等地也有野生分布。

生境： 生于海拔 300~1000m 的山坡中部、路边、疏林内；稍耐阴，喜光。

识别要点：
①秋叶金黄色；②叶两面无毛，叶对生；
③芽具鳞片，且生于叶腋；④花生于叶腋。

五列木　Pentaphylax euryoides Gardn. et Champ.　五列木科 Pentaphylacaceae　五列木属 Pentaphylax

形态特征： 常绿乔木，高约14m，枝、叶无毛。单叶互生，革质，卵状披针形，长5~9cm，宽2~5cm，先端尾状渐尖，基部圆钝，全缘，侧脉不显；叶柄长1~1.5cm，腹面具沟槽。总状花序腋生或顶生，长4.5~7cm；花白色，小苞片2，长0.2cm；萼片5，离生；花瓣5，离生，先端钝或微凹；雄蕊5，花瓣状，长0.4cm；子房无毛，具5棱，中轴胎座。蒴果薄木质，基部具宿存萼片，成熟后沿室背线5裂。种子线状，长约0.5cm，红棕色，先端翅状。开花期5月，果成熟期10~11月。

分布： 江西寻乌县（项山）、安远县（三百山）、龙南县（九连山、虾湖）、会昌县（清溪）、崇义县（诸广山、齐云山）、上犹县（光姑山）等地有分布。云南、贵州、广西、广东、湖南、福建也有分布。

生境： 生于海拔150~1000m的山坡、路边、疏林内；喜光，耐干旱。

识别要点：
①春叶红色；
②叶侧脉不明显，全缘，基部圆钝；
③蒴果薄木质，较小。

加拿大杨　Populus × canadensis Moench.　杨柳科 Salicaceae　杨属 Populus

形态特征： 落叶乔木，高 30m。枝、叶均无毛，顶芽较大。叶互生，三角状卵形，长 7~10cm（长枝和萌枝叶更大，长 10~20cm），一般长大于宽，先端渐尖，基部凹陷或心形，常有 1~2 枚腺体，叶边缘有锯齿，近基部较疏，叶柄平扁。雌雄异株，单性花，雄花序长 7~15cm；雌花序有花 45~50 朵，柱头 4 裂。果序约 27cm；蒴果卵圆形，长约 0.8cm，先端锐尖，2~3 瓣裂。开花期 4~5 月，果成熟期 6~8 月。

分布： 江西各地栽培于路边，逸为野生的地点有井冈山、庐山。中国浙江、福建、湖南、湖北、安徽、江苏也有栽培。

生境： 生于海拔 50~1000m 的路边、荒山、疏林内；喜光。

注：本树种由于江西栽培历史悠久，已逸为野生，故列于此。

①　②叶基部腺体

识别要点：
①秋叶黄色；②叶基部具腺体，叶近等边三角形。

中山杉 Taxodium 'Zhongshanshan'　杉科 Taxodiaceae　落羽杉属 Taxodium

形态特征： 落叶乔木，高约 20m，全株无毛，树干基部有屈膝状的呼吸根。生叶的枝部对生；叶条形硬直，先端尖，螺旋状排列在枝上，基部扭转在小枝上排成羽状二列，叶基部不下延（或极不明显）；叶长 1.5~2cm，宽约 0.2~0.25cm，未见结果。

分布： 江西南昌、九江、吉安、赣州等地有栽培。江苏、浙江、福建、上海、云南（昆明）也有栽培。适应水生环境，陆地低洼处也可栽培。

生境： 生于海拔 100~800m 的湿地环境；喜光。

注：本种由北美落羽杉 **Taxodium distichum**、池杉 **Taxodium ascendens**、墨西哥落羽杉 **Taxodium mucronatum** 三个树种人工杂交而得。由于江西栽培广泛，故列于此。

中山杉与水杉 **Metasequoia glyptostroboides** 的区别是，中山杉生叶的小枝不对生，叶顶端尖，叶基部不下延，而水杉与此相反。

识别要点：
①秋叶金黄色；
②生叶的小枝（绿色）不对生（螺旋状排列）；
③叶基部不下延，顶端尖，螺旋状排列。

池杉 Taxodium ascendens Brongn.　杉科 Taxodiaceae　落羽杉属 Taxodium

形态特征： 落叶乔木，树干基部膨大（呼吸根），当年生小枝绿色，下弯。叶为二型，既有柔曲的锥形叶（居多），也有条状叶（少），叶不排成二列，微内曲，下部通常贴近小枝，叶基部下延，长 0.4~1cm，每边有 2~4 条气孔线。球果球形，有短梗，下垂，直径 1.8~3cm；种鳞木质，盾形，中部种鳞高 1.5~2cm；种子红褐色。开花期 3~4 月，球果成熟期 10 月。

分布： 江西各县有栽培，江苏、浙江、福建、广东、广西、贵州、云南、四川、湖南、湖北也有栽培。原产北美东南部。

生境： 生于海拔 50~800m，生于淡水中，耐水湿，也适应陆栽培。

注：英文版中国植物志 Flora of Chia 将池杉的名称改为 "**Taxodium distichum** (L.) Rich. var. **imbricatum** (Nutt.) Croom"。由于江西栽培广泛，故列于此。亦用于湿地栽培。

识别要点：
①秋叶黄色；②一株树上既有锥形叶（居多）也有条状叶（少）；
③条状叶；④全为柔曲的锥形叶，绿色小枝螺旋状排列。

墨西哥落羽杉 Taxodium mucronatum Tenore　　杉科 Taxodiaceae　　落羽杉属 Taxodium

形态特征： 半常绿或落叶乔木。生叶的侧生小枝（通常绿色）螺旋状排列，不排成二列。叶全为条形，排成二列，长约1cm，宽0.2~0.4cm，向枝条上部逐渐变短。球果卵圆形。由于江西栽培广泛，故列于此。亦用于湿地栽培。

分布： 江西各县有栽培；原产墨西哥与美国西南部的亚热带地区。

生境： 耐水湿，也适应陆地栽培。

识别要点：
①秋叶红色；②叶条形，先端柔软，排成二列；③小枝（绿色）螺旋状排列。

中山杉、池杉、墨西哥落羽杉、落羽杉、水杉的识别要点检索：

1. 小枝（常为褐红色）对生，排成二列，叶条形，交互对生⋯⋯⋯⋯⋯⋯⋯⋯⋯⋯⋯⋯⋯⋯⋯⋯水杉
1. 小枝（常为绿色）螺旋状排列（非对生，不排成二列），叶螺旋状排列
　　2. 叶二型，柔软的锥形叶（居多）与条状叶（少）并存；叶不排成二列⋯⋯⋯⋯⋯⋯⋯池杉
　　2. 叶单型，全为条形叶
　　　　3. 叶较直，先端尖硬⋯⋯⋯⋯⋯⋯⋯⋯⋯⋯⋯⋯⋯⋯⋯⋯⋯⋯⋯⋯⋯⋯⋯⋯⋯⋯中山杉
　　　　3. 叶片和叶先端较柔软
　　　　　　4. 小枝（绿色）螺旋状排列⋯⋯⋯⋯⋯⋯⋯⋯⋯⋯⋯⋯⋯⋯⋯⋯⋯⋯墨西哥落羽杉
　　　　　　4. 小枝（绿色）排成二列（不对生）⋯⋯⋯⋯⋯⋯落羽杉 Taxodium distichum (Linn.) Rich.

水杉　Metasequoia glyptostroboides Hu et Cheng　　杉科 Taxodiaceae　水杉属 Metasequoia

形态特征： 落叶乔木。枝、叶无毛，1~3年生枝淡褐色，侧生小枝对生，排成二列。叶条形，长1.5~4cm，宽0.3~1.2cm，条形叶交叉对生，在冬季与枝一同脱落。球果近球形，木质。种子扁平，周围有翅，先端有凹缺。开花期2月下旬，球果成熟期12月。

分布： 江西各地普遍栽培。水杉为中国特有树种，仅野生分布于四川石柱县、湖北利川市磨刀溪水杉坝地区。

生境： 生于海拔500~1800m，喜光，适应性较强，耐–47℃的低温条件。

识别要点：
①红色秋叶；②小枝对生，叶条形排成二列；③叶交互对生。

金钱松　Pseudolarix amabilis (Nelson) Rehd.　松科 Pinaceae　金钱松属 Pseudolarix

形态特征： 落叶乔木，一年生枝无毛，有长枝与短枝之分，短枝生长极慢，有密集环节状的叶枕。叶在短枝顶端排列成"金钱"状圆形；叶条形，稍镰状微弯，长 2~5.5cm，宽 0.5cm 以下，先端柔尖，叶背每边有较多的淡绿色气孔线（集合成气孔带），气孔带较中脉宽或相等；秋叶金黄色。雌球花紫红色，直立，长约 1.3cm，有短梗。球果长 6~7.5cm，熟时淡红褐色，有短梗；中部的种鳞卵状披针形，长 2.8~3.5cm，苞鳞长约为种鳞的 1/4~1/3。种子白色，种翅三角状披针形，淡黄色，连同种子几乎与种鳞等长。开花期 4 月，球果成熟期 10~11 月。

分布： 江西庐山有分布。为中国特有树种，江苏、浙江、安徽、福建、湖南、湖北等地也有分布。

生境： 生于海拔 150~1200m 的山坡上部，散生于针叶林、阔叶疏林内；喜光，适应肥沃壤土。

识别要点：
①秋叶金黄色；②短枝，叶"铜钱状"排列于短枝端；
③叶背淡绿色气孔带较中脉宽。

（二）观花类

广西紫荆（南岭紫荆）　　Cercis chuniana Metc.　　豆科 Caesalpiniaceae　　紫荆属 Cercis

形态特征： 落叶乔木，全株近无毛，一年生枝有皮孔。叶菱状卵形，长 5~9cm，宽 3~5cm，基部两侧不对称；叶柄两端稍膨大。总状花序长 3~5cm，荚果长 6~9cm，宽 1.3~1.7cm，种子长约 0.6cm。展叶期 4 月，开花期 4 月中旬，果成熟期 11 月上旬。

分布： 江西上犹营盘山有分布。广西东北部、贵州东南部也有分布。

生境： 生于海拔 500~1000m 的山坡中下部、山谷、疏林路边。喜光，稍耐阴，适应土层深厚的环境。

识别要点：
①枝上具密皮孔；②叶基部偏斜（一边高，一边低），3~5 出脉，叶脉具腋毛；
③叶菱状卵形，无毛。

湖北紫荆　Cercis glabra Pampan.　豆科 Caesalpiniaceae　紫荆属 Cercis

形态特征： 落叶乔木，高约15m。叶较大、全缘，基部心脏形，叶长7~14cm，宽6~12cm，叶背面仅基部脉腋有簇毛；基出脉5~7条；叶柄长2~4.5cm。总状花序轴长0.5~1cm，有花2~10枚；花淡紫红色或粉红色，先开花后展叶，花梗长1~2cm。荚果长9~14cm，宽1.8~2.6cm；荚果内侧有一狭窄翅，宽约0.2cm，荚果先端渐尖；种子近圆形，平扁。开花期：3~4月；果成熟期：9~11月。

分布： 芦溪县有分布（万龙山乡龙山村石屋里往华云方向公路上方竹林边缘）。湖北、河南、四川、云南、贵州、广西、广东、湖南、浙江、安徽等地也有分布。

生境： 生于海拔500~1100m。生境：山坡中上部、阔叶林中、路边；喜光。

识别要点：
①秋叶黄色；②叶大，全缘；③叶背基部脉腋具簇毛；
④花序（果序）具约1cm长总梗，荚果具狭翅。

金缕梅 Hamamelis mollis Oliver　金缕梅科 Hamamelidaceae　金缕梅属 Hamamelis

形态特征： 落叶灌木，高约6m。嫩枝被星状绒毛，老枝无毛，芽具绒毛。叶阔倒卵状圆形，长8~15cm，宽6~10cm，基部心形，偏斜，叶背密被星状绒毛，侧脉6~8对；边缘有钝齿；叶柄长0.6~1cm，被绒毛。头状或短穗状花序腋生，花序梗短（0.5cm）；无花梗，苞片卵形；萼齿宿存；花瓣带状，长约1.5cm，金黄色；雄蕊4枚；子房被绒毛，花柱长约0.2cm。蒴果密被星状绒毛，萼筒与子房合生，长约为蒴果1/3。开花期4~5月，果成熟期11~12月。

分布： 江西萍乡市（湘东区青草湖、白竺乡）、赣州市（峰山）有分布。四川、湖北、安徽、浙江、湖南、广西等地也有分布。

生境： 生于海拔300~1000m的山坡中上部、路边、灌丛中；喜光，耐干旱。

识别要点：
①单叶互生；②叶基部偏斜，心形，叶柄短；③萼筒与子房合生，长约为蒴果的1/3。

钟花樱花　Cerasus campanulata (Maxim.) Yu et Li　蔷薇科 Rosaceae　樱属 Cerasus

形态特征： 落叶乔木，枝、叶、冬芽无毛。叶片卵状椭圆形，长 5~7cm，宽 3~4cm，边有重锯齿，有时叶背脉腋有簇毛；叶柄长 1~1.5cm，顶端有 2 枚腺体。伞形花序，先于叶开放，花直径 1.5~2cm；总花梗长 0.3cm，花梗长 1~1.3cm；花萼筒钟状，5 裂片，花瓣红色，先端凹陷。核果，果梗先端稍膨大；开花期 2 月上旬，果成熟期 3 月上旬。

分布： 全南县、寻乌县、安远县、武功山、井冈山、上犹县、崇义齐云山、武夷山、三清山等江西地区有分布。浙江、福建、台湾、广东、广西也有分布。

生境： 生于海拔 100~1000m 的路边、疏林中、山坡中下部；喜阳光，稍耐干旱、瘠薄。

识别要点：
①落叶乔木，花红色；②伞形花序，下垂，花萼筒状；③叶基部浅凹或宽圆；④叶背无毛。

山樱花　Cerasus serrulata (Lindl.) G. Don ex London　蔷薇科 Rosaceae　樱属 Cerasus

形态特征： 落叶乔木，枝无毛。叶卵状椭圆形或倒卵状椭圆形，长 5~9cm，宽 2.5~5cm，先端渐尖，基部圆钝，边缘具尖单锯齿和重锯齿，叶背无毛；叶柄长 1~1.5cm，上端有 1~3 个腺体；托叶线形，长 0.8cm，边有腺齿，早落。伞房花序总状或近伞形，着生花 2~3 朵；花梗长 1.5~2.5cm，无毛；花萼管状，长 0.7cm，宽 2~3mm，先端不反折；花瓣白色（有些植株为粉红色花），倒卵形，先端下凹；雄蕊约 38 枚；花柱无毛。核果卵球形，紫黑色。开花期 3~4 月，果成熟期 6 月。

分布： 江西庐山、幕府山、九岭山、武夷山、三清山、武功山、井冈山、遂川县（南风面）、崇义县（齐云山）、上犹县（光姑山）、资溪县（大觉山）、黎川县（岩泉保护区）、安远县（三百山）等地有分布。黑龙江、河北、山东、江苏、浙江、安徽、湖南、贵州、广东、广西、福建等地也有分布。

生境： 生于海拔 200~1500 米的山坡、疏林内、路边；喜光，稍耐阴。

识别特征：
①落叶乔木，花白色或粉红色；
②叶背无毛，边缘具重锯齿；
③叶先端尾尖；④花萼裂片先端不反折。

栾树　Koelreuteria paniculata Laxm.　无患子科 Sapindaceae　栾树属 Koelreuteria

形态特征： 落叶乔木，小枝、叶轴、叶柄均被短柔毛（有时无毛）。叶为一回、不完全二回（有时为二回）羽状复叶，复叶长约50cm；小叶7~18，无柄或具极短的柄，对生或互生，长5~10cm，宽3~6cm，边缘有不规则的钝锯齿、裂齿，叶背无毛（或仅脉腋具毛）。聚伞圆锥花序长25~40cm，密被柔毛；花淡黄色，花梗长0.5cm；萼裂片卵形；花瓣4，开花时向外反折，线状长圆形，长约1cm；雄蕊8枚。蒴果圆锥形，具3棱，长4~6cm，顶端渐尖；种子近球形，生于腹缝线中部。开花期5~8月，果成熟期9~10月。

分布： 江西庐山、幕府山、九岭山、武夷山、三清山、武功山、井冈山、遂川县（南风面）、崇义县（齐云山）、上犹县（光姑山）、资溪县（大觉山）、黎川县（岩泉保护区）、安远县（三百山）等地有分布。黑龙江、河北、山东、江苏、浙江、安徽、湖南、贵州、广东、广西、福建等地也有分布（世界各地有栽培）。

生境： 生于海拔300~1000m的山坡中上部、路边、疏林内；喜光，稍耐干旱，土壤pH4~7.5。

识别要点：
①落叶乔木，花黄色；
②羽状复叶，叶不规则开裂；
③叶背无毛；
④蒴果圆锥形，先端尖锐，3裂；
⑤种子生腹缝线中部。

庐山芙蓉（原变种） Hibiscus paramutabilis Bailey var. paramutabilis　　锦葵科 Malvaceae　　木槿属 Hibiscus

形态特征： 落叶乔木，高约 12m，小枝被星状短柔毛。叶掌状，5~7 浅裂（或 3 裂），长 5~14cm，宽 6~15cm，基部近心形，裂片边缘具较疏的锯齿，基出脉 5，两面均被星状毛；叶柄长 3~14cm。花单生于枝端叶腋，直立，花梗长 2~4cm（短于叶柄），被星状柔毛或长硬毛；雄蕊柱不伸出花外；副萼（亦称小苞片）4~5 片，卵形，长约 2cm，宽 1~1.2cm，密被短柔毛和长硬毛；花萼 5 裂，卵状披针形，长 2~3cm，下部 1/4 处合生，密被星状绒毛；花冠白色，冠内基部紫红色，花直径 10~12cm，花瓣先端圆或微缺，具脉纹，基部具白色髯毛，花瓣外面被星状柔毛；花柱枝 5 分枝，被长毛。蒴果 5 裂，密被黄星状绒毛和长硬毛。种子肾形，被红棕色长毛。开花期 7~8 月，果成熟期 11~12 月。

分布： 江西武宁县（九宫山）、庐山有分布。湖南（衡山）、广西（九万大山）也有分布。

生境： 生于海拔 850~1200m 的山坡中上部、阔叶林中、路边、林缘；喜光，稍耐阴。

识别要点：
① 落叶乔木；
② 叶 5 裂，叶背具短毛，裂片边缘具钝齿；
③ 花单生枝端叶腋；
④ 副萼绿色，叶状卵形。

伏毛杜鹃　Rhododendron strigosum R. L. Liu　杜鹃花科 Ericaceae　杜鹃属 Rhododendron

形态特征： 常绿或半常绿灌木，高约 1.8m。枝、叶背密被暗褐色平贴的糙毛。叶二型，春发叶椭圆状卵形，长 2.5~3.2cm，宽 1.2~1.9cm，侧脉 3~5 对，在离边缘 0.1cm 处连接成网状；叶柄短（0.3~0.5cm），被糙毛。夏发叶较小，长约 1cm，宽 0.5cm。伞形花序顶生，总花序梗很短（约 0.4cm），花梗长 0.8~1cm，密被红褐色有光泽的绢质长糙毛。花冠粉红色，5 裂，雄蕊 6（5）~10 枚，8 枚居多，5 枚极少见；花丝中部以下被白色短毛。蒴果密被铁锈色糙毛。开花期 4~5 月，果成熟期 10~12 月。

分布： 江西井冈山（游击洞、石市口农场养老院后山）、遂川县（七岭）等地有分布。湖南（炎陵县大院农场去江西凹路上，海拔 1480m）也有分布。

生境： 生于海拔 400~1500m 的山坡上部、路边、疏林内；喜光，耐干旱。

识别要点：
① 常绿或半常绿灌木；
② 春叶与夏叶大小差异大，花粉红色；
③ 叶被密被平贴长糙毛。

杜鹃（映山红） Rhododendron simsii Planch.　杜鹃花科 Ericaceae 杜鹃属 Rhododendron

形态特征： 半落叶灌木，高 1~5m；枝被棕褐色糙伏毛。叶纸质，常聚生于枝上部；叶形为卵形、椭圆形或倒卵形，长 2.5~6cm，宽 1.5~3cm，先端短渐尖，基部楔形，边缘无锯齿。叶正面疏被糙伏毛，叶背面密生褐色糙伏毛；叶柄长 0.5~1cm，被棕褐平糙伏毛。花鲜红色，簇生于枝顶；花梗长约 0.8~1cm，密被棕褐色糙伏毛；花萼 5 深裂，裂片三角状，被糙伏毛，边缘具睫毛；合瓣花，花冠阔漏斗形，鲜红色，长 3.5~4cm，花冠内裂片具紫色斑点；雄蕊 10，花丝中部以下被毛；花柱红色，伸出花冠外，无毛。子房密被亮棕褐色糙伏毛。蒴果木质，长约 1cm，密被糙伏毛；花萼宿存。开花期 4~5 月，果成熟期 9~11 月。常见 11~12 月开花的变异株野生分布。

分布： 江西庐山、九岭山、南昌梅岭、武功山、井冈山、九连山、寻乌项山等山区和丘陵有分布。云南、四川、贵州、湖南、广西、广东、安徽、福建、浙江、台湾等地也有分布。

生境： 生于海拔 100~2000m 的荒山、路边、山脊或疏林内；喜光，耐干旱，土壤 pH3~5。

识别要点：
①半常绿灌木；②叶正面、叶背面、枝均背褐色平扁糙伏毛；
③花柱、雄蕊、花冠红色；雄蕊 10 枚，花冠具紫黑色斑点。

龙岩杜鹃 Rhododendron florulentum Tam 杜鹃花科 Ericaceae 杜鹃属 Rhododendron

形态特征： 半落叶灌木，高 1~3m；枝被开展的锈色刚毛和腺刚毛，稍具黏性。叶草质，卵形、椭圆形或椭圆状卵形，大小差异较大，长 2.5~8cm，宽 1.5~4.5cm，大多数叶长 4~6cm，宽 3~4cm，先端短尖，基部宽楔形；叶正面具疏毛，叶背面密被淡黄褐色毛和锈褐色糙伏毛；叶柄长 0.5~1cm，被开展的锈色短刚毛及腺刚毛。伞形花序顶生，通常有花 12~14 朵；花梗长 0.9~1.3cm，密被糙伏毛；花萼很小，被糙伏毛；花冠狭长而较细，粉红色，5 裂片；雄蕊 5，花丝无毛；花柱无毛；子房密被糙伏毛。开花期 4 月；果成熟期 10~12 月。

分布： 江西瑞金泽潭乡桃阳峯、拔英乡梅山有分布。福建龙岩红尖山、上杭县蛟洋镇也有分布。

生境： 生于海拔 400~1200m 的山顶灌丛中、稀疏松林内、路边、山脊；喜光，耐干旱，土壤 pH3~6。

识别要点：
①半常绿灌木，花粉红色；②枝、叶柄、叶背面和叶正面被黄褐色毛和稀疏腺毛；
③花冠筒狭长，花冠 5 裂，内有淡红色斑点；雄蕊 5 枚、无毛；花梗、花萼被褐红色伏毛。

丝线吊芙蓉　Rhododendron westlandii Hemsl.　杜鹃花科 Ericaceae 杜鹃属 Rhododendron
（异名：毛棉杜鹃 Rhododendron moulmainense He Mingyou,not Hook.f. 中国植物志 57(2):355）

形态特征： 常绿小乔木，高 2~8m；枝、叶无毛。叶革质，聚生于枝顶部，叶形为椭圆状披针形，长 6~12cm，宽 3~7cm，先端渐尖，基部楔形，叶脉在叶正面凹陷而清晰；叶柄长 1.5~2.2cm，无毛。花芽显著，无毛；一个花芽中只生出一个伞形花序状花序（因花序有一很短的总梗，在此短梗上排列很密的花，因此似伞形花序，实际为不明显的总状花序），花序生于枝顶部叶腋（不是顶生），每花序有花 3~5 朵；花梗长 1~2cm，无毛；花萼小，裂片 5，无毛；花冠粉红色，花冠长 4~6cm，5 深裂；雄蕊 10 枚，花丝中部以下被白色毛；花柱无毛；子房无毛。蒴果长 3.5~6cm。开花期 3~4 月，果成熟期 10~12 月。

分布： 江西寻乌县龙庭、会昌县清溪和筠门岭、安远县三百山、龙南县杨村镇等地有分布。福建、湖南、广东、广西、四川、贵州和云南也有分布。

生境： 生于海拔 300~800m 的路边、阔叶疏林中；喜光、稍耐阴，适应湿润、深厚的酸性土壤。

识别要点：
①常绿小乔木，花粉红色；
②枝、叶、花均无毛，一个花芽生出多花，形成伞形状花序；
③花冠5裂，裂片内具黄红色斑点，雄蕊10枚，叶椭圆状。

鹿角杜鹃 Rhododendron latoucheae Franch.   杜鹃花科 Ericaceae 杜鹃属 Rhododendron

形态特征： 常绿小乔木，高2~8m；枝、叶、花均无毛。叶聚生于枝顶；叶革质，卵状披针形，长6~12cm，宽3~5.5cm，先端渐尖，基部楔形；叶柄长1~1.4cm，无毛。一个花芽只具一朵花，因此花单生于枝的顶部叶腋（不是枝顶），花梗长1.5~2.7cm，无毛；花萼不明显；花冠初期颜色较深，为粉红色，后期白色带淡红色，花冠5深裂；雄蕊10枚，花丝中部以下被柔毛；花柱无毛，子房无毛。蒴果长3.5~4cm。开花期3月，果成熟期10~11月。

分布： 江西九连山、三百山、井冈山、瑞金市、石城县、铜鼓县、九岭山、幕府山、庐山、武夷山、三清山等地有分布。浙江、福建、湖北、湖南、广东、广西、四川和贵州也有分布。

生境： 生于海拔200~2000m的荒山、山脊、疏林内；喜光，稍耐阴；适应湿润、酸性土壤。

识别要点：
①常绿小乔木，花粉红色；
②花生枝顶部叶腋；一个花芽只具一朵花；
③花冠内具淡绿色斑点，雄蕊10枚，花丝狭部具短毛，花柱无毛。

刺毛杜鹃　　Rhododendron championae Hook.　　杜鹃花科 Ericaceae 杜鹃属 Rhododendron

形态特征： 常绿小乔木，高 2~8m；枝、叶柄、叶边缘、芽边缘具展开的腺毛、刚毛、短柔毛。叶厚纸质，卵状披针形或椭圆状披针形，长达 12~18cm，宽 3~6cm，叶正面疏被短刚毛，背面密被刚毛和短柔毛；叶柄长 1.2~1.7cm。花芽长圆状锥形；伞形花序生于枝顶叶腋，总花梗长 0.7cm，无毛；花梗长 1~2cm，密被腺刚毛；花萼裂片形状多变，5 深裂，长约 1.3cm，边缘具腺刚毛；花冠初期为淡红色，后变白色，5 深裂；雄蕊 10 枚，花丝下部被短柔毛；花柱伸出于花冠外，无毛；子房被刚毛。蒴果密被腺刚毛和短毛。果柄被腺刚毛和短柔毛。开花期 3~4 月，果成熟期 10~11 月。

分布： 江西九连山、三百山、寻乌项山、石城县、大余县、崇义县齐云山、上犹营盘山、遂川七岭乡有分布（遂川县可能是该种分布北界）。福建、湖南南部、广东和广西也有分布。

生境： 生于海拔 200~1100m 的荒山、山脊、疏林内；喜光，耐干旱，适应酸性土壤。

识别要点：
①常绿小乔木；
②花生于枝顶端叶腋，一个花芽具多花，芽鳞片边缘具腺毛；
③枝、叶柄具腺毛和刚毛；
④叶边缘具腺毛和刚毛。

齿缘吊钟花　Enkianthus serrulatus (Wils.) Schneid.　杜鹃花 Ericaceae　吊钟花属 Enkianthus

形态特征： 落叶灌木，高约2m。叶长6~10cm，宽3~3.5cm，叶边缘具细锯齿；叶两面无毛，中脉、侧脉及网脉在两面明显，叶柄长6~12mm，无毛。伞形花序顶生，花下垂。蒴果椭圆形，无毛。开花期4~5月，果成熟期7~8月。

分布： 江西庐山、幕府山、九岭山、武夷山、三清山、武功山、井冈山、遂川县（南风面）、崇义县（齐云山）、上犹县（光姑山）、资溪县（大觉山）、黎川县（岩泉保护区）等地有分布。浙江、福建、湖北、湖南、广东、广西、四川、贵州、云南也有分布。

生境： 生于海拔800~1800m的山顶灌丛中、路边；喜光，耐干旱。

识别要点：
①叶聚生枝上端，蒴果直立；②叶面网脉清晰，边缘具整齐锯齿；③花冠5浅裂、下垂、乳白色。

灯笼花 Enkianthus chinensis Franch.　　杜鹃花 Ericaceae　　吊钟花属 Enkianthus

形态特征： 落叶灌木，枝无毛。叶椭圆形，长 3~5cm，宽 2.5~3.5cm，上半部边缘有锯齿，叶柄被微毛，花单生叶腋，花梗被毛，花冠圆筒状，深红色。蒴果小，直径 0.6cm。开花期 5~6 月，果期成熟 9~10 月。

分布： 庐山、幕府山、九岭山、武夷山、三清山、武功山、井冈山、遂川县（南风面）、崇义县（齐云山）、上犹县（五指峰）、资溪县（大觉山）等江西各地有分布。安徽、浙江、福建、湖北、湖南、广西、四川、贵州、云南也有分布。

生境： 生于海拔 900m 以上的山顶灌丛中、路边；喜光，耐干旱。

识别要点：
①叶聚生枝上部；②叶较小；③花冠 5 浅裂，粉红色；④花冠筒具红色脉纹。

（三）观果树种

梧桐 Firmiana platanifolia (Linn. f.) Marsili　　梧桐科 Sterculiaceae　　梧桐属 Firmiana

形态特征： 落叶乔木，树皮绿色。单叶，叶掌状 3~5 裂，直径 15~30cm，基部心形，两面近无毛，基出脉 5~7。圆锥花序顶生，长约 20~50cm，花淡黄绿色；萼 5 深裂至基部，萼片条形，外卷；花单性或杂性，无花瓣；雌花的子房 5 室，基部具有圈围的不育花药。果为蓇葖果，具柄，果皮在成熟前开裂成叶状；每个蓇葖有种子 2 至多个，着生在叶状果皮的内缘（心皮复缝线），蓇葖果外面被短毛（后变无毛）。开花期 5~6 月，果成熟期 7~9 月。

分布： 江西庐山、幕府山、九岭山、武夷山、三清山、武功山、井冈山、遂川县（南风面）、崇义县（齐云山）、上犹县（光姑山）、资溪县（大觉山）、黎川县（岩泉保护区）、安远县（三百山）等地有分布。黑龙江、河北、山东、江苏、浙江、安徽、湖南、贵州、广东、广西、福建等地也有分布，多为人工栽培。

生境： 生于海拔 200~850m 的山坡中下部、阔叶林的疏林内、路边；喜光，稍耐阴。

识别要点：
①落叶乔木，果黄色；
②叶 2 裂，叶背近无毛；
③种子生于每片蓇葖边缘（心皮腹缝线）；
④蓇葖果外面被短毛。

红果罗浮槭 Acer fabri Hance var. rubrocarpum Metc. 槭树科 Aceraceae 槭属 Acer

形态特征：常绿乔木，高约12m，全株无毛。叶比原变种（罗浮槭 **Acer fabri** Hance var. **fabri**）小，革质，长椭圆状披针形，长4.5~6cm，宽1.7~2.5cm，全缘，基部钝，楔形；叶柄长1~1.5cm。花杂性，萼片5，紫色；花瓣5，白色；雄蕊8。果翅张开成钝角或锐角，果梗长1~1.5cm。开花期3~5月，果成熟期9月。

分布：江西九岭山、武夷山、三清山、武功山、井冈山、遂川县（南风面）、崇义县（齐云山）、上犹县（光姑山）、资溪县（大觉山）、黎川县（岩泉保护区）、安远县（三百山）等地有分布。广东、广西、湖北、湖南、四川也有分布。

生境：生于海拔300~1000m的阔叶林中、路边；喜光，耐阴。

识别要点：
①常绿乔木；
②叶对生，全缘；
③翅果红色，张开成钝角或锐角。

岭南槭 Acer tutcheri Duthie 槭树科 Aceraceae 槭属 Acer

形态特征： 落叶乔木，枝无毛。叶长6~7cm，宽8~11cm，通常3裂（少5裂）；裂片先端锐尖（稀尾状尖），边缘具稀疏而紧贴的锐尖锯齿，裂片间的凹缺锐尖，深达叶片全长的1/3，叶背无毛（稀脉腋具丛毛）；叶柄长约2~3cm，无毛。花杂性，雄花与两性花同株，短圆锥花序长6~7cm，顶生于小枝。翅果红色，小坚果凸起，翅连同小坚果长2~2.5cm，张开成近水平或钝角。开花期4月，果成熟期9月。

分布： 江西崇义县（聂都）、安远县（三百山）、龙南县（九连山）、寻乌县（吉隆山）等地有分布。广东、福建也有分布。

生境： 生于海拔500~1000m的山坡中下部、阔叶林中、林缘；喜光，稍耐阴。

注：岭南槭的叶和翅果变化较大，有些植物体叶缘锯齿稀疏，翅果张开成钝角，而不是近水平。

识别要点：
①叶背无毛，裂片边缘具锯齿，裂片深至叶长约1/3，两侧裂片与中裂片成锐角。
②叶对生，果翅展开成近水平。

复羽叶栾树　Koelreuteria bipinnata Franch.　无患子科 Sapindaceae　栾树属 Koelreuteria

形态特征： 落叶乔木，枝具小疣点。二回羽状复叶，长 45~70cm；叶轴和叶柄有短柔毛；小叶互生，少对生，基部偏斜，卵形，长 3.5~7cm，宽 2~3.5cm，边缘有锯齿（黄山栾树为全缘），叶背有微毛，小叶柄长仅 0.3cm。大型圆锥花序（复总状花序），长 35~70cm，分枝与花梗被短柔毛。萼 5 裂，花瓣 4；蒴果具 3 棱，淡红色，后褐黄色，长 4~7cm。种子近球形，直径 0.6cm。开花期 7 月，果成熟期 11 月（观果期 8~12 月）。

分布： 江西武功山、三清山、武夷山、井冈山有分布。云南、贵州、四川、湖北、湖南、广西、广东等地也有分布。

生境： 生于海拔 300~1500m 的山坡中部上部的山地疏林中；喜阳光，稍耐干旱、瘠薄。

识别要点：
①果红色；②二回羽状复叶，小叶边缘具锯齿，基部偏斜；
③叶背被微毛；④蒴果具 3 棱，分枝与果梗具毛。

冬青 Ilex chinensis Sims 冬青科 Aquifoliaceae 冬青属 Ilex

形态特征： 常绿乔木，全株无毛。叶椭圆状披针形，长 6~12cm，宽 3~4cm，先端渐尖，基部楔形，边缘具钝齿；中脉在叶正面平，叶背面隆起，侧脉 6~9 对；叶柄长约 1cm。单性花，雄花花序 3~4 回分枝，总花梗长 0.7~1.3cm，花淡紫色，花基数 4~5；花萼浅杯状；雌花花序 1~2 回分枝，总花梗长 0.3~1cm，花梗长 0.6~1cm；花萼和花瓣与雄花相同。核果长球形，成熟时红色，分核 4~5。开花期 4~6 月，果成熟期 7~12 月。

分布： 江西庐山、幕府山、九岭山、武功山、井冈山、三百山、九连山、武夷山、凌华山、遂川县、永新县、全南县、泰和县等地有分布。江苏、安徽、浙江、福建、台湾、河南、湖北、湖南、广东、广西、云南等地也有分布。

生境： 生于海拔 100~1000m 的山坡中下部、常绿阔叶林内、林缘、村落旁边；喜光，稍耐阴。

识别要点：
①常绿乔木，核果红色；②叶互生，边缘具锯齿，花淡紫红色。

铁冬青　Ilex rotunda Thunb.　冬青科 Aquifoliaceae　冬青属 Ilex

形态特征： 常绿乔木，高约 15m。叶长 4~9cm，宽 1.8~4cm；两面无毛；叶柄长 0.8~1.8cm，无毛。雄花序总花梗长 0.3~1.1cm，无毛，花梗长 0.3~0.5cm，无毛或被微柔毛，花 4 基数，被微柔毛；雌花序具总梗，着生花 3~7，总花梗长约 0.5~1.3cm，无毛，花梗长 0.3~0.8cm，无毛或被微柔毛。核果红色，4 分核。开花期 4 月，果成熟期 8~12 月。

分布： 江西庐山、幕府山、九岭山、武功山、井冈山、三百山、九连山、武夷山、凌华山、遂川县、永新县（三湾）、全南县、泰和县等地有分布。浙江、福建、台湾、湖北、湖南、广东、广西、云南等地也有分布。

生境： 生于海拔 200~900m 的山坡中下部、常绿阔叶林内、村落旁边；喜光，稍耐阴。

识别要点：
①叶全缘、椭圆状矩形；②核果红色，4 分核；③果序具总梗，伞形果序。

枸骨 Ilex cornuta Lindl. et Paxt.　冬青科 Aquifoliaceae　冬青属 Ilex

形态特征： 常绿小乔木，嫩枝具纵棱，无毛。叶厚革质，边缘具4~5个尖硬牙齿，长4~9cm，宽2~4cm，叶柄长0.4~0.8cm，花4基数。雄花花梗长0.5~0.6cm，无毛，雄蕊与花瓣近等长或稍长，雌花花梗长0.8~0.9cm，无毛，退化雄蕊长为花瓣的4/5。核果红色，簇生叶腋，4分核。开花期4~5月，果成熟期10~12月。

分布： 江西庐山、幕府山、九岭山、彭泽县、武宁县、修水县、铜鼓县、靖安县、武功山、井冈山、三百山、九连山、武夷山、宁都县（凌华山）、崇义县、上犹县、遂川县、永新县（三湾）、全南县、泰和县等地有分布。江苏、安徽、浙江、福建、台湾、湖北、湖南、广东、广西、云南等地也有分布。

生境： 生于海拔200~1000m的山坡中上部、路边、荒山；喜光，耐干旱。

识别要点：
①常绿小乔木，果期长；②叶背无毛，边缘4~5齿；③核果红色，簇生叶腋，嫩枝具纵棱。

大叶冬青 Ilex latifolia Thunb.　冬青科 Aquifoliaceae　冬青属 Ilex

形态特征： 常绿乔木，全体无毛，枝具明显隆起的阔三角形或半圆形叶痕。叶厚革质，长8~28cm，宽4.5~9cm，边缘具尖硬锯齿；叶背近无毛，具不明显的腺点。聚伞花序组成的假圆锥花序，无总梗，簇生于叶腋，花4基数；雄花假圆锥花序的每个分枝具3~9花，雌花花序的每个分枝具1~3花。开花期4月，果成熟期9~10月。

分布： 江西井冈山、资溪县（马头山保护区）、崇义县（齐云山）、武功山等地有分布。安徽、浙江、福建、台湾、湖北、湖南、广东、广西、云南等地也有分布。

生境： 生于海拔450~1000m的山坡中下部、阔叶林中、路边、村落旁边；耐阴。

识别要点：
①常绿乔木；②叶面中脉平坦或微凹；
③叶背具腺点，叶缘具尖硬锯齿；④核果红色，簇生叶腋。

野鸦椿 Euscaphis japonica (Thunb.) Dippel　省沽油科 Staphyleaceae　野鸦椿属 Euscaphis

形态特征： 落叶小乔木，高约9m，小枝紫红色，叶揉碎后有恶臭气味。奇数羽状复叶对生；小叶5~9枚，长卵状披针形，长6~9cm，宽3~4cm，先端渐尖，基部钝圆，边缘具疏锯齿，中脉在叶正面平坦，叶背面仅中脉和侧脉被短毛，侧脉8~11对；小叶柄长0.3cm。圆锥花序（果序）顶生，总花梗长约20cm，花黄白色；萼片与花瓣均5，心皮3，分离。蓇葖果长1~2cm，每一花发育1~3个蓇葖，果皮红色并具纵脉纹，种子具肉质假种皮。开花期5~6月，果成熟期9~10月。

分布： 江西庐山、幕府山、九岭山、彭泽县、武宁县、修水县、铜鼓县、靖安县、武功山、井冈山、三百山、九连山、武夷山、宁都县（凌华山）、崇义县、上犹县、遂川县、永新县（三湾）、全南县、泰和县等地有分布。江苏、安徽、浙江、福建、台湾、湖北、湖南、广东、广西、云南等地也有分布。

生境： 生于海拔500~1200m的山坡上部、疏林内、路边；喜光，稍耐阴。

圆齿野鸦椿识别要点：
①奇数羽状复叶，蓇葖果外面具纵脉纹；
②圆锥花序（果序），果红色。

野鸦椿与圆齿野鸦椿的识别要点检索：

1.落叶，中脉在叶面平坦，圆锥花序，蓇葖果外面肋脉明显…………………野鸦椿
1.常绿，中脉在叶面凸起，聚伞花序，蓇葖果外面肋脉不明显…………………圆齿野鸦椿

圆齿野鸭椿　Euscaphis konishii Hayata　省沽油科 Staphyleaceae　野鸦椿属 Euscaphis

形态特征： 常绿灌木，高约6m，全株无毛。奇数羽状复叶，小叶边缘锯齿不明显，中脉在叶面稍凸起，边缘锯齿圆钝。聚伞花序（果序）顶生。蓇葖果外面肋脉不明显。果成熟期10至翌年2月。

分布： 信丰县（金盆山）、龙南县（九连山）、会昌县（清溪）等江西南部地区有分布。福建也有分布。

生境： 生于海拔650m以下的山坡中下部、阔叶林疏林内、路边；喜光，耐阴。

注： 该种异名为福建野鸦椿 Euscaphis fukienensis Hsu。

识别要点：
①常绿灌木，叶缘锯齿不明显；②叶背无毛；③聚伞花序（果序）顶生，蓇葖果外面肋脉不明显。

华南青皮木 Schoepfia chinensis Gardn. et Champ.　铁青树科 Olacaceae　青皮木属 Schoepfia

形态特征： 落叶小乔木，高约 2~6m。枝、叶无毛，分枝较稀疏。叶长椭圆形或卵状披针形，长 6~9cm，宽 2.5~4cm，顶端渐尖，叶侧脉稀疏，每边 3~5 条；叶柄红色，长 0.6cm。花梗极短，花序为短穗状或螺旋状聚伞花序（有时花单生），长 2~3.5cm，总花梗长 1~2cm；花萼筒大部分与子房合生，顶端 4~5 枚小萼齿；花冠管状，淡红色。核果椭圆形，红色，被增大成壶状的花萼筒包围，花萼筒外部红色。开花期 3~4 月，果成熟期 5~6 月。

分布： 江西全南县（岐山）、九连山、三百山、齐云山、赣江源保护区七岭等地有分布；四川、云南、广西、广东、湖南、福建、台湾也有分布。

生境： 生于海拔 250~900m 的山坡中下部、阔叶林下、山谷溪边、疏林中；耐阴。

识别要点：
①小乔木，核果红色；②叶长椭圆形或卵状披针形，枝叶无毛；
③叶侧脉稀疏，每边 3~5 条，叶柄红色。

猴欢喜 Sloanea sinensis (Hance) Hemsl.   杜英科 Elaeocarpaceae   猴欢喜属 Sloanea

形态特征： 常绿乔木，高约16m，枝、叶无毛。叶形状及大小多变，通常为倒卵状椭圆形，长6~9cm，宽3~5cm，先端急尖，基部钝，全缘（有时上半部有疏齿），侧脉5~7对；叶柄长1~4cm，顶端（叶基部）有一个膨大的节。花簇生或形成总状花序生于枝顶叶腋；花梗长3~6cm，被毛；萼片4，花瓣4，白色，外侧有微毛，先端撕裂成数个条状；雄蕊多数，与花瓣等长；子房被毛。蒴果3~7裂；果外面针刺长1~1.5cm。种子黑色，基部有红色假种皮。开花期9~11月，果成熟期翌年6~7月。

分布： 江西庐山、幕府山、九岭山、彭泽县、武宁县、修水县、铜鼓县、靖安县、武功山、井冈山、三百山、九连山、武夷山、宁都县（凌华山）、崇义县、上犹县、遂川县、永新县（三湾）、全南县、泰和县等地有分布。广东、海南、广西、贵州、湖南、福建、台湾、浙江等地也有分布。

生境： 生于海拔300~1000m的山坡、阔叶林内、林缘；喜光，稍耐阴。

识别要点：
①常绿乔木；
②叶全缘，基部钝；
③蒴果红色；
④种子基部有红色假种皮。

山桐子　Idesia polycarpa Maxim.　大风子科 Flacourtiaceae　山桐子属 Idesia

形态特征：落叶乔木，枝无毛。单叶互生，边缘有锯齿；叶心状卵形，长13~16cm，宽12~15cm，先端渐尖，基部心形，叶背粉白色，无毛或仅沿脉有疏柔毛，脉腋有丛毛，基生五出脉；叶柄长6~12cm，无毛，下部有2~4个腺体。花单性，雌雄异株或杂性，花瓣缺，花序为顶生下垂的圆锥花序；雄花萼片3~6片，覆瓦状排列，有退化子房；雌花萼片3~6片，子房上位，无毛，花柱5~6，退化雄蕊多数。浆果红色，直径约0.6cm。开花期4~5月，果成熟期10~12月。

分布：江西庐山、幕府山、九岭山、彭泽县、星子县、武宁县、修水县、铜鼓县、靖安县、武功山、井冈山、三百山、九连山、武夷山、宁都县（凌华山）、崇义县、上犹县、遂川县、永新县（三湾）、全南县、泰和县等地有分布。甘肃、陕西、山西、河南、江苏、安徽、浙江、福建、台湾、湖北、湖南、广东、广西、云南等地也有分布。

生境：生于海拔400~1500m的山坡中上部、阔叶林中、路边；喜光，稍耐阴。

识别要点：
①落叶乔木，圆锥果序下垂；②叶柄下部具腺体；
③叶基部心形，基生五出脉。

鸡树条（天目琼花） Viburnum opulus Linn. var. calvescens (Rehd.) Hara　忍冬科 Caprifoliaceae　荚蒾属 Viburnum

形态特征： 落叶灌木，高约5m。当年小枝具纵棱，无毛。单叶对生，叶倒卵形，长6~12cm，一般3裂，具掌状脉3，基部圆形、截形或浅心形，两面无毛（叶背面仅脉腋具簇毛或少数长伏毛）；叶裂片顶端渐尖，边缘具不整齐粗牙齿（有时全缘），侧裂片略向外开展；叶柄较粗壮，长1~2cm，无毛，有2~4腺体。复伞形聚伞花序，花序直径5~10cm，大多数花周围有大型的不孕花；总花梗长2~5cm，无毛，花梗极短；萼筒倒圆锥形，长约0.1cm；花冠白色，裂片近圆形，大小不等。核果红色，近圆形；果核平扁，近圆形，无纵沟。开花期5~6月，果成熟期9~10月。

分布： 江西修水县（黄龙寺附近）有分布。新疆也有分布。

生境： 生于海拔800~1500m的山坡上部、疏林内、路边；喜光，耐寒，也稍耐干旱。

识别要点：
①落叶灌木；②叶常3裂，裂片边缘常具锯齿，叶背基部脉腋具簇毛；③叶对生，核果成熟时红色。

南方红豆杉 Taxus wallichiana Zucc.var.mairei (lemee et Lévl.) L. K. Fu et Nan Li　红豆杉科 Taxaceae　红豆杉属 Taxus

形态特征： 常绿乔木。叶排列成两列，镰刀状弯曲，长 2~4cm，宽 0.3~0.5cm，中脉在叶正面凸起，在背面具两条淡绿色气孔带。种子生于杯状红色肉质的假种皮中；种子成熟期 10~11 月。[异名：T. mairei (lemee et Lévl.) S. Y. Hu]。

分布： 江西庐山、幕府山、九岭山、彭泽县、星子县、武宁县、修水县、铜鼓县、靖安县、武功山、井冈山、安远县（三百山）、龙南县（九连山）、武夷山、宁都县（凌华山）、崇义县、上犹县、遂川县、永新县（三湾）、全南县、泰和县等地有分布。安徽、浙江、台湾、福建、广东、广西、湖南、湖北、河南、陕西、甘肃、四川、贵州、云南等地也有分布。

生境： 生于海拔 350~1000m 的山谷、山坡中下部、阔叶林中；喜湿润、肥沃土壤，耐阴。

识别要点：
①常绿大乔木；
②叶镰刀状弯曲，基部下延；
③肉质假种皮红色，杯状。

（四）特殊观赏树种

紫茎 Stewartia sinensis Rehd. et Wils.　　山茶科 Theaceae　　紫茎属 Stewartia

形态特征： 落叶乔木。树皮黄色，光滑；嫩枝有毛，老枝无毛。叶椭圆形或卵状椭圆形，长6~10cm，宽2~4cm，边缘有锯齿，有时叶背脉腋有簇毛。花单生，白色；花苞片较长（2cm）；花萼5裂，花瓣离生，子房有毛。蒴果卵圆形，先端尖，种子有窄翅。开花期6中旬月，果成熟期11月上旬。

分布： 江西安远三百山、井冈山、寻乌项山、崇义齐云山、上犹五指峰、武功山、三清山、武夷山、九岭山、幕阜山等地有分布。四川、安徽、浙江、湖北也有分布。

生境： 生于海拔800~1900m的山坡上部、山脊、疏林内；喜阳光，幼树耐阴。

识别要点：
① 树干、光滑，黄色；
② 枝红褐色，顶芽具毛；
③ 萼片叶状，被毛，花白色；
④ 蒴果被粗毛，先端尖锐。

尾叶紫薇 Lagerstroemia caudata Chun et F. C. How ex S. K. Lee et L. F. Lau 千屈菜科 Lythraceae 紫薇属 Lagerstroemia

形态特征：落叶乔木，植株无毛，树皮光滑，豹斑状（成片状剥落）。叶互生，长 7~12cm，宽 3~5.5cm，顶端尾尖，基部阔楔形至近圆形，稍下延；叶面有光泽，侧脉 5~7 条，在近边缘处分叉而互相连接，全缘或微波状；叶柄长 0.6~1cm。圆锥花序顶生，长 3.5~8cm；花芽梨形；花萼 5~6 裂；花瓣 5~6 片，白色；雄蕊 18~28 枚。蒴果矩圆状球形。开花期 4~5 月，果成熟期 7~10 月。

分布：江西于都县（屏山）、庐山有分布。广东、广西等地也有分布。

生境：生于海拔 400~1000m 的山坡中下部、阔叶林中、路边；喜光，稍耐阴。

识别要点：
①树皮具豹斑状花纹；
②叶宽椭圆形，先端尾尖；
③叶背无毛。

大叶桂樱 Laurocerasus zippeliana (Miq.) Yu et Lu　蔷薇科 Rosaceae　桂樱属 Laurocerasus

形态特征： 常绿乔木，小枝具皮孔，无毛。叶无毛，宽长圆形，长10~19cm，宽4~8cm，先端急尖，基部宽楔形，叶边具粗锯齿；叶柄长1~2cm，具2枚腺体。总状花序单生或2~4个簇生于叶腋，长2~6cm，被短柔毛；花梗长0.3cm，花萼筒长约0.3cm；花瓣白色，雄蕊多数；子房无毛，花柱与雄蕊近等长。核果长1.5~2.5cm，直径约1cm，黑褐色，果核壁表面具网纹。开花期7~8月，果成熟期10~12月。

分布： 江西庐山、幕府山、九岭山、武宁县、修水县、铜鼓县、靖安县、武功山、井冈山、安远县（三百山）、龙南县（九连山）、武夷山、信丰县（油山）、遂川县、全南县、泰和县等地有分布。甘肃、陕西、湖北、湖南、浙江、福建、台湾、广东、广西、贵州、四川、云南也有分布。

生境： 生于海拔200~1000m的山坡中下部、疏林内、路边；喜光，稍耐阴。

识别要点：
①树干具红色斑块；②叶革质，互生，具锯齿；③叶柄具2枚腺体。

异色泡花树 Meliosma myriantha Sieb. et Zucc. var. discolor Dunn　　清风藤科 Sabiaceae　　泡花树属 Meliosma

形态特征： 落叶乔木，高约 20m，裸芽，树皮"豹斑状"剥落。叶倒卵状长圆形单叶互生，长 12~18cm，叶缘锯齿不达叶基部，叶背仅侧脉和中脉背短毛，其余无毛；叶侧脉直伸齿端；叶柄长 1~2cm。花序顶生、直立，被展开柔毛；花萼 4~5，花瓣 4~5，花白色。核果近形，直径 0.5cm。开花期 6~7 月，果成熟期 10~11 月。

分布： 江西庐山、幕府山、九岭山、武宁县、修水县、铜鼓县、靖安县、武功山、井冈山、安远县（三百山）、龙南县（九连山）、武夷山、信丰县（油山）、上犹县、崇义县、于都县（屏山）等地有分布。浙江、安徽、福建、广东、湖南、广西、贵州等地也有分布。

生境： 生于海拔 150~1000m 的山坡中下部、山谷、阔叶林中；喜光，耐阴。

识别要点：
①落叶大乔木；
②树皮"豹斑状"剥落；
③叶侧脉整齐、较密；
④叶背仅侧脉和中脉被毛，侧脉直达齿端，叶下部无锯齿；
⑤裸芽被毛。

油柿 **Diospyros oleifera** Cheng　柿科 Ebenaceae　柿属 Diospyros

形态特征： 落叶乔木，树皮"豹斑状"剥落。嫩枝、叶正背面、叶柄、花萼和花冠均被粗毛。叶形变化较大，主要为长卵状宽披针形，长 8~17cm，宽 3.5~8cm，先端短渐尖，基部圆钝，叶边缘稍背卷；叶柄长 0.8~1cm。雌雄异株或杂性花，雄花的聚伞花序生于当年生枝下部的叶腋（花 3~5 朵）；雌花单生叶腋，长约 1.5cm；花萼长约 1.2cm，4 深裂或中裂，裂片反卷；花冠壶形，黄白色；子房密被长毛。浆果球形或扁球形，溢油，被长毛。开花期 4~5 月，果成熟期 9~10 月。

分布： 江西会昌县（石下）、寻乌县（三标乡）、信丰县（金盆山）、芦溪县（乌下）等地有分布。浙江、安徽、福建、湖南、广东、广西等也有分布。

生境： 生于海拔 100~800m 的山坡中下部、疏林内、林缘、路边、村旁；喜光，耐干旱。

识别要点：
①树皮"豹斑状"剥落；
②落叶小乔木；
③叶长卵状宽披针形，果基部宿萼 4 裂；
④叶背密背长粗毛；
⑤果表皮溢出油状物质。

光皮树（光皮梾木） Swida wilsoniana (Wanger.) Sojak　山茱萸科 Cornaceae　梾木属 Swida

形态特征： 落叶乔木，高 5~18 米，树皮"豹斑状"剥落；幼枝略具棱，被平贴短毛；冬芽密被短柔毛。叶对生，卵状椭圆形，长 8~12cm，宽 3~5cm，先端渐尖，基部宽楔形，边缘波状，全缘；叶背被白色平贴短毛，具腺点；叶柄长 0.8~2cm，幼时被白色短毛，后近无毛。圆锥状聚伞花序顶生，花序宽 6~10cm，被灰白色短毛；花萼裂片 4；花瓣 4 枚，花背面密被白色平贴短毛；雄蕊 4，花药丁字着生；子房下位，密被白色平贴短毛。核果球形，直径约 0.6cm，成熟时紫黑，被平贴短毛或近无毛。开花期 5 月，果成熟期 10~11 月。

分布： 江西于都县（宽田）、井冈山市（拿山江口）、芦溪县（南坑）等地有分布。陕西、甘肃、浙江、福建、河南、湖北、湖南、广东、广西、四川、贵州等地也有分布。

生境： 生于海拔 130~900m 的农田旁边、村旁、荒山、疏林内、石灰岩地段；喜光，稍耐干旱。

识别要点：
①树皮"豹斑状"剥落；
②落叶乔木；
③侧脉弧形；圆锥状聚伞花序顶生，核果蓝绿色，成熟为紫黑色。
④叶全缘，叶背被平贴短毛和腺点。

（五）树形观赏树种

香叶树 Lindera communis Hemsl. 樟 Lauraceae 山胡椒属 Lindera

形态特征： 常绿乔木，高约15m，嫩枝被短柔毛。叶互生，卵形或椭圆形，长4~9cm，宽2~3.5cm，先端渐尖或急尖，基部宽楔形；叶背被柔毛，后变近无毛，侧脉5~7条，弧形弯曲；叶柄长0.6cm。伞形花序（花5~8朵），单生，总花梗（果序梗）极短，约0.8cm。单性花，雄花花被片6，雄蕊9（排列为3轮），第3轮雄蕊基部有2枚肾形腺体，退化雌蕊极小。雌花花被片6，退化雄蕊9（排列为3轮），第3轮具2腺体；子房无毛。核果长约1cm，成熟时红色；果梗长约0.6cm。开花期3~4月，果成熟期9~10月。

分布： 江西庐山、幕府山、九岭山、武宁县、修水县、铜鼓县、靖安县、武功山、井冈山、宁都县（凌华山）、崇义县、上犹县、于都县（屏山）、安远县（三百山）、龙南县（九连山）、武夷山、信丰县（油山）、遂川县、全南县、泰和县等地均有分布。陕西、甘肃、湖南、湖北、浙江、福建、台湾、广东、广西、云南、贵州、四川等地也有分布。

生境： 生于海拔150~1200m的山坡中上部、路边、村旁、疏林内；喜光，稍耐阴。

识别要点：
①常绿乔木、红果；
②总果梗极短；
③叶先端尾尖，幼枝被毛；
④叶先端急尖或钝。

黑壳楠（原变型） Lindera megaphylla Hemsl. f. megaphylla 樟科 Lauraceae 山胡椒属 Lindera

形态特征： 常绿乔木，高约18m。枝无毛。顶芽大，被微毛。单叶互生，倒披针形，长10~23cm，基部楔形，两面无毛，羽状脉；叶柄长1.5~3cm，无毛。单性花，雌雄同株；伞形花序，生于叶腋或老枝无叶处；花序总梗较短，雄花序总梗长1~1.5cm，雌花序总梗长0.7cm；雄花花被片6，退化雌蕊长0.2cm，无毛；雌花花被片6，线状匙形，长0.3cm，宽0.1cm，退化雄蕊9；子房无毛。核果长1.8cm，成熟时紫黑色；果梗长1.5cm；宿存的果托杯状，长约1cm，全缘。开花期3~4月，果成熟期9~12月。

分布： 江西龙南县（九连山）、信丰县（金盆山）、上犹县（光姑山）、寻乌县（项山）等地有分布。陕西、甘肃、四川、云南、贵州、湖北、湖南、安徽、福建、广东、广西等地也有分布。

生境： 生于海拔400~1200m的山坡中下部、阔叶林内、林缘、路边；喜光，稍耐干旱。

识别要点：
①常绿乔木；②叶全缘，羽状脉；③叶背无毛；④总果梗很短，果托杯状。

红楠 **Machilus thunbergii** Sieb. et Zucc.　樟科 Lauraceae　润楠属 Machilus

形态特征： 常绿乔木，高 10~15m，枝、叶无毛，春叶和嫩枝红色。叶倒卵状披针形，长 5~9cm，宽 2~4cm，先端短渐尖，基部楔形；侧脉与中脉夹角约 35°（锐角），侧脉较整齐；叶柄长 1~3cm。花序顶生或腋生，无毛，总花梗（果梗）和花梗为红色；花被裂片 6，排成 2 轮；能育雄蕊 9，排成 3 轮，花药 4 室，花丝短，花药内向，第 3 轮雄蕊花丝基部有腺体；子房无毛。核果扁球形，成熟后黑色，宿存花被片反折；果梗鲜红色。开花期 2 月，果成熟期 7 月。

分布： 江西庐山、幕府山、九岭山、武宁县、修水县、铜鼓县、靖安县、武功山、井冈山、宁都县（凌华山）、崇义县、上犹县、于都县（屏山）、安远县（三百山）、龙南县（九连山）、武夷山、信丰县（油山）、遂川县、全南县、泰和县等地有分布。山东、江苏、浙江、安徽、台湾、福建、湖南、广东、广西等地也有分布。

生境： 生于海拔 200~1200m 的山坡、阔叶林疏林中、路边；喜光。

识别要点：
①常绿乔木；②侧脉与中脉夹角约 35°，整齐；
③总梗和果梗红色，宿存花被片反折，果扁球形；
④花被 6，排列为 2 轮，花药内向，4 室。

川桂 Cinnamomum wilsonii Gamble　樟科 Lauraceae　润楠属 Machilus

形态特征： 常绿乔木，枝、叶无毛，或幼叶被微毛或脱落变无毛。叶互生或近对生，椭圆状披针形，长8.5~18cm，宽3~5cm，先端渐尖，基部渐狭下延至叶柄，离基三出脉。圆锥花序腋生，花白色，花梗被微毛。核果果托顶端截平。开花期4~5月，核果成熟期6~7月。

分布： 江西信丰县（油山、金盆山）、寻乌县（鸡隆山）有分布。陕西、四川、湖北、湖南、广西、广东等地也有分布。

生境： 生于海拔200~800m的山坡中下部、阔叶疏林内；喜光，幼树耐阴，大树耐干旱。

识别要点：
①常绿乔木；
②离基三出脉，叶背无毛；
③叶互生或近对生，先端渐尖。

密花梭罗 Reevesia pycnantha Ling 梧桐科 Sterculiaceae 梭罗属 Reevesia

形态特征： 落叶乔木，枝灰黑色，一年生枝带绿色，无毛。叶倒卵状矩圆形，长 8~12cm，宽 2.5~5cm，顶端急尖至渐尖，基部圆形或微心形，全缘，两面均无毛或仅幼时主脉的基部有疏毛，侧脉 7~8 条；叶柄长 1.5~2.5cm，无毛。聚伞状圆锥花序密生，顶生，长 5cm，被红褐色星状短毛；花梗长 0.3cm；萼倒圆锥状钟形，5 裂；花瓣 5，浅黄色，长匙形；子房有短柔毛。蒴果椭圆状梨形，长 1.5~2cm，宽 1~1.5cm，顶端截形，密被淡黄褐色短柔毛。花期 5~7 月。

分布： 江西石城县（赣江源）、资溪县（九龙湖）、武宁县（九宫山）、修水县（九岭尖）等地有分布。福建（将乐县）也有分布。

生境： 生于海拔 200~800m 的山坡中下部、阔叶疏林中、林缘、路边；喜光，稍耐干旱。

识别要点：
①落叶乔木；
②叶基部微心形，近似三出脉；
③叶背粉白色，近无毛；
④芽被浓毛。

毡毛泡花树 Meliosma rigida Sieb. et Zucc. var. pannosa (Hand.-Mazz.) Law　清风藤科 Sabiaceae　泡花树属 Meliosma

形态特征： 落叶乔木；芽、幼枝均被绣色交织长绒毛。单叶，倒披针形，长 9~18cm，宽 3~4.5cm，先端尾尖，叶长 1/3~1/2 以下渐狭成楔形，全缘或中部以上有尖锯齿，叶背、叶柄及花序密被长柔毛或交织长茸毛；叶柄长 1.5~4cm。圆锥花序顶生，直立，萼片 4~5；花瓣 5，白色，排成 2 轮；子房无毛。核果球形，直径 0.8cm。开花期 5~6 月，果成熟期 9~10 月。

分布： 江西信丰县（金盆山）、崇义县（齐云山）、井冈山市（鹅岭）等地有分布。福建、湖南、广东、广西、贵州等地也有分布。

生境： 生于海拔 100~800m 的山坡中下部、阔叶疏林内、林缘、路边；喜光，耐干旱。

识别要点：
① 落叶乔木，树冠浓密；
② 枝、芽、叶柄被密毡毛，边缘有锯齿（稀全缘）；
③ 叶基部下延，叶背密被柔毛。

棱角山矾　Symplocos tetragona Chen ex Y. F. Wu　山矾科 Symplocaceae　山矾属 Symplocos

形态特征： 常绿乔木。小枝具 4~5 条十分明显的棱。叶长 12~14cm，宽 3~5cm，边缘具粗浅齿，叶面中脉凸起。穗状花序基部有分枝，长约 6cm，密被短柔毛；花冠白色，5 深裂几达基部。核果长圆形，长约 1.5cm。开花期 3~4 月，果成熟期 8~10 月。

分布： 江西南丰县（军峰山）、庐山等地有分布。湖南、浙江也有分布。

生境： 生于海拔 200~700m 的山坡下部、山谷。阔叶疏林内、路边；喜光，适应湿润肥沃土壤。

识别要点：
①常绿乔木，树冠浓密；
②茎具明显棱角，叶互生；
③花序腋生，基部分枝；
④核果卵状椭圆形。

老鼠矢　Symplocos stellaris Brand　山矾科 Symplocaceae　山矾属 Symplocos

形态特征： 常绿乔木，小枝粗，髓心中空，具横隔；芽、嫩枝、嫩叶柄、苞片和小苞片均被红褐色绒毛。叶长 6~20cm，宽 2~5cm，叶背粉褐色；中脉在叶正面凹下，在叶背面明显凸起；叶柄有纵沟。团伞花序着生于二年生枝的叶痕之上，花冠白色。核果狭卵状圆柱形，长约 1cm。开花期 4~5 月，果成熟期 6~7 月。

分布： 江西庐山、幕府山、九岭山、武宁县、修水县、铜鼓县、靖安县、武功山、井冈山、宁都县（凌华山）、崇义县、上犹县、于都县（屏山）、安远县（三百山）、龙南县（九连山）、武夷山、信丰县（油山）、遂川县、全南县、泰和县等地有分布。长江以南各省区（包括台湾省）也有分布。

生境： 生于海拔 200~1000m 的山坡中上部、疏林内、林缘、路边；喜光，稍耐干旱。

识别要点：
①常绿乔木，塔形树冠；
②枝、芽、叶柄密被红褐色茸毛，叶条状披针形；
③叶被近无毛，侧脉不明显；
④核果狭卵状圆柱形，簇生于老枝的叶痕之上。

乐东拟单性木兰 Parakmeria lotungensis (Chun et C. Tsoong) Law　木兰科 Magnoliaceae　拟单性木兰属 Parakmeria

形态特征： 常绿乔木，全株无毛。叶长6~11cm，宽2.5~4cm，叶正面具蜡质而有光泽；叶全缘，中脉在叶面凸起；叶柄长1~2cm。花杂性，雄花花被片9~14，花丝及药隔紫红色；两性花花被片与雄花同形，雌蕊群绿色。聚合蓇葖果卵状长圆形。开花期4~5月，果成熟期8~9月。

分布： 江西安远县（三百山）、赣县（荫掌山）、信丰县（金盆山）等地有分布。福建、湖南、广东、海南、广西、贵州等地也有分布。

生境： 生于海拔450~800m的山坡中下部、阔叶林中、林缘；稍耐阴，喜湿润、肥沃的土壤。

识别要点：
①常绿乔木，树冠浓密；
②叶全缘，中脉凸起，叶面光亮；
③聚合蓇葖果腋生，蓇葖不分离，紧贴如拳；
④叶背具不规则白块，无毛。

井冈山木莲 Manglietia jinggangshanensis R.L. Liu et Z.X. Zhang 木兰科 Magnoliaceae 木莲属 Manglietia

形态特征： 常绿乔木，全株无毛。叶长 6~15cm，宽 3.5~6cm；叶背具白粉，叶反卷；叶柄长 1.5~2.7cm，叶柄上的托叶痕长 1~2.3cm，为叶柄长度的 2/5~4/5。花下垂，花直径 3.5~5.5cm，花梗长 2.3~3.5cm，初具白粉；花被 8~11 枚，长 4.5~6cm，宽 1.5~3cm，排列成 3~4 轮，最外一轮 3 片。聚合蓇葖果。开花期 5 月，果成熟期 9~10 月。

本种与桂南木莲 **Manglietia conifera** Dandy 的区别是：本种的叶较短，叶背具明显的粉白色白粉；叶边缘明显反卷；托叶痕长 1~2.3cm，为叶柄长度的 2/5~4/5。而桂南木莲叶较长，叶背无白粉，叶边缘不反卷，托叶痕较短 0.9cm 以下。

分布： 江西井冈山市（黄冈山）、遂川县（遂川七岭）等罗霄山脉有分布。
生境： 生于海拔 700~1100m 的山坡中上部、疏林内、路边；喜光，稍耐阴。

识别要点：
①常绿乔木；
②叶全缘，叶脉不明显；
③叶边缘长反卷，叶背具白色斑块，无毛。
④外轮花被淡绿色，内向 2~3 轮淡红色，雄蕊红色。

花榈木　Ormosia henryi Prain　蝶形花科 Paplionaceae　红豆树属 Ormosia

形态特征： 常绿乔木，树皮绿色，嫩枝折断时有臭味，枝、叶轴、花序密被绒毛。奇数羽状复叶，小叶长 5~15cm，宽 2.3~6cm，基部圆钝，叶缘反卷，叶背及叶柄密被绒毛；小叶柄长 0.3~0.6cm。圆锥花序顶生，密被绒毛，花冠淡绿色，雄蕊 10，分离。荚果扁平无毛。开花期 7~8 月，果成熟期 10~11 月。

分布： 庐山、幕府山、九岭山、武宁县、修水县、铜鼓县、靖安县、武功山、井冈山、宁都县（凌华山）、崇义县、上犹县、于都县（屏山）、安远县（三百山）、龙南县（九连山）、武夷山、信丰县（油山）、遂川县、全南县、泰和县等江西各县有分布。安徽、浙江、湖南、湖北、广东、四川、贵州、云南等地也有分布。

生境： 生于海拔 900m 以下的山坡下中部、疏林或竹林内、路边；喜光，稍耐阴。

识别要点：
①常绿乔木，树冠浓密；
②叶背、叶柄、叶轴均密被黄褐色绒毛；
③小叶柄短、叶面具光泽；④荚果厚木质。

日本杜英（薯豆） *Elaeocarpus japonicus* Sieb. et Zucc.　杜英科 Elaeocarpaceae　杜英属 Elaeocarpus

形态特征： 常绿乔木，叶芽有毛。叶卵形，长 7~14cm，宽 3~3.5cm，叶背面有细小黑腺点，边缘有疏锯齿；叶柄无毛，顶端有一个膨大的节。总状花序，花序轴有短柔毛。核果椭圆形。开花期 4~5 月，果成熟期 10~11 月。

分布： 江西庐山、幕府山、九岭山、武宁县、修水县、铜鼓县、靖安县、武功山、井冈山、宁都县（凌华山）、崇义县、上犹县、于都县（屏山）、安远县（三百山）、全南县、定南县、龙南县（九连山）、武夷山、信丰县（油山）、遂川县、全南县、泰和县等地有分布。浙江、台湾、湖南、湖北、广东、四川、贵州、云南等地也有分布。

生境： 生于海拔 200~1200m 的山坡、阔叶林内、林缘、路边；喜光，稍耐阴。

← 膨大的节

识别要点：
①常绿乔木，冠树浓密；
②核果果序总状，腋生或生于新枝下部无叶处；
③叶背无毛，叶柄顶部具一膨大的节。

多花山竹子　Garcinia multiflora Champ. ex Benth.　藤黄科 Guttiferae　藤黄属 Garcinia

形态特征： 常绿乔木，高 8~15m，全株无毛；小枝对生，绿色。叶对生，长圆状倒卵形，长 8~16cm，宽 3~6cm，顶端尖或钝，基部宽楔形，全缘，侧脉不明显；叶柄长 0.6~1.2cm。花杂性，雌雄同株；雄花序为聚伞状圆锥花序，长 5~7cm，总花梗和花梗具关节，花梗长 0.8~1.5cm；萼片 4（2 大 2 小），花丝合生为 4 束，花瓣淡黄色；雌花序有雌花 2 至多数；子房 2 室，无花柱，柱头盾形。核果成熟时褐黄色。开花期 6~7 月，果成熟期 10~12 月。

分布： 江西庐山、幕府山、资溪县、九岭山、武宁县、修水县、铜鼓县、靖安县、武功山、井冈山、宁都县（凌华山）、崇义县、上犹县、于都县（屏山）、安远县（三百山）、全南县、定南县、龙南县（九连山）、武夷山、信丰县（油山）、遂川县、全南县、泰和县等地有分布。台湾、福建、湖南、广东、海南、广西、贵州南部、云南等地也有分布。

生境： 生于海拔 11~900m 的山坡、疏林内、路边；喜光，稍耐干旱。

识别要点：
①核果果序总状；
②叶对生，厚革质，侧脉不明显，全缘；
③花丝合成成 4 束，花瓣淡黄色。

树参 Dendropanax dentiger (Harms) Merr. 五加科 Araliaceae 树参属 Dendropanax

形态特征： 常绿乔木，高8~14m，全株无毛。单叶互生，叶背具腺点，叶不裂或成1~2裂；叶长7~10cm，宽2.5~5cm，两面均无毛，全缘，基生三出脉。伞形花序顶生，萼5，花瓣5，雄蕊5；花柱5基部合生，顶端离生。核果有5棱。开花期8~10月，果成熟期10~12月。

分布： 庐山、幕府山、资溪县、九岭山、武宁县、修水县、铜鼓县、靖安县、武功山、井冈山、宁都县（凌华山）、崇义县、上犹县、于都县（屏山）、安远县（三百山）、全南县、定南县、龙南县（九连山）、武夷山、信丰县（油山）、遂川县、全南县、泰和县等江西各县有分布。浙江东部、台湾、广西、广东、福建、安徽、湖南、湖北、四川、贵州、云南等地也有分布。

生境： 生于海拔500~1200m的山坡、阔叶林内；喜光，稍耐阴。

识别要点：
①伞形花序顶生，中脉叶面凸起，基生三出脉；
②伞形果序，核果具纵棱；
③叶1裂；
④叶2裂。

蕈树（阿丁枫）Altingia chinensis (Champ.) Oliver ex Hance 金缕梅科 Hamamelidaceae 蕈树属 Altingia

形态特征： 常绿乔木，高约19m，枝、叶无毛。叶厚革质，倒卵状矩圆形，长7~11cm，宽3~4cm；先端急尖，叶缘具整齐锯齿；网脉和侧脉清晰，叶柄长约1cm。单性花，雄花序短穗状，长约1cm。雌花序头状，有花10~20，花序梗长2~4cm；萼齿突尖；子房藏在花序轴内，花柱露出，宿存。聚合蒴果近球形，基底平截，宽约1.7~2.8cm。果成熟期10~12月。

分布： 江西庐山、幕府山、资溪县、九岭山、武宁县、修水县、铜鼓县、靖安县、武功山、井冈山、宁都县（凌华山）、崇义县、上犹县、于都县（屏山）、安远县（三百山）、全南县、定南县、龙南县（九连山）、武夷山、信丰县（油山）、遂川县、全南县、泰和县等地有分布。广东、广西、海南、贵州、云南、湖南、福建、浙江等地也有分布。

生境： 生于海拔200~1000m的山坡下中部、阔叶林内；喜湿润、肥沃的土壤，稍耐阴。

识别要点：
①常绿乔木，塔形树冠；
②叶网脉清晰，聚合蒴果具宿存花柱；
③叶背无毛，具锯齿。

江西褐毛四照花 Dendrobenthamia ferruginea (Wu) Fang var. *jiangxiensis* Fang et Hsieh
山茱萸科 Cornaceae　四照花属 Dendrobenthamia

形态特征： 常绿乔木，高约12m。幼枝密被褐色粗毛，老枝无毛。单叶对生，椭圆状披针形，长8~13cm，宽3~4cm，先端短渐尖，基部宽楔形，叶全缘，叶背密被褐色贴生粗毛，脉上具褐色长柔毛，中脉在叶背面凸起；侧脉4~5对，弧形弯曲；叶柄密被褐色柔毛。头状花，基部具4枚白色花瓣状苞片，长约4cm，宽约3cm，先端陡尖；总花梗长6~8cm，密被褐色柔毛；花萼管状，4裂，花瓣4。聚合状核果，果序球形，直径1.5~2cm，成熟时红色。开花期6~7月，果成熟期10~12月。

分布： 江西寻乌县（中和乡）有分布。

生境： 生于海拔150~500m的山坡下部、阔叶疏林内；喜光，稍耐阴。

识别要点：
①叶对生，4枚白色苞片顶端短急尖；
②叶背具较密锈褐色毛，脉上尤其密；
③幼枝、叶柄密被长锈褐色毛。

二、反映自然地理特征的主要树种

江西植物区系反映了以樟科、壳斗科、金缕梅科、山茶科成分为主的中亚热带自然地理特征。然而，北部和南部的区系性质差异明显，赣北有不少温带成分植物出现，如榛属植物（川榛 **Corylus heterophylla** Fisch. var. **sutchuenensis** Franch.）从温带延伸到幕阜山脉的九宫山，赣南地区则有南亚热带成分植物侵入进来，如广东琼楠 **Beilschniedia fordii** Dunn 等等。了解这些区系特点，有利于在实际运用中发挥创造性思维，如在园林设计中选择这些树种，不仅适应性强，而且能反映江西的自然地理特征，如南亚热带城市选用的棕榈科、桑科榕属树种，反映了南亚地区的自然地理特色，使园林设计的科学内涵和文化得到恰当的融合与提升；在植被恢复、生态修复等等工程设计中选择这些树种，是适地适树的重要途径之一。

樟树（香樟） Cinnamomum camphora (L.) Presl.　樟科 Lauraceae　樟属 Cinnamomum

形态特征： 常绿乔木，枝、叶和木材均有樟脑气味。枝、叶无毛。叶互生，长 6~12cm，宽 2.5~5.5cm，叶边缘全缘，离基三出脉。圆锥花序腋生，花淡黄绿色。核果球形，紫黑色。开花期 4~5 月，果成熟期 8~11 月。

分布： 江西各县均有分布。中国亚热带地区各省区有分布。

生境： 生于海拔 600m 以下的山坡下部、山谷、溪畔；喜光，稍耐水湿。

识别要点：
①常绿大乔木，树冠广卵形；
②果托倒圆锥状，顶端平；
③叶离基三出脉，全缘，脉腋有泡状腺点。

猴樟　Cinnamomum bodinieri Levl.　樟科 Lauraceae　樟属 Cinnamomum

形态特征： 常绿乔木，高约18m。枝无毛，嫩枝稍具棱。叶互生，最基部的一对近对生，叶椭圆状披针形，长8~17cm，宽3~4cm，先端短渐尖，基部锐尖，宽楔形，叶背密被伏贴微柔毛，中脉在叶面平坦，侧脉4~6条，叶柄长2~3cm。圆锥花序生于幼枝叶腋，花序轴具棱，总花序梗长4~6cm，花序轴无毛；花被裂片6，子房无毛。核果球形，直径约0.8cm，无毛，果托浅杯状。开花期5~6月，果成熟期7~9月。

分布： 江西安福县（彭坊）有分布。贵州、四川、湖北、湖南、云南等地也有分布。

生境： 生于海拔300~800m的山坡下部、山谷、路边、村旁；喜湿润、肥沃的土壤，稍耐阴。

识别要点：
①树干通直；
②羽状脉（基部一对侧脉未超过叶长一半）；
③叶背密被短细毛。

紫楠　Phoebe sheareri (Hemsl.) Gamble　　樟科 Lauraceae　　楠属 Phoebe

形态特征： 常绿乔木，高约 13m，小枝、叶柄、花序、叶背均密被黄褐色绒毛。叶倒卵形或椭圆状倒卵形，长 8~27cm，宽 3~6cm，先端渐尖，基部渐狭，中脉在叶正面平坦或稍凹陷，侧脉 8~13 条，横脉、小脉在叶背凸起而清晰；叶柄长 1~2cm。圆锥花序长 7~15cm，生于叶腋。核果近椭圆形，长约 1cm，花被宿存且紧包核果（仅先端稍展开）。开花期 4~5 月，果成熟期 9~10 月。由于分布广，该种的叶形和毛被都有较大的差异。

分布： 江西庐山、幕府山、资溪县、九岭山、武宁县、修水县、铜鼓县、靖安县、武功山、井冈山、宁都县（凌华山）、崇义县、上犹县、于都县（屏山）、安远县（三百山）、全南县、定南县、龙南县（九连山）、武夷山、信丰县（油山）、遂川县、全南县、泰和县等地有分布。长江流以南各地也有分布。

生境： 生于海拔 200~1000m 的山坡、阔叶疏林内；喜光，稍耐干旱。

识别要点：
①常绿乔木；②枝、叶柄、中脉、花序均密被毛；③叶背密被毛，网脉清晰；④叶有时窄倒卵形；⑤核果椭圆形，宿存花被紧包核果（先端稍展开）。

广东琼楠 Beilschniedia fordii Dunn   樟科 Lauraceae   琼楠属 Beilschmiedia

形态特征： 常绿乔木，高8~15m。枝、叶无毛，顶芽无毛，芽鳞较少。叶近对生或对生，长椭圆状披针形，长6~12cm，宽3~4cm，先端短渐尖（或钝），基部楔形，叶两面无毛，中脉在叶背显著凸起，侧脉6~10条，网脉不明显。叶柄长1~2cm。聚伞状圆锥花序腋生，长1~3cm。核果椭圆形，长1.4~1.8cm，果梗较粗。开花期6~7月，果成熟期9~12月。

分布： 江西寻乌县（龙庭）、信丰县（金盆山）有分布。广东、广西、四川、湖南也有分布。

生境： 生于海拔100~500m的山坡中下部、疏林内、路边；喜光，稍耐阴，也稍耐旱。

识别要点：
①枝叶无毛；②叶近对生，芽鳞少、无毛；③叶背无毛；④叶全缘，叶对生。

毛锥（南岭栲） **Castanopsis fordii** Hance　壳斗科 Fagaceae　栲属 Castanopsis

形态特征： 常绿乔木，枝、叶柄、叶背及花序轴均密被长绒毛。叶长8~18cm，宽2.5~6cm，顶端急尖，基部浅心形，全缘；叶柄很短（0.2~0.5cm）。壳斗密聚于果序轴上，坚果1枚，全部包闭在具密刺的总苞内（壳斗内）；坚果扁圆锥形，果脐占坚果面积约1/3。开花期3~4月，果成熟期翌年9~10月。

分布： 江西武功山、井冈山、遂川县、安福（羊狮幕）、宁都县（凌华山）、石城县（七岭）、瑞金市（河下）、于都县（屏山）、崇义县（齐云山）、上犹县（光姑山）、信丰县（油山、金盆山）、大余县、龙南县（九连山）、定南县、安远县、寻乌县、会昌县等各地有分布。浙江、福建、湖南、广东、广西等地也有分布。

生境： 生于海拔200~800m的山坡下中部、阔叶林内、路边；喜光，稍耐干旱。

识别要点：
①常绿乔木，树冠浓密、整齐（栽培）；
②叶柄短，叶背、枝密被茸毛；
③叶排成二列，叶基部浅心形。

栲（丝栗栲） Castanopsis fargesii Franch. 　壳斗科 Fagaceae 　栲属 Castanopsis

形态特征： 常绿乔木，枝无毛。叶长7~15cm，宽2~5cm，全缘，叶柄长1~2cm；叶背密被土黄色鳞秕（鳞片状短毛）。壳斗内具坚果1枚，全部包闭在具刺的总苞内（壳斗内），坚果圆锥形，高1~1.5cm，无毛，果脐在坚果底部。开花期4~6月（有时8~10月），果成熟期翌年6~7月。

分布： 江西庐山、幕府山、资溪县、九岭山、武宁县、修水县、铜鼓县、靖安县、武功山、井冈山、宁都县（凌华山）、崇义县、上犹县、于都县（屏山）、安远县（三百山）、全南县、定南县、龙南县（九连山）、武夷山、信丰县（油山）、遂川县、全南县、泰和县等地有分布。云南、四川与长江以南各省区也有分布。

生境： 生于海拔400~1000m的山坡、阔叶林内，是砍伐后首先自然恢复的优势树种；喜光，稍耐干旱。

识别要点：
①常绿乔木，树冠浓密、整齐（栽培）；
②叶背密被土黄色鳞秕，全缘；
③叶基本排列为二列。

青冈 Cyclobalanopsis glauca (Thunb.) Oerst.　壳斗科 Fagaceae　栲属 Castanopsis

形态特征： 常绿乔木，枝无毛。叶长 7~13cm，宽 3~5.5cm，叶缘中部以上具疏齿；叶面无毛，叶背有平伏单毛，老时渐脱落；叶柄长 1~3cm。壳斗碗形，包闭坚果 1/3~1/2，小苞片合生成 5~6 条同心环带。开花期 4~5 月，果成熟期 10 月。

分布： 江西庐山、幕府山、资溪县、九岭山、武宁县、修水县、铜鼓县、靖安县、武功山、井冈山、宁都县（凌华山）、崇义县、上犹县、于都县（屏山）、安远县（三百山）、全南县、定南县、龙南县（九连山）、武夷山、信丰县（油山）、遂川县、全南县、泰和县等地有分布。云南、四川与长江以南各省区也有分布。

生境： 生于海拔 400~1100m 的山坡、阔叶林内、路边；喜光，稍耐干旱。

识别要点： ①常绿乔木，树冠广卵形，整齐；②叶缘中部以上具粗齿；③叶背被微毛，老时变无毛；④壳斗碗状，被毛。

细柄蕈树　Altingia gracilipes Hemsl.　金缕梅科 Hamamelidaceae　蕈树属 Altingia

形态特征： 常绿乔木，高约 20m。嫩枝有稀疏短毛，老枝无毛。叶卵状披针形，无毛，长 5~8cm，宽 2.5~3.2cm，先端尾状渐尖，尾长达 2cm，基部圆钝；侧脉 4~6 条，不明显，全缘（有些叶有不明显齿）；叶柄长 2~3cm。雄花头状花序圆球形，多个排成圆锥花序，生枝顶叶腋，长 6cm；雌花为头状花序，生于当年枝叶腋，单个或为总状式，花 5~6；花序梗长 2~3cm，萼齿鳞片状，花柱先端弯曲。聚合蒴果头状，果序倒圆锥形（含蒴果 5~6 个），蒴果无宿存花柱。果成熟期 10~11 月。
分布： 江西资溪县（马头山）有分布。浙江、福建、广东等地也有分布。
生境： 生于海拔 200~900m 的山坡中下部、阔叶疏林内、路边；喜光，耐干旱。

识别要点：
①常绿乔木；
②叶全缘，或具不明显的细锯齿；
③聚合果头状，底部平。

木荷　Schima superba Gardn. et Champ.　山茶科 Theaceae　木荷属 Schima

形态特征： 常绿乔木，高约20m，枝无毛。叶椭圆状披针形，长7~12cm，宽4~6.5cm，基部楔形，叶背无毛，叶边缘锯齿（少有叶片无锯齿）；叶柄长1~2cm。花生于枝顶叶腋，白色，花梗长1~2.5cm，无毛；苞片2（贴近萼片），长0.5cm，早落；萼片半圆形，长0.3cm；花瓣白色，雄蕊多数；子房有毛。蒴果直径1.5~2cm。开花期6~8月，果成熟期11月至翌年3月。

分布： 江西各县有分布。浙江、福建、台湾、湖南、广东、海南、广西、贵州等地也有分布。

生境： 生于海拔800m以下的山坡中上部、荒山、村旁、路边；喜光，耐干旱。

识别要点：
①常绿乔木，树冠广圆形，较浓密；
②有些叶边缘有钝齿，顶芽被毛；
③有些叶全缘，花瓣白色，5枚；雄蕊多数。
④蒴果木质，基部具膨大果托。

川榛 Corylus heterophylla Fisch. var. sutchuenensis Franch.   桦木科 Betulaceae   榛属 Corylus

形态特征： 落叶小乔木，高约 7m，老枝无毛，嫩枝疏生短毛。叶长 6~12cm，宽 3~6cm，顶端尾状或凹缺，基部心形，两侧不等，叶边缘具不规则的重锯齿，叶背幼时疏被短毛，老叶无毛（或仅叶脉被稀疏短毛），侧脉 3~5 条；叶柄长 1~2cm，疏被短毛或无毛。花药红色。坚果球形，坚果大部或全部为果苞所包闭，果苞裂片边缘具疏齿（很少全缘）。果成熟期 11~12 月。

分布： 江西幕府山脉（九宫山、幕府山黄龙寺）有分布。贵州、四川、陕西、甘肃、河南、山东、江苏、安徽、浙江等地也有分布。

生境： 生于海拔 600~1200m 的山坡上部、阔叶疏林内、山顶灌丛中、路边；喜光，耐干旱。

识别要点：
①嫩枝、叶柄具稀毛；
②叶基部心型，先端尾尖；
③叶背无毛，叶边缘具重锯齿或不规则开裂。

三、优良用材树种

浙江润楠　Machilus chekiangensis S. Lee　　樟科 Lauraceae　　润楠属 Machilus

形态特征： 常绿乔木，枝、叶无毛。叶革质，常聚生在小枝上部，倒椭圆状披针形，长 7~14cm，宽 3~4cm，先端尾状渐尖，基部渐狭，叶背初时有微柔毛，中脉在叶面稍凹或平坦；叶柄长 1~1.5cm。核果生于当年生枝基部，果序长 7~9cm，具灰色微柔毛；幼果球形，绿色，成熟的果实紫黑色；聚伞状圆锥花序生于枝顶端叶腋，花序无毛。花序总梗长 2.5~6cm，小伞形花序互生于花序总轴上。两性花，每朵花有花被 6 片，排成 2 轮，花被片长圆状披针形，内向之面有微毛。雄蕊 12~15 枚，排成 4~5 轮，每轮 3 枚，最外 2 轮雄蕊与花被对生，花丝轮生。花被宿存。开花期 3~4 月，果成熟期 6~7 月。

分布： 信丰县（金盆山押水口），芦溪县（龙山村石屋至华云界）、安远县（三百山）、寻乌县（项山）等江西地区有分布。浙江、福建等地也有分布。

生境： 生于海拔 200~800m 的山谷、山坡下部；幼树耐阴，大树喜阳光，不耐干旱、瘠薄。

识别要点：
①叶椭圆状披针形，侧脉短，离边缘较远，中脉平坦；
②叶聚生于枝上部，顶芽较大；
③侧脉与中脉夹角较小；
④树干通直。

刨花润楠　Machilus pauhoi Kanehira　樟科 Lauraceae　润楠属 Machilus

形态特征：常绿乔木，高约 20m，枝、叶无毛。叶常集生枝顶，顶芽常不明显；叶长倒卵圆形，同一枝条上部分叶片（不是几片叶）的大小悬殊，叶长 5~9cm，宽 2~4cm，叶背被贴伏小绢毛或近无毛。聚伞状圆锥花序，有柔毛。核果球形，熟时黑色。开花期 3~4 月，果成熟期 7~8 月。

分布：江西庐山、幕府山、资溪县、九岭山、武宁县、修水县、铜鼓县、靖安县、武功山、井冈山、宁都县（凌华山）、崇义县、上犹县、于都县（屏山）、安远县（三百山）、全南县、定南县、龙南县（九连山）、武夷山、信丰县（油山）、遂川县、全南县、泰和县等地有分布。浙江、福建、湖南、广东、广西等地也有分布。

生境：生于海拔 300~900m 的山坡下中部、阔叶林内、疏林内；喜湿润、肥沃土壤，稍耐阴。

识别要点：①树干通直；②叶大小悬殊，小叶片有一定数量，顶芽不明显；③侧脉与中脉的夹角较大，侧脉近达叶边缘（与浙江润楠相比）。

浙江楠 Phoebe chekiangensis C. B. Shang   樟科 Lauraceae   楠属 Phoebe

形态特征： 常绿乔木。小枝有棱，枝、叶、叶柄、花序均被毛。叶椭圆状或倒卵状披针形，叶背密被短毛，网脉十分清晰，叶长 8~13cm，宽 3.5~5cm。圆锥花序。核果近椭圆形（润楠属的核果为扁球形），长 1.2~1.5cm；宿存花被片革质，紧贴（润楠属的宿存花被片反折）。开花期 4~5 月，果成熟期 9~10 月。

分布： 江西安福县（羊狮幕）、井冈山、永丰县（中寨）、崇义县（齐云山）等地有分布。浙江、福建等地也有分布。

生境： 生于海拔 150~700m 的沟谷。山坡下部；喜湿润、肥沃土壤，稍耐阴。

识别要点：
①树干通直；
②叶为倒卵状披针形；
③叶较大，侧脉与中脉夹角较大（与闽楠相比），网脉十分清晰，叶背密被短毛；
④宿存花被片紧贴核果，果椭圆形。

闽楠　Phoebe bournei (Hemsl.) Yang　　樟科 Lauraceae　楠属 Phoebe

形态特征： 常绿大乔木，叶椭圆状披针形或倒披针形，长 8~15cm，宽 3~4cm，先端长尾尖，基部楔形，叶背有短柔毛，中脉在叶正面下陷，叶背的侧脉和横脉明显凸起；叶柄长 0.8~2cm。圆锥花序生于新枝中下部，被毛，长 3~10cm，每个花序有花 3~6 朵，圆锥花序较紧密。核果椭圆形，宿存花被片被毛，紧贴果实基部。开花期 4 月，果成熟期 11 月。

分布： 安远县（三百山）、龙南县（九连山）、寻乌县（项山）、崇义县（齐云山）、石城县（赣江源保护区）、井冈山、武功山、九岭山、幕阜山、三清山、武夷山、上犹县（光姑山）等江西地区有分布；福建、浙江、广东、广西、湖南、湖北、贵州也有分布。

生境： 生于海拔 200~800m 的山谷、山坡中下部阔叶林中；幼树耐阴，中龄以上树喜光，不耐干旱、瘠薄。

识别要点：
①树干通直。②核果椭圆形，宿存花被紧贴果基部（润楠属宿存花被片反折）；③叶椭圆状披针形；④叶先端长尾尖，叶背侧脉和横脉明显，具短毛。

桢楠（楠木） Phoebe zhennan S. Lee et F. N. Wei　　樟科 Lauraceae　　楠属 Phoebe

形态特征： 常绿大乔木，高约 30m。芽鳞被伏贴长毛，小枝被短柔毛。叶大多数为椭圆形，少为披针形或倒披针形，叶长 7~12cm，宽 2.5~4cm，先端渐尖，基部楔形；叶正面无毛，背面密被短柔毛，中脉在叶正面凹陷，叶背面明显突起，侧脉每边 8~13 条，侧脉之间距离差异较大、不整齐。聚伞状圆锥花序十分开展，被毛，长 7.5~12cm，每个伞形花序有花 3~6 朵；花被片近等大；第三轮花丝基部的腺体无柄，退化雄蕊三角形，具柄，被毛；子房球形，无毛。核果椭圆形，长 1.1~1.4cm，直径 0.6cm；宿存花被两面被短毛，紧贴核果。开花期 4~5 月，果成熟期 9~10 月。

分布： 江西未见野生，多为栽培；由于易与闽楠混淆，故列于此比较。桢楠主要分布于湖北、贵州、四川。中文名叫"楠木"的除了桢楠外，滇楠 **Phoebe nanmu** (Oliv.) Gamble 也叫"楠木"，但滇楠叶较大、倒卵形，长 8~18cm，宽 3.5~9cm，侧脉较少而疏离；叶柄粗壮。

生境： 生于海拔 200~1500m 的山坡中下部、阔叶林中；稍耐阴，喜湿润、深厚土壤，土壤 pH4~6.5。

识别要点：
①常绿乔木；
②叶倒卵状披针形或椭圆形；
③叶先端尾尖，基部下延，叶正面中脉凹下；
④叶背面侧脉突起明显，侧脉间距离差异较大，叶背具平贴短细毛。

黄樟　Cinnamomum parthenoxylon (Jack) Meisner　樟科 Lauraceae　樟属 Cinnamomum

形态特征： 常绿乔木。叶互生，椭圆状卵形，长 6~11cm，宽 4~5.5cm，叶边缘平坦，羽状脉，叶柄无毛。圆锥花序腋生或近顶生。核果球形，黑色，果托基部红色，具长条纹。开花期 3~5 月，果成熟期 4~10 月。

分布： 江西各县均有分布。广东、广西、福建、湖南、贵州、四川、云南等地也有分布。

生境： 生于海拔 600~1000m 的山坡中下部、阔叶林中、村旁；喜湿润、肥沃的土壤，稍耐阴。

识别要点：
①树干通直；②叶羽状脉，侧脉较稀疏；③叶背具不均匀的白色斑块；④果序稀疏。

沉水樟 Cinnamomum micranthum (Hayata) Hayata   樟科 Lauraceae   樟属 Cinnamomum

形态特征： 常绿乔木。叶互生，长圆形，长7~10cm，宽3.5~5cm，叶边缘波状不平坦，羽状脉。圆锥花序顶生或腋生，花白色或紫红色，具香气。核果椭圆形，具斑点。开花期7~8月，果成熟期10月。

分布： 江西武功山（凤形里）、遂川县（滁州）、井冈山市（罗浮茅坪）、全南县（张坑）、瑞金市（日东观音岩）等地有分布。广东、广西、湖南、福建、台湾等地区也有分布。

生境： 生于海拔300~750m的山谷、溪边、山坡下部；喜湿润、肥沃的土壤，稍耐阴，大树喜光。

识别要点：
①树干通直；②叶羽状脉；③叶边缘波状（大多数叶）；④叶背无毛。

豹皮樟　Litsea coreana Lévl. var. sinensis(Allen) Yang et P. H. Huang　　樟科 Lauraceae　木姜子属 Litsea

形态特征： 常绿乔木。枝、叶无毛，仅叶柄具疏短毛。叶片长圆状披针形，长 6~10cm，宽 2~4cm，先端渐尖，基部楔形或钝，幼叶沿中脉有微毛，老叶背面粉绿色无毛，叶柄长 1~1.5cm。伞形花序腋生。核果近球形。开花期 7~8 月，果成熟期翌年 7 月。

分布： 江西庐山、幕府山、资溪县、九岭山、武宁县、修水县、铜鼓县、靖安县、武功山、井冈山、宁都县（凌华山）、崇义县、上犹县、于都县（屏山）、安远县（三百山）、全南县、定南县、龙南县（九连山）、武夷山、信丰县（油山）、遂川县、全南县、泰和县等地均有分布。浙江、江苏、安徽、河南、湖北、湖南、福建等地也有分布。

生境： 生于海拔 300~1000m 的山坡中上部、阔叶疏林内、路边；喜光，稍耐干旱。

识别要点：
①树皮"豹斑状"剥落；②叶先端渐尖；③果梗被毛；④叶柄具疏毛。

大果木姜子　Litsea lancilimba Merr.　樟科 Lauraceae　木姜子属 Litsea

形态特征： 常绿乔木，高约 20m，嫩枝或老枝稍具棱（桂北木姜子 Litsea subcoriacea 的枝圆柱形）。枝、叶无毛，叶互生，披针形，长 8~20（30）cm，宽 3~4cm，羽状脉，叶柄粗长，中脉在叶正面凸起（桂北木姜子的中脉在叶正面下陷）。伞形花序腋生，单独或 2~4 个簇生，总梗短粗。核果长圆柱状，较大（长 1.5~2.5cm，直径 1~1.4cm）。开花期 6 月，果成熟期 11~12 月。

分布： 江西信丰县（油山曹里）有分布。广东、广西、湖南、福建、云南等地也有分布。

生境： 生于海拔 400~650m 的山坡下部、阔叶林中、村旁、路边；喜光，稍耐干旱。

识别要点：
①树干通直，树皮带红色；
②叶面中脉凸起，枝具棱；
③叶最宽处在中部以下。

越南安息香（东京野茉莉）Styrax tonrinensis (Pierre) Craib ex Hartw.　安息香科（野茉莉科）Styracaceae　安息香属 Styrax

形态特征： 落叶乔木，高约 17m。枝密被绒毛，老枝无毛。叶互生，在一至二年生枝上排列于同一个平面上（嫩枝上的叶这种现象更明显）；叶椭圆状卵形，长 6~13cm，宽 4~8cm，顶端短渐尖，基部宽楔形，近全缘（嫩叶稀具 2~3 齿），叶背密被星状绒毛，小脉近平行排列；叶柄长 1~1.5cm，密被星状柔毛。圆锥花序（或小总状花序），花序长 5~15cm；花序梗和花梗均密被白色星状短柔毛；花白色，小苞片生于花梗中部或花萼上，钻形或线形，长 0.5cm；花萼 5 浅齿，外面密被星状绒毛；花冠裂片两面均密被白色星状短毛。核果球形，外被灰色星状绒毛。开花期 4~6 月，果成熟期 8~10 月。

分布： 江西铜鼓县、武功山、井冈山、崇义县、上犹县、安远县（三百山）、全南县、定南县、龙南县（九连山）等地有分布。云南、贵州、广西、广东、福建、湖南等地也有分布。

生境： 生于海拔 300~900m 的山坡、阔叶疏林内、路边；喜光，稍耐干旱；在土层深厚、湿润、肥沃的土壤生长更好。

识别要点：
①树干通直；②老枝的叶基本排成一平面；
③嫩枝的叶明显呈一平面；④叶背、叶柄、嫩枝、花萼均密被星状毛。

红皮树（栓叶安息香） Styrax suberifolius Hook. et Arn.　安息香科（野茉莉科）Styracaceae　安息香属 Styrax

形态特征： 常绿乔木，嫩枝、叶背、叶柄、花序和果密被黄褐色星状毛。叶长5~15cm，宽2~5cm；叶柄长0.5~1cm。总状花序或圆锥花序腋生或顶生，花梗长0.2cm；花萼浅杯状。核果球形，顶端3裂，具宿存花萼。开花期3~5月，果成熟期9~11月。

分布： 江西各县均有分布。湖北、湖南、贵州、四川、浙江、福建、广东等地也有分布。

生境： 生于海拔150~1000m的山坡、阔叶林内、路边；喜光，稍耐干旱。

识别要点：
①常绿乔木；②核果密被黄褐色星状毛，叶基部钝；③枝、叶、芽及裸芽密被黄褐色星状毛；④花瓣条状，花萼浅杯状，5浅裂，花梗等密被星状毛。

红花香椿 Toona rubriflora Tseng   楝科 Meliaceae   香椿属 Toona

形态特征： 落叶乔木（江西南部为半常绿，南亚热带地区为常绿）；枝、叶无毛（幼时有短毛）。叶为偶数或奇数羽状复叶，有小叶 8~9 对，小叶互生或近对生，卵状披针形，基部稍偏斜，全缘，长 4.5~13cm，宽 2~4cm。圆锥花序顶生，花序总梗长 6~18cm，一朵花的花梗长约 0.1cm，花红色（毛红椿的花为白色）。蒴果木质，倒卵状长圆形，长 3.5~4.5cm；种子两端有翅。开花期 6 月，果成熟期 11 月。

分布： 江西全南县（岐山、陂头）、龙南县（九连山虾公塘）、井冈山市（长古岭）、分宜县（大岗山树木园）、资溪县（马头山）、宜丰县（官山自然保护区）等地有分布。福建（南靖县）也有分布。

生境： 生于海拔 300~1000m 的山坡中下部、阔叶林中、路边；喜湿润、肥沃的土壤。

识别要点：
①树干通直；②羽状复叶，花红色（毛红椿为白色）；
③裸芽被毛；④叶无毛（毛红椿具毛）；
⑤蒴果木质，具白色斑点；⑥种子两端具翅。

翅荚香槐　　Cladrastis platycarpa (Maxim.) Makino　　蝶形花科 Paplionaceae　　香槐属 Cladrastis

形态特征： 落叶乔木，高约26m，枝无毛。奇数羽状复叶，小叶3~4对，互生或对生，卵状披针形，顶生的小叶最大；小叶长6~10cm，宽3~5cm，先端渐尖，基部宽楔形，小叶基部偏斜，叶背无毛（或有稀疏微毛），侧脉6~8对，在近边缘网结；小叶柄长0.4cm，被疏短毛；小叶的托叶钻状，长约0.3cm。圆锥花序长30cm，花序轴和花梗被疏短毛（后变无毛），花梗长0.4cm；蝶形花，萼齿5，花冠白色，旗瓣长0.7cm。荚果扁平，长椭圆形，长4~8cm，宽2~3.5cm，两侧具狭翅，不开裂，种子1~2，种皮深褐色。开花期4~6月，果成熟期9~10月。

分布： 江西芦溪县（万龙山乡龙山村石屋里）有分布。江苏、浙江、湖南、广东、广西、贵州、云南等地也有分布。

生境： 生于海拔150~600m的山坡中下部、山谷、村旁；喜光，喜湿润、肥沃的土壤。

识别要点：
①树干通直；
②奇数羽状复叶，小叶对生或互生；
③叶背无毛；
④荚果边缘具狭翅。

香槐 Cladrastis wilsonii Takeda 蝶形花科 Paplionaceae 香槐属 Cladrastis

形态特征： 落叶乔木，嫩枝被短毛，后无毛；叶柄下芽，芽具绢毛。奇数羽状复叶，总叶柄基部膨大，小叶 7~11 枚，长 4~12cm，宽 2.5~4.5cm，先端渐尖，基部宽圆钝，稍偏斜；嫩叶背面被毛，后无毛。圆锥花序顶生，花序轴、花萼具密毛，子房被毛；荚果条形，长 3~8cm。开花期 6~7 月，果成熟期 11~12 月。

分布： 江西芦溪县武功山（清心桥），武夷山（原管理处河对面）等地有分布。陕西、山西、河南、安徽、湖北、湖南、浙江、福建、广东、广西、贵州、四川也有分布。

生境： 生于海拔 500~1000m 的山坡中下部、路边、阔叶林中；喜光，稍耐干旱，适应湿润土壤，pH4.5~6。

←总叶柄基部膨大

识别要点：
①奇数羽状复叶；
②叶柄下芽，总叶柄基部膨大；
③叶背无毛。

木荚红豆　Ormosia xylocarpa Chun ex L. Chen　蝶形花科 Paplionaceae　红豆属 Ormosia

形态特征： 常绿乔木，高约18m，枝密被紧贴的黄褐色短毛。奇数羽状复叶，总叶柄长3~5cm，叶轴被黄褐色短毛；小叶1~3对，厚革质，边缘反卷，全缘，小叶长6~12cm，宽3~5cm，先端急尖，基部宽楔形，叶背被紧贴的黄褐色短毛；小叶柄长0.5~1.2cm，密被短毛。圆锥花序顶生，长8~14cm，密被短毛。蝶形花，花萼5齿裂，萼外密被褐黄色短绢毛；花冠白色或粉红色，子房密被褐黄色短绢毛。荚果肥厚，长5~7cm，宽2~4cm，种皮红色。开花期6~7月，果成熟期10~11月。

分布： 江西幕府山、资溪县、九岭山、武宁县、修水县、铜鼓县、靖安县、武功山、井冈山、崇义县、上犹县、安远县（三百山）、全南县、定南县、龙南县（九连山）、武夷山、遂川县、全南县、泰和县等地有分布。福建、湖南、广东、海南、广西、贵州等地也有分布。

生境： 生于海拔200~1200m的山坡中下部、山谷、阔叶林内、路边；喜光，稍耐干旱。

识别要点：
①树干通直；
②叶面常皱褶不平；
③叶背被紧贴的黄褐色短毛；荚果肥厚、木质。

红豆树 Ormosia hosiei Hemsl. et Wils.　蝶形花科 Paplionaceae　红豆属 Ormosia

形态特征： 常绿乔木，高约17m。小枝绿色，无毛。奇数羽状复叶，总叶柄长2~4cm；小叶2~3对（5~7枚）或4对9枚，薄革质，卵状椭圆形，小叶长5~9cm，宽2~4cm，先端急尖或渐尖，基部圆钝，叶背淡绿色，无毛；侧脉8~10条；小叶柄长0.5cm，小叶柄及叶轴疏被毛或无毛。圆锥花序顶生或腋生，下垂；花稀疏，花梗长1.5~2cm；花萼浅裂，被褐色短毛；花冠白色或淡紫色，雄蕊10；子房无毛，胚珠5~6，花柱紫色，线状。荚果近圆形，扁平，长3~5cm，宽2.5~3.5cm，先端有短喙；荚果成熟后褐色，无毛。种子1~2粒，种皮红色。开花期4~5月，果成熟期10~11月。

分布： 江西资溪县（大觉山）有分布。陕西、甘肃、江苏、安徽、浙江、福建、湖北、四川、贵州等地也有分布。

生境： 生于海拔150~700m的山坡下部、山谷、路边、村旁；喜光，稍耐阴。

识别要点：
①树干通直；冠形广圆形，枝叶浓密；
②奇数羽状复叶，小叶薄革质，卵状椭圆形；
③叶背无毛；羽状脉；叶柄上部膨大成节状；
④裸芽被锈褐色毛。

苍叶红豆（软荚红豆的变型） Ormosia semicastrata Hance f. pallida How　蝶形花科 Paplionaceae　红豆属 Ormosia

形态特征： 常绿乔木，高约18m。小枝具棱，小枝、叶轴、叶柄及小叶柄均被灰褐色短毛。奇数羽状复叶；小叶3~5对（7~11枚），叶片长椭圆状披针形或倒披针形，长4~10cm，宽1~3.5cm，基部钝、楔形，先端微凹缺，两面无毛，叶背苍白色。圆锥花序顶生或生于枝下部的叶腋内，总花梗、花梗均密被黄褐色短毛；雄蕊10。荚果小，近圆形，稍鼓胀，无毛，干时黑褐色，长1.5~2cm，顶端具短喙。种子1粒，种皮红色。开花期5月，果成熟期9~10月。

分布： 江西井冈山市（洪坪）、全南县（岐山、大水坑）有分布。湖南、广东、海南、广西、贵州等地也有分布。

生境： 生于海拔100~700m的山坡下部、溪旁、山谷、路边；喜光，喜湿润、肥沃的土壤，稍耐阴。

识别要点：
①树干通直；②叶长椭圆状披针形（中部最宽），花萼被褐色短毛；
③叶背无毛，苍白色，顶端微凹缺，小枝具棱，荚果先端具小尖喙。

肥皂荚 Gymnocladus chinensis Baill.　　苏木科 Caesalpiniaceae　　肥皂荚属 Gymnocladus

形态特征： 落叶乔木，高约20m，枝被柔毛，后无毛。二回偶数羽状复叶，叶轴被毛；小叶互生近无柄，小叶基部偏斜，长2.5~5cm，宽1~1.5cm，两面被毛。总状花序顶生，被短毛；花杂性，白色或紫红色，有梗下垂。荚果肿胀，无毛。开花期5~6月，果成熟期10月。

分布： 江西武功山、寻乌县（项山）、信丰县（油山）、崇义县（齐云山）等地有分布。江苏、浙江、安徽、福建、湖北、湖南、广东、广西、四川等地也有分布。

生境： 生于海拔200~1200m的山坡中下部、阔叶林中、村旁、路边；喜光，稍耐干旱。

识别要点：
①树干通直；
②二回偶数羽状复叶；
③小叶基部偏斜，荚果肿胀，腹部具沟；
④、⑤花红色，花被5（无花萼、花瓣之分），其中1枚较小。

大叶榉树（原榉树） Zelkova schneideriana Hand.-Mazz.　　榆科 Ulmaceae　　榉属 Zelkova

形态特征： 落叶乔木，高约20m。树皮不规则片状剥落，一年生枝具柔毛。叶大小变化较大，椭圆状披针形，长3~10cm，宽2~4cm，先端渐尖，基部稍偏斜，边缘锯齿不展开，叶背被短毛或近无毛，侧脉8~15对；叶柄长0.5cm，被短毛。雄花1~3簇生于叶腋，雌花或两性花单生于小枝上部叶腋。核果偏斜。开花期4月，果成熟期9~11月。

分布： 江西上栗县、南城县、婺源县等地有分布。陕西、甘肃、江苏、安徽、浙江、福建、河南、湖北、湖南、广东、广西、四川、贵州、云南等地有也分布。

生境： 生于海拔300~900m的山坡中下部、疏林内、村旁；喜光，稍耐干旱。

注：本种在某些著作中的名称为"榉树"，但拉丁同不变。

识别要点：
①树干通直，秋叶黄色；②单叶互生；③小枝"之"字形，叶基部偏斜、钝，锯齿内弯不展开（榉树为明显展开）；④核果偏斜，叶背、叶柄具明显短毛（榉树无毛）。

榉树（原光叶榉） *Zelkova serrata* (Thunb.) Makino 榆科 Ulmaceae 榉属 Zelkova

形态特征： 落叶乔木，高约30m。枝无毛，或稀疏短毛，后变无毛。叶较薄，大小差异较大，卵状披针形，长5~10cm，宽3~5cm，先端尾状尖，基部稍偏斜，浅心形，叶背无毛，边缘锯齿粗大、展开，侧脉6~9对；叶柄长0.5cm，被短毛（后无毛）。核果无梗，稍偏斜，网肋明显，表面被毛，具宿存花被。开花期4月，果成熟期10~11月。（本种在某些著作中的名称为"光叶榉"，但拉丁同不变）。

分布： 江西石城县（桃花寨）、井冈山市（鹅岭）、安福县（羊狮幕）等地有分布。辽宁、陕西、甘肃、山东、江苏、安徽、浙江、福建、台湾、河南、湖北、湖南等地也有分布。

生境： 生于海拔400~1000m的山坡中下部、疏林内、毛竹林内、路边；喜土层深厚、湿润、肥沃的土壤。

识别要点：
①树干通直；②枝果褐色，"之"字形；叶基部稍偏斜；③叶背无毛；羽状脉整齐，侧脉直伸锯齿先端；④叶边缘锯齿外展，齿尖芝状，枝、叶柄无毛。

赤皮青冈　Cyclobalanopsis gilva (Blume) Oerst.　壳斗科 Fagaceae　青冈属 Cyclobalanopsis

形态特征： 常绿乔木，高约20m，小枝密被黄褐色毛。单叶互生，叶倒卵状椭圆形，长6~12cm，宽3~4cm，顶端渐尖，基部楔形，叶缘中部以上具整齐的短芒状锯齿，侧脉9~11对，叶背被黄灰色星状短毛；叶柄长1~1.5cm，具微毛。壳斗碗形，包被坚果约1/4，直径1.5cm，高0.8cm，被黄灰色紧贴短毛；壳斗具6~7条同心环带，环带全缘或浅裂。坚果倒卵状椭圆形，直径1~1.3cm，高1.5~2cm，顶端具微柔毛，果脐微凸起。开花期5~6月，果成熟期10~11月。

分布： 江西上栗县（鸡冠山）、遂川县（五斗江）等地有分布。浙江、福建、台湾、湖南、广东、贵州等地也有分布。

生境： 生于海拔300~1000m的山坡中上部、阔叶林内；喜光，稍耐干旱，适用土层深厚、湿润、肥沃的土壤。

识别要点：
①叶倒卵状椭圆形（最宽处在叶中部以上），嫩枝被毛，叶先端渐尖；
②叶背具密毛，叶中部以上具整齐锯齿。

红锥（小红栲） Castanopsis hystrix Miq.　壳斗科 Fagaceae　锥属 Castanopsis

形态特征： 常绿乔木，高约20m，枝无毛。叶卵状或椭圆状披针形，长6~10cm，宽2.5~4cm，先端尾尖，基部楔形、钝，叶边缘具1~3个锯齿或锯齿不明显，叶背具薄薄的土黄色鳞秕，叶柄长1cm。壳斗全包坚果，壳斗外壁具密针刺，刺的基部稍联合成束，壳斗内有坚果1枚；坚果圆锥形，高约1.5cm，无毛；心材红色。开花期4~6月，果成熟期翌年8~11月。

分布： 江西寻乌县（项山背后福溪村公路山坡）有分布。福建、湖南、广东、海南、广西、贵州、云南等地也有分布。

生境： 生于海拔100~900m的山坡中下部、阔叶林内、毛竹林内；喜光，稍耐干旱。

识别要点：
①树干通直；
②叶先端尾尖，全缘或仅上部有2~4浅齿；
③叶背具薄薄的土黄色鳞秕，叶基部稍下延；
④坚果1枚，壳斗外壁针刺基部稍成束。

白花泡桐　Paulownia fortunei (Seem.) Hemsl.　玄参科 Scrophulariaceae　泡桐属 Paulownia

形态特征： 落叶乔木，速生。幼枝、叶、花序各部和果均被星状毛，后近无毛。叶片长卵状心形。小聚伞花序具总花梗 2~4cm；萼裂至 1/2 或 1/3 处；花冠白色或浅紫色，冠外有星状毛，腹部无明显纵褶，内被紫斑点。花冠较大，基部狭窄；花冠筒内有紫红色斑点，冠口唇状，上唇 2 裂，下唇 3 裂，雄蕊 4 枚，二强（2 枚长 2 枚短），不伸出花冠。蒴果木质，长圆形，长 6~9cm，顶端有一喙，喙长约 0.6cm。开花期 3~4 月，果成熟期 9~10 月。

分布： 江西各县有分布。安徽、浙江、福建、台湾、湖北、湖南、四川、云南、贵州、广东、广西等地也有分布。

生境： 生于海拔 800m 以下的荒山、路边、村旁；喜光，耐干旱。

识别要点： ①树干通直；②花白色，萼裂至 1/4~1/3；花梗短于或等于小聚伞花序总梗；③叶长卵状披针形，基部心形，全缘，不裂；④叶背被星状毛或短柔毛。

杉木　Cunninghamia lanceolata (Lamb.) Hook.　杉科 Taxodiaceae　杉木属 Cunninghamia

形态特征： 常绿乔木，小枝近对生或轮生，枝、叶无毛。叶条状披针形，坚硬，先端刺状；在主枝上辐射伸展，侧枝之叶螺旋状排列，基部下延，扭转成二列；叶边缘有细缺齿，背面沿中脉两侧各有1条白粉气孔带。单性花，雄球花圆锥状，长0.5~1.5cm，有短梗，簇生枝顶；雌球花1~3集生。球果苞鳞三角状卵形，长约1.7cm，宽1.5cm，先端具坚硬刺尖，边缘有锯齿。种鳞很小，先端三裂，腹面着生3粒种子；种子扁平，两侧边缘有窄翅；子叶2枚。开花期4月，球果成熟期10月下旬。

分布： 江西各县有分布。安徽、浙江、福建、湖南等中国亚热带地区都有分布。

生境： 生于海拔500~1000m的山坡中下部、阔叶林内、路边；喜土层深厚、湿润、肥沃的土壤，幼树耐阴，大树喜光，不耐干旱。

叶基部下延

识别要点：
①常绿乔，树干通直；
②叶基部下延；球果苞鳞先端具尖刺，叶背具白色气孔带；
③叶条状披针形，先端刺状，叶基部下延，扭转成二列。

江南油杉　Keteleeria cyclolepis Flous　松科 Pinaceae　油杉属 Keteleeria

形态特征： 常绿乔木，枝有毛。叶条形，排成两排，长 1.5~5cm，宽 2~4cm，先端尖、圆钝或凹，边缘反卷，叶背面被白粉（白色气孔带）。球果塔状，长 7~15cm，苞鳞先端三裂。球果成熟期翌年 10 月。

分布： 江西安远县（仰天湖）、崇义县（官田沙溪）有分布。云南、贵州、广西、广东、湖南、浙江等地也有分布。

生境： 生于海拔 200~1000m 的山坡中下部、阔叶林中、路边、村旁；喜光，稍耐干旱。

识别要点：
①树干通直；②枝褐红色，具短毛；叶条形，螺旋状着生，基部不下延；③叶先端尖、钝、微凹均有；④苞鳞先端 3 裂，短于种鳞；⑤种子生于种鳞背后；⑥球果塔状。

铁坚油杉　Keteleeria davidiana (Bertr.) Beissn.　松科 Pinaceae　油杉属 Keteleeria

形态特征： 常绿乔木，速生，高约20m。一年生枝有毛（稀无毛），幼树或萌生枝具密毛。叶条形，在侧枝上排成二列，叶长2~5cm，宽0.5cm，先端锐尖，基部渐窄成短柄、不下延，叶背淡绿色，中脉两侧各有淡绿色（或微白色）气孔线（带），叶较长，长4~6cm，宽约0.5cm。球果圆柱形，长8~21cm，直径3.5~6cm；中部的种鳞卵形或近斜方状卵形，上部的种鳞圆或窄长而反曲；鳞苞先端3深裂；种翅上部渐窄。开花期4月，球果成熟期10月。

分布： 江西修水县（乐家山）。甘肃、陕西、四川、湖北、湖南、贵州等地也有分布。

生境： 生于海拔500~1200m的山坡中上部、疏林内、路边；喜光，耐干旱。

识别要点：
①常绿乔木，树干通直；
②叶先端锐尖，叶背具淡绿色气孔带；
③嫩枝被毛，叶排成二列，叶柄基部不下延。

长苞铁杉 Tsuga longibracteata Cheng 松科 Pinaceae 铁杉属 Tsuga

形态特征： 常绿乔木，枝叶无毛。叶条形，先端刺状尖，长 1.1~2.4cm，宽 0.1~0.2cm，叶背具淡绿色或白色气孔线（排列成带状）；叶基部楔形，叶柄长 0.1~0.2mm。球果直立，圆柱形，苞鳞露出。开花期 3~4 月，球果成熟期翌年 8~9 月。

分布： 江西崇义县（齐云山）、大余县（沙村）、赣县（阴掌山）等地有分布。贵州、湖南、广东、广西、福建等地也有分布。

生境： 生于海拔 300~1200m 的山坡下部、阔叶林内、毛竹林内、村旁；喜光，稍耐干旱。

①

② 叶基部不下延

③

识别要点：
①常绿乔木，树干通直；
②叶先端刺状尖，叶背具淡绿色气孔带，叶基部不下延；
③球果成熟后种鳞展开。

福建柏 Fokienia hodginsii (Dunn) Henry et Thomas　　柏科 Cupressaceae　福建柏属 Fokienia

形态特征： 常绿乔木，枝叶无毛。树皮红褐色；着生鳞叶的小枝扁平，排成一平面，2~3年生枝褐色，圆柱形。鳞叶2对交叉对生，成节状，幼树或萌芽枝上的中央之叶呈楔状倒披针形，长0.5~0.7cm，宽0.1~0.2cm，鳞叶两面异型，正面绿色，背面具凹陷的白色气孔带，侧生鳞叶较中央之叶长，长0.5~1cm，宽0.3~0.5cm，背有棱脊，先端急尖。雄球花近球形，长约0.5cm。球果近球形，熟时褐色，直径2~2.5cm；种鳞顶部多角形，中间有一小尖头突起；种子具3~4棱，上部有两个大小不等的翅。球果翌年10~11月成熟。

分布： 江西幕府山、资溪县、九岭山、武功山、井冈山、崇义县、上犹县、武夷山、遂川县等地有分布。福建、湖南、广东、海南、广西、贵州等地也有分布。

生境： 生于海拔600~1800m的山坡中上部及山顶；喜光，稍耐干旱。

3中鳞叶为1节

识别要点：
①常绿乔木，树冠广卵形；
②鳞叶异型，即叶正面和背面形态不同，叶背具白粉，且叶背凹陷；3生鳞叶为一节；
③鳞叶成节状，两侧鳞叶先端凸尖，且比中央鳞叶长。

四、药用树种

红花凹叶厚朴　Magnolia officinalis Rehd. et Wils. subsp. biloba (Rehd. et Wils.) Law 'Flores Rubri'
木兰科 Magnoliaceae　木兰属 Magnolia

形态特征： 落叶乔木，高约12m，枝、顶芽无毛。叶长22~45cm，宽10~24cm，叶背面被灰色柔毛（老叶近无毛），具白粉状斑块；叶先端深凹，托叶痕长为叶柄的2/3。花被红色，直径10~15cm，花梗被长柔毛，花被片9~17，外轮长8~10cm，内两轮长8~8.5cm，最内轮长7~8.5cm。聚合蓇葖果。开花期5~6月，果成熟期9~10月。

分布： 江西井冈山（选育、栽培）。湖南（大院农场）有野生分布。

生境： 生于海拔300~1000m的山坡中下部；喜光，稍耐阴，适应在土层深厚、湿润、肥沃的土壤栽培。

注：该种为江西省林木良种。此外，Flora of China 对凹叶厚朴的接受名为 "**Yulania officinalis** (Rehder et E. H. Wilson) N. H. Xia et C. Y. Wu"。

识别要点：
①可用于山地造林；适应土层深厚、湿润、肥沃的土壤；
②花被红色（后期变淡）；
③叶顶端深凹；
④叶背被毛（稀无毛）。

苦树（苦木） *Picrasma quassioides* (D. Don) Benn.　苦木科 Simaroubaceae　苦树属 Picrasma

形态特征： 落叶乔木，高约18m。裸芽紫褐色；树皮紫褐色，全株有苦味。叶互生，奇数羽状复叶，小叶对生，边缘具不整齐的粗锯齿，基部楔形，叶正面无毛，背面仅幼时沿中脉和侧脉有柔毛，后变无毛。花雌雄异株，组成腋生复聚伞花序；萼片5（4），花瓣与萼片同数。核果成熟后蓝绿色，萼宿存。开花期4~5月，果成熟期7~9月。

分布： 江西全南县（陂头）、宜丰县（官山自然保护区）、铅山县（武夷山保护区）等地有分布。黄河以南各地也有分布。

生境： 生于海拔400~1000m的山坡中上部、阔叶疏林内；喜光以及湿润、肥沃的土壤。

识别要点：
①奇数羽状复叶，小叶对生；
②裸芽紫褐色，具短毛；枝具白色斑点（气孔）；
③叶背无毛，边缘具整齐锯齿。

半枫荷 Semiliquidambar cathayensis Chang   金缕梅科 Hamamelidaceae 半枫荷属 Semiliquidambar

形态特征： 半常绿乔木，枝、叶、芽无毛。叶簇生于枝顶，不裂或1~2裂。雄花的花穗为数个短穗状花序排成总状，长约6cm，无花被，仅有雄蕊，雌蕊退化；雌花的花序为头状，单生，萼齿针形，长约0.2~0.5cm，雄蕊退化，雌花花柱较长，约0.6~0.9cm，先端卷曲。聚合蒴果头状，头状果序基部平或截形，宿存的萼齿比花柱短；2心皮。果成熟期11~12月。

分布： 江西安福县（三天门）、井冈山市（下庄、梨坪）、遂川县（大汾）、赣县（长洛）、上犹县（光姑山）、大余县（沙村）、全南（岐山）、龙南县（九连山保护区）、崇义县（齐云山）等地有分布。福建、广西、贵州、广东、海南等地也有分布。

生境： 生于海拔100~900m的山坡中下部、阔叶疏林内、村旁、路边；喜光及湿润、肥沃的土壤。

识别要点：
①树干通直；②叶不开裂或1~2裂；③叶形变化大；④芽被不均匀毛；⑤叶背无毛；⑥聚合蒴果头状，基部平截。

青钱柳 Cyclocarya paliurus (Batal.) Iljinsk.　胡桃科 Juglandaceae　青钱柳属 Cyclocarya

形态特征： 落叶乔木。奇数羽状，叶轴被短毛或无毛；小叶近对生或互生，近无小叶柄，叶缘具锐锯齿，叶背沿中脉和侧脉生短毛（幼叶背面被短毛）。坚果周围具盘状翅（串联一起似"铜钱"）。开花期4~5月，果成熟期7~9月。

分布： 江西崇义县（齐云山）、井冈山市（桐子溜）、武功山（大王庙）等地有分布。安徽、江苏、浙江、福建、台湾、湖北、湖南、四川、贵州、广西、广东、云南等地也有分布。

生境： 生于海拔300~1100m的山坡中下部、阔叶林内、路边；喜光及土层深厚、湿润、肥沃的土壤。

识别要点：
①奇数羽状复叶，小叶柄很短，坚果周围具盘状翅。
②裸芽被锈褐色紧贴短毛；
③叶缘具较整齐的细齿，叶背和叶轴被短毛。

黄花倒水莲　Polygala fallax Hemsl.　远志科 Polygalaceae　远志属 Polygala

形态特征： 落叶灌木，高约 1.8m，枝、叶背密被短柔毛。单叶互生，披针形，长 8~17cm，宽 4~6.5cm，先端渐尖，全缘。总状花序顶生或腋生，下垂，花瓣正黄色，鸡冠状附属物具短柄。蒴果阔倒心形至圆形，绿黄色。开花期 5~8 月，果成熟期 8~10 月。

分布： 江西各县均有分布。福建、湖南、广东、广西、云南等地也有分布。

生境： 生于海拔 900m 以下的山坡中下部、阔叶疏林内、路边、灌丛中；喜光，稍耐干旱。

识别要点：
①花黄色，总状花序；②花序顶生；
③鸡冠状附属物具短柄；
④肉质根（药用部位）。

锐尖山香圆（山香圆） Turpinia arguta (Lindl.) Seem.　省沽油科 Staphyleaceae　山香圆属 Turpinia

形态特征： 常绿灌木，高约 2.5m，枝、叶无毛。单叶对生，长 7~22cm，宽 2~6cm，边缘具整齐锯齿。顶生圆锥花序，花萼花瓣状，初期淡红色，萼片 5，花瓣白色，5 枚。浆果状核果。开花期 5~6 月，果成熟期 11~12 月。

分布： 江西各县有分布。福建、湖南、广东、广西、贵州、四川等地也有分布。

生境： 生于海拔 1000m 以下的山坡中下部、阔叶林内、路边、林缘；喜光及土层深厚、湿润、肥沃的土壤。

识别要点：
①叶边缘锯齿整齐，叶对生，顶生复总状（圆锥）花序；
②核果；
③花萼初期淡红色，花瓣白色；
④花瓣覆瓦状排列。

钩藤　Uncaria rhynchophylla (Miq.) Miq. ex Havil.　茜草科 Rubiaceae　钩藤属 Uncaria

形态特征： 落叶藤本，栽培后为直立灌木状，全株无毛。叶全缘，长 5~12cm，宽 3~7cm；托叶 2 深裂。叶柄附近的营养侧枝变成 2 弯钩。聚伞状花序。聚合蒴果头状，对生，小蒴果长 0.5cm，被短柔毛，萼宿存。开花期 5 月，果成熟期 9~10 月。

分布： 江西各县有分布。广东、广西、云南、贵州、福建、湖南、湖北等地也有分布。

生境： 生于海拔 200~1000m 的山坡、疏林内、灌丛中、路边；喜光。

识别要点：
① 栽培后灌木状；
② 叶对生，全缘；
③ 枝两侧叶柄基部各具一枚弯钩，叶背无毛，具托叶痕。
④ 聚合蒴果头状，对生。

金豆　Fortunella venosa (Champ. ex Benth.) Huang　芸香科 Rutaceae　金桔属 Fortunella

形态特征： 常绿灌木，枝具刺。单叶（叶轴狭翅极小或无），叶长 2~4cm，宽 1~2.5cm，全缘，中脉在叶面隆起；叶柄长 0.5cm 以下。单花腋生。花常位于叶柄与刺之间，花萼杯状，4~5 裂，淡绿色；花瓣分离，白色，4~5 枚；雄蕊为花瓣数量的 2~3 倍，花丝连合成筒状；花梗较短。浆果（柑果），果横径 0.5~0.8cm，橙红色，瓤囊 3~4 瓣。开花期 4~5 月，果成熟期 10 月至翌年 1 月。

分布： 江西寻乌（中和乡岭阳村水坑）、上犹县（五指峰）等地有分布。福建、湖南也有分布。

生境： 生于海拔 600m 以下的山坡下部的阔叶疏林内；喜光，稍耐阴，适应土层深厚、湿润、肥沃的土壤。

识别要点：
①单叶互生，叶全缘、基部钝；②叶背无毛，具油点；③果单生叶腋，中脉在叶面凸起。

酸橙　Citrus aurantium L.　芸香科 Rutaceae　柑橘属 Citrus

形态特征： 常绿小乔木，高约 8m，枝叶较浓密，枝刺较多。单身复叶，叶较厚，全缘或有不明显钝齿；翼叶（叶轴狭翅）倒卵形，基部渐窄，翼叶长 1~3cm，有少量叶无翼叶。总状花序上的花较少，或单花腋生；花杂性，但两性花居多；花萼 4~5 浅裂，后来变厚；雄蕊 20~25 枚，基部合生成多束。浆果（柑果）扁圆形，果皮厚，难剥离，橙黄色或红色，果心实，瓢囊 10~13 瓣，果肉味酸或苦味。种子有肋状棱。开花期 4~5 月，果成熟期 11~12 月。

分布： 江西赣县等地栽培或逸为野生。秦岭以南各省区有药用栽培（或逸为野生）。

生境： 生于海拔 100~800m 的路边、荒山山脚、疏林边缘；喜光，稍耐干旱，适应土层深厚、湿润的土壤。

识别要点：
①常绿小乔木；②单身复叶具翼叶；③单身复叶无翼叶，叶锯齿不明显；④具枝刺；⑤果具较厚的宿存萼片。

枳（枸橘） Poncirus trifoliata (L.) Raf.　芸香科 Rutaceae　枳属 Poncirus

形态特征： 落叶灌木，高约3m。枝绿色，幼枝扁，具棱，枝刺基部扁平，长2~5cm，刺尖干枯状。三出复叶，总叶柄具狭长翅（翼叶），小叶近无柄，叶背无毛或中脉具微毛，中间的小叶较大，长约5cm，宽3cm，叶缘有细钝齿或全缘。大多数为两性花，花单生或成对腋生，先叶开放；花瓣白色，匙形，长1.5~3cm；雄蕊约20枚。浆果（柑果）大小差异大，直径3~6cm，果顶凹，果皮粗糙，果瓢囊6~8瓣，酸苦味。种子20~50。开花期5~6月，果成熟期10~11月。

分布： 江西各县有药用栽培，其中江西赣州市（通天岩）、上犹县（黄沙坑）等地有野生分布。山东、河南、山西、陕西、甘肃、安徽、江苏、浙江、湖北、湖南、广东、广西、贵州、云南等地有栽培或野生分布。

生境： 生于海拔50~900m的路边、荒山山脚、疏林边缘、灌丛中；喜光，耐干旱。

识别要点：
①具枝刺的灌木；
②三出复叶，总叶柄具狭翅（翼叶）小叶近无柄，叶背无毛或中脉具微毛，嫩枝绿色、平扁；
③老枝灰黑色，嫩枝无毛。

栀子（黄栀子） Gardenia jasminoides Ellis   茜草科 Rubiaceae   栀子属 Gardenia

形态特征： 常绿灌木，嫩枝被微毛，老枝无毛。叶对生，稀3叶轮生，叶长5~11cm，宽3~5cm，基部楔形，两面无毛，侧脉8~15对；叶柄长0.5~1cm；托叶膜质、筒状、宿存。花单生枝顶，花梗长0.5cm；萼管倒圆锥形，长1~2.5cm，有纵棱，萼顶部5~8裂，裂片线状披针形，长1~4cm，宽0.2~0.5cm，宿存；花冠白色，高脚碟状，喉部有疏柔毛，顶部5~8裂；花丝极短，花药线形，长1.5~2.2cm，伸出花冠；花柱粗厚，长约4cm，柱头纺锤形。浆果黄色或橙红色，具翅状纵棱，顶部宿存萼片长约4cm。开花期3~7月，果成熟期5月至翌年2月。

分布： 江西各县有野生分布（或栽培）。山东、江苏、安徽、浙江、福建、台湾、湖北、湖南、广东、香港、广西、海南、四川、贵州、云南等地也有分布。

生境： 生于海拔50~1000m的山坡中下部、阔叶林内、路边；喜光及湿润、肥沃的土壤。

识别要点：
①叶面常微皱；
②托叶筒状；
③花萼具纵棱，萼顶部丝裂、宿存，子房下位；
④柱头黄色，纺锤状，花药线状与花瓣互生。

广东紫珠　Callicarpa kwangtungensis Chun　　马鞭草科 Verbenaceae　　紫珠属 Callicarpa

形态特征： 落叶灌木，高约 2m。嫩带紫色、被星状毛，老枝无毛。叶对生，椭圆状披针形，长 15~20cm，宽 3~5cm，顶端渐尖，基部楔形，叶背无毛，但密被黄色鳞片状腺点，侧脉 12~15 对，边缘具细齿；叶柄长 0.9cm。聚伞花序腋生，3~4 次伞状分歧，疏被星状毛，花序梗长约 1cm，花萼浅裂或不明显浅裂，花冠白色或紫红色；子房无毛，被黄色鳞片状腺点。浆果状核果，果实球形，被鳞片状腺点。开花期 6 月，果成熟期 9~11 月。

分布： 芦溪县（武功山）、上栗县、莲花县、永新县、井冈山市、铜鼓县等江西各地有分布。浙江、湖南、湖北、贵州、福建、广东、广西、云南等地也有分布。

生境： 生于海拔 200~1000m 的山坡中上部、疏林内、路边、灌丛中；喜光，耐干旱。

识别要点：
①中脉、叶背常紫红色；
②叶缘具细锯齿，叶对生；
③叶背被黄色鳞片状腺点；
④裸芽披短毛、花序（果序）腋生，多次伞状分歧，全株被腺点。

老鸦柿　Diospyos rhombifolia Hemsl.　柿科 Ebenaceae　柿属 Diospyros

形态特征： 落叶灌木（或小乔木），高叶 6m。有钝枝刺，小枝有柔毛，冬芽有毛。单叶互生，倒卵形，叶基部楔形、下延，叶长 4~8.5cm，宽 2.4~3cm，叶背疏生伏毛。叶柄长 0.4cm，被微柔毛。雌花花冠壶形，5 裂，外面疏生柔毛；雌花花梗长约 1.8cm，有柔毛。浆果，果熟时橘红色，宿存萼 4 深裂，先端急尖。果柄纤细，长 1.5~2.5cm。开花期 4~5 月，果成熟期 9~10 月。

分布： 江西上饶市（林科所后山）、铜钹山等地有分布或药用栽培。浙江、江苏、安徽、福建等地也有分布。

生境： 生于海拔 250~750m 的山坡中上部、灌丛中、路边；喜光，耐干旱。

识别要点：
①叶顶端圆钝或急尖；②叶多为倒卵形，基部楔形、下延，叶背被毛；③顶芽具毛，萼片 4，宿存，先端急尖，中部最宽，浆果外面具短毛。

余甘子　Phyllanthus emblica L.　大戟科 Euphorbiaceae　叶下珠属 Phyllanthus

形态特征： 落叶灌木（广东、海南为小乔木），高约 2~3m。树皮具斑块状剥落，枝条具纵细条纹，被短毛。单叶互生，排成二列，叶长 1~3cm，宽 1~1.5cm，顶端平截、钝或微凹，基部浅心形，稍偏斜，叶背无毛，边缘微反卷；侧脉 4~7；叶柄长 0.3cm。多花组成腋生的聚伞花序，单性花（有时为两性花），萼片 6；雄花萼片黄色，匙形，长 0.1~0.2cm，雄蕊 3，花丝合生成长 0.3~0.7mm 的柱，花药直立；雌花花梗长 0.1cm；萼片匙形，花盘杯状，包被子房 1/2 以上，边缘撕裂；子房 3 室，花柱 3，基部合生，顶端 2 裂，裂片顶端再 2 裂。蒴果呈核果状，扁球形，直径 1~1.3cm，外果皮肉质，绿白色或淡黄白色，内果皮硬壳质。种子红色。开花期 4~6 月，果成熟期 7~9 月。

分布： 江西永丰县（水浆）等地有分布。福建、台湾、广东、海南、广西、四川、贵州、云南等地也有分布。

生境： 生于海拔 100~900m 的山坡中下部、疏林内、荒山或灌丛中；喜光，耐干旱。

识别要点：
①灌木；②叶被无毛；③树皮斑块状剥落；
④叶先端圆钝或平截，基部浅心形，叶柄极短；蒴果呈核果状，扁球形。

钩吻 Gelsemium elegans (Gardn. et Champ.) Benth.　　马钱科 Loganiaceae　　钩吻属 Gelsemium

形态特征： 常绿木质藤本，全株无毛。叶卵状披针形，长 6~12cm，宽 3~6cm，顶端渐尖，基部阔楔形，侧脉 5~7；叶柄长 0.6~1.2cm。花序顶生或腋生，复聚伞状花序，每一分枝基部具 2 苞片，三角形，长约 0.5cm；花萼 5 裂，花冠黄色，漏斗状，花冠裂片右旋，雄蕊着生于花冠管中部，花药伸出花冠管之外；花柱柱头 2 裂。蒴果，2 室，干后室间开裂为 2 裂瓣。种子扁压状椭圆形或肾形，边缘具有不规则齿裂状膜质翅。开花期 5~10 月，果成熟期 7 月至翌年 3 月。

分布： 江西寻乌县（龙庭水库附近）等地有分布。福建、台湾、湖南、广东、海南、广西、贵州、云南等地也有分布。

生境： 生于海拔 200~900m 的山坡中上部、路边、岩石壁、灌丛中；喜光，耐干旱。

识别要点：
①叶对生；②花序多歧分枝，聚伞状；
③蒴果，心皮 2；④果干后室间 2 裂；
⑤花冠 5 裂，右旋；⑥花柱 2 裂。

五、野生果树树种

麻梨（鹅梨）　　Pyrus serrulata Rehd.　蔷薇科 Rosaceae　梨属 Pyrus

形态特征： 落叶乔木，高约9m。幼枝被微毛，后脱落无毛，冬芽较大，芽鳞内面具毛。叶长卵形，长6~11cm，宽4~5cm，先端渐尖，基部宽圆形，边缘有整齐的细锯齿；叶背初期被微毛，后变无毛；侧脉7~13对；叶柄长3.5~7.5cm，无毛。花两性，伞形总状花序（花集生在很短的梗上，似伞形），花梗长3~5cm；花萼5，花瓣5，白色，花瓣先端圆钝、凸尖；雄蕊20，花柱3~4裂（长短不一）。梨果近球形，直径约2.5cm，具麻褐色点，3~4室，萼片宿存，果梗长3~4cm。开花期4月，果成熟期6~8月。

分布： 江西井冈山市（下庄）、武功山、寻乌县（鸡隆山）等地有野生分布（少量栽培）。湖北、湖南、浙江、四川、广东、广西等地也有分布。

生境： 生于海拔100~1500m的山坡、疏林内、路边；喜光及湿润、肥沃的土壤。

识别要点：
①落叶小乔木；
②梨果麻褐色，较大；叶柄较长，叶卵状披针形（叶最宽处在中线以下），基部宽圆形，先端尾尖；
③老叶叶背无毛；
④花瓣顶端凹，花柱3~4裂；子房下位。

豆梨　Pyrus calleryana Dcne.　蔷薇科 Rosaceae　梨属 Pyrus

形态特征： 落叶灌木或小乔木，高3~6m；枝无毛。叶卵状椭圆形，长4~8cm，宽3.5~6cm，先端渐尖，基部宽楔形，边缘有钝锯齿，两面无毛；叶柄长2~4cm，无毛。伞形总状花序，总花梗和花梗无毛，花梗长1.5~3cm；两性花，花萼5；花瓣5，白色；雄蕊20，花柱2裂。梨果较小，直径约1cm，具斑点，萼片脱落，2~3室。开花期4月，果成熟期8~9月。

分布： 江西各县有分布。山东、河南、江苏、浙江、安徽、湖北、湖南、福建、广东、广西等地也有分布。

生境： 生于海拔50~1200m的荒山、路边、灌丛中；喜光，耐干旱。

识别要点：
①落叶灌木或小乔木；②叶边缘具整齐细锯齿；③果较小，直径约1cm；
④果集生在较短的梗上，似伞形（伞形总状花序）；叶背无毛。

台湾林檎　Malus doumeri (Bois) Chev.　蔷薇科 Rosaceae　苹果属 Malus

形态特征： 落叶乔木，嫩枝被长柔毛，老枝无毛。叶片长卵状披针形，长 8~15cm，宽 4~6.5cm，先端渐尖，基部楔形，边缘有整齐锯齿，嫩叶被短毛，老叶无毛；叶柄长 1.5~3cm，无毛。近伞形花序，花梗长 1.5~3cm；萼筒外面有绒毛；萼片内、外面被白毛。梨果，具宿存萼有短筒，果心分离。开花期 3~4 月；果成熟期 9~10 月。

分布： 江西幕府山、资溪县、九岭山、武宁县、修水县、铜鼓县、靖安县、武功山、井冈山、崇义县、上犹县、安远县（三百山）、全南县、定南县、龙南县（九连山）、武夷山、遂川县、全南县等地有分布。浙江、安徽、湖南、福建、广东、广西、云南等地也有分布。

生境： 生于海拔 300~1100m 的山坡中上部、疏林内、路边；喜光，稍耐干旱。

识别要点：
①叶聚生于短枝；
②有些树干聚枝刺；
③萼具直立短筒，萼裂片两面被短毛；
④幼叶背面被短毛，叶缘具整齐锯齿。

枳椇　Hovenia acerba Lindl.　鼠李科 Rhamnaceae　枳椇属 Hovenia

形态特征： 落叶乔木，小枝被柔毛。叶长8~17cm，宽6~12cm，边缘具不整齐的浅齿（有时锯齿不明显），老叶叶背沿脉被短柔毛，幼叶背面被密毛。整齐的二歧状聚伞圆锥花序顶生或腋生，被毛。核果无毛，果序轴膨大成肉质状并"之"字形曲折。开花期5~7月，果成熟期8~10月。

分布： 江西各县有分布。甘肃、陕西、河南、安徽、江苏、浙江、福建、广东、广西、湖南、湖北、四川、云南、贵州等地也有分布。

生境： 生于海拔200~1000m的山坡中上部、疏林内、路边、灌丛中；喜光，稍耐干旱。

注：北枳椇、毛果枳椇与该种的区别为，北枳椇 **H. dulcis** 是小枝、叶、花序无毛；叶缘锯齿粗且较整齐。毛果枳椇 **H. trichocarpa** 是果被毛，叶背被毛。

识别要点：
①落叶乔木；树冠广卵形；
②单叶互生，三出脉；果序轴肉质、"之"字形弯曲；
③花序轴、叶背均被短柔毛；
④雄蕊5，花丝白色。

南酸枣 Choerospondias axillaris (Roxb.) Burtt et Hill   漆树科 Anacardiaceae 南酸枣属 Choerospondias

形态特征： 落叶乔木，全株无毛。奇数羽状复叶，小叶长 4~12cm，宽 2~4.5cm。雌雄异株，花单性或杂性异株，雄花和假两性花排列成腋生或近顶生聚伞圆锥花序，雌花通常单生于上部叶腋；花萼浅杯状，5 裂；花瓣 5，红色。核果熟时黄色，长 2.5~3cm，径约 2cm，顶端具 5 个小孔。开花期 5~7 月，果成熟期 10~11 月。

分布： 江西各县均有分布。西藏、云南、贵州、广西、广东、湖南、湖北、福建、浙江、安徽等地也有分布。

生境： 生于海拔 200~1000m 的山坡中下部、路边、竹林内、疏林内；喜光及湿润、肥沃的土壤。

识别要点：
①落叶乔木；②奇数羽状复叶；③核果近柱形；④小叶对生，叶全缘或有疏齿，叶背无毛或幼叶背面仅叶脉具微簇毛；⑤花瓣 5 枚，红色，花萼极小。

锥栗　Castanea henryi (Skan) Rehd. et Wils.　壳斗科 Fagaceae　栗属 Castanea

形态特征： 落叶乔木，高约20m，枝、叶无毛，顶芽无毛。叶长圆状披针形，长10~18cm，宽3~6cm，先端尾尖，基部楔形，稍偏斜，叶缘锯齿在叶外具长0.3cm的线状芒刺，叶背无毛。每壳斗有雌花1，成熟壳斗近球形，外壁密生针状刺，全包坚果1枚，连刺径3~5cm；坚果顶部有伏毛。开花期5~7月，果成熟期10~11月。

分布： 江西铜鼓县、修水县、武宁县、浮梁县（瑶里）、庐山、九岭山、武功山、井冈山市（茅坪）、遂川县（南风面）、石城县（七岭）、瑞金市（河下）、崇义县（齐云山）等地有分布。河南、山东、江苏、浙江、福建、广东、湖南、湖北、贵州等地也有分布。

生境： 生于海拔150~900m的山坡中上部、毛竹林及阔叶疏林内、路边；喜光，耐干旱。

识别要点：
①落叶乔木；②叶侧脉整齐，直伸齿端；
③叶大小差异较大，壳斗全包坚果1枚；④叶背无毛，锯齿线芒状。

野柿　Diospyros kaki Thunb. var. silvestris Makino　柿科 Ebenaceae　柿属 Diospyros

形态特征： 落叶乔木，高 15m。小枝及叶柄常密被黄褐色柔毛。叶卵状椭圆形或倒卵状椭圆形，长 6~12cm，宽 3~5cm，基部楔形，叶背密被柔毛；叶柄长 1~1.5cm，被毛。花雌雄异株或杂性花，雌花单生叶腋，花萼 4 深裂，外面密生伏柔毛，里面有绢毛，裂片开展，花冠淡黄白色、紫红色，近钟形，花冠 4 裂。浆果扁球形，成熟后橙黄色，宿存萼 4，果无毛。开花期 5~6 月，果成熟期 9~10 月。

分布： 江西各县均有分布。云南、广东、广西、浙江、福建等地也有分布。

生境： 生于海拔 100~1000m 的山坡中上部、路边、疏林中；喜光及湿润、肥沃的土壤。

注：与栽培柿的区别是，本变种为野生，小枝及叶柄常密被黄褐色柔毛，叶较栽培柿的叶小，叶片背面被毛较多，果较小（直径约 2~4cm）。

识别要点：
①落叶乔木；
②叶全缘，枝、叶柄密被黄褐色毛；
③果橙黄色，宿存花萼 4（反折）；
④叶背、叶柄、枝密被黄褐色毛。

毛花猕猴桃　Actinidia eriantha Benth.　　猕猴桃科 Actinidiaceae　猕猴桃属 Actinidia

形态特征： 落叶藤本，全株被毛。叶卵形至阔卵形，长 8~16cm，宽 6~11cm，边缘具硬尖小齿，叶背面粉绿色。聚伞花序，花淡红色，两面背毛。浆果圆柱形、被密乳白色长毛。开花期 5 月上旬至 6 月上旬，果成熟期 10~11 月。

分布： 江西各县均有分布。浙江、福建、湖南、贵州、广西、广东等地也有分布。

生境： 生于海拔 100~1200m 的荒山、灌丛中、路边；喜光，耐干旱。

识别要点：
①木质藤本；
②浆果圆柱形、被密乳白色长毛；
③花瓣 5，淡红色，雄蕊多数；
④叶背密被柔毛；
⑤茎髓部分隔。

三叶木通 Akebia trifoliata (Thunb.) Koidz. subsp. trifoliata 木通科 Lardizabalaceae 木通属 Akebia

形态特征： 常绿（半落叶）木质藤本，枝、叶无毛。三出复叶互生或在短枝上簇生；叶柄较直，长7~11cm；小叶3，阔卵形，长6~8cm，宽3~6cm，先端急尖，基部截平，侧脉5~6对，网脉较清晰；中央小叶较大。总状花序自短枝上簇生叶中抽出，下部有1~2朵雌花，以上有多朵雄花；总花梗纤细，长约5cm；雄花萼片3，淡紫色；雄蕊6，离生，排列为杯状，花丝极短，退化心皮3；雌花萼片3，紫褐色，近圆形，先端微凹，开花时萼片反折；退化雄蕊6，小，无花丝；心皮3~9枚，离生，圆柱形。肉质浆果长6~10cm，直径2~4cm。种子多数，扁卵形。开花期4~5月，果成熟期9~10月。

分布： 江西各县均有分布。河北、山西、山东、河南、陕西、甘肃、河南、湖北、湖南、福建、浙江等地也有分布。

生境： 生于海拔100~1500m的疏林内、毛竹林内、灌丛中、路边；喜光，稍耐干旱。

识别要点：
①木质藤本，叶聚生短枝；②三出复叶，先端急尖；③叶背粉白色，无毛；④肉质蓇葖果浆果状、柱形。

尾叶那藤 Stauntonia obovatifoliola Hayata subsp. **urophylla** (Hand.-Mazz.) H. N. Qin
木通科 Lardizabalaceae　野木瓜属 Stauntonia

形态特征：常绿木质藤本，枝、叶无毛。茎、枝和叶柄具细纹。掌状复叶，小叶 5~7；叶柄长 3~8cm，倒卵形（最宽处在叶片中部以上），叶长 6~10cm，宽 3~5cm，叶先端猝然收缩为狭而弯的长尾尖，基部圆钝，侧脉 6~9 对，在叶两面清晰；小叶柄长 1~3cm。总状花序数个簇生于叶腋，每个花序有 3~5 朵淡黄绿色的花；单性花，雄花无花瓣，雄蕊花丝合生为管状。肉质浆果近柱形，长 5~7cm，直径 3~4cm。种子三角形，基部稍呈心形，长约 1cm，种皮深褐色，有光泽。开花期 4~5 月，果成熟期 11~12 月。

分布：江西各县均有分布。福建、广东、广西、湖南、浙江等地也有分布。

生境：生于海拔 150~1000m 的阔叶疏林林冠、灌丛上、路边孤树上；喜光及湿润、肥沃的土壤。

识别要点：
①叶背无毛，网脉清楚；
②掌状复叶 7 小叶（居多）；叶先端骤然收缩微尾状长尖；
③肉质浆果，长 5~7cm，直径 3~4cm，淡黄色。

桃金娘 Rhodomyrtus tomentosa (Ait.) Hassk.   桃金娘科 Myrtaceae   桃金娘属 Rhodomyrtus

形态特征： 常绿灌木，枝有柔毛。叶对生，长 3~8cm，宽 1~4cm，先端圆钝或微凹，叶背面有紧贴叶片的短毛，离基三出脉，侧脉在离边缘约 0.3cm 处结网。花单生，花瓣 5。浆果壶状，果成熟期花萼宿存。开花期 4~6 月，果成熟期 12 月。

分布： 石城县、宁都县、瑞金市、于都县、上犹县、赣州市（峰山、通天岩）、信丰县、大余县、龙南县等江西南部各县均有分布。台湾、福建、广东、广西、云南、贵州、湖南等地也有分布。

生境： 生于海拔 50~600m 的丘陵坡地、荒山、马尾松疏林内、路边；酸性土指示植物；喜光，耐干旱。

识别要点：
①常绿灌木，叶对生；
②离基三出脉，叶背被紧贴短毛；
③子房下位，果期花萼宿存。

南烛（乌饭树） **Vaccinium bracteatum** Thunb.　　越橘科 Vacciniaceae　越橘属 Vaccinium

形态特征： 常绿灌木或小乔木，幼枝被短柔毛或无毛，老枝无毛。叶长 4~9cm，宽 2~4cm，表面平坦有光泽，两面无毛；叶柄长 0.2~0.8cm，通常无毛或被微毛。总状花序顶生和腋生，叶状苞片在花序轴上宿存（花期、果期），长 4~10cm，序轴密被短柔毛稀无毛，花白色。浆果直径 0.5~0.8cm，熟时紫黑色。开花期 6~7 月，果成熟期 11~12 月。

分布： 江西各县有分布。台湾、江苏、浙江、安徽、福建、湖南、湖北、广东、广西、贵州、四川、云南等地也有分布。

生境： 生于海拔 100~800m 的丘陵山坡、荒山、灌丛、路边；喜光，耐干旱。

识别要点：
①常绿灌木；②叶缘具整齐锯齿；
③浆果紫黑色，被微毛；
④花序宿存叶状小苞片，花冠外被短毛，冠筒坛状，5 浅裂。

褐毛杜英（冬桃、青果） *Elaeocarpus duclouxii* Gagnep.　杜英科 Elaeocarpaceae　杜英属 Elaeocarpus

形态特征： 常绿乔木，嫩枝及芽密被绒毛。叶长 8~13cm，宽 3~5cm，叶背面有绒毛；叶柄长 1.2~2cm，被毛。总状花序（果序）生于无叶的枝；花序、花梗、萼片、花瓣外面均密被绒毛。花瓣宽带状，上部撕裂 10~12 条。核果椭圆状，长 2.5~3cm，果径 2cm。开花期 6~7 月，果成熟期翌年 4~5 月。

分布： 江西铜鼓县、修水县、武宁县、靖安县、庐山、九岭山、武功山、井冈山市（茅坪）、遂川县（南风面）、石城县（七岭）、瑞金市、崇义县（齐云山）等地有分布。云南、贵州、四川、湖南、广西、广东等地也有分布。

生境： 生于海拔 300~1000m 的山坡中下部、阔叶疏林内、路边；喜光及湿润、肥沃的土壤。

注：本种与杜英 **E. decipiens** 的区别是，本种叶背明显被毛，杜英的叶背无毛。

识别要点：
①常绿乔木；枝、叶浓密，树冠广塔形；
②芽、嫩枝、叶柄具密毛；
③叶缘具钝齿，基部楔形，下延；
④叶背（特别是中脉）明显具毛；
⑤核果椭圆状，较大。

六、生态修复树种

（一）土壤修复树种

1. 乔木类

木油桐　　Vernicia montana Lour.　　大戟科 Euphorbiaceae　　油桐属 Vernicia

形态特征： 落叶乔木，枝、叶无毛。叶长 8~20cm，宽 6~18cm，基部心形，全缘或 2~5 裂，裂叶的凹处有腺体，掌状脉 5；叶柄长 7~17cm，无毛，叶柄顶端有 2 枚具柄的杯状腺体。雌雄异株，花瓣白色。蒴果具 3 棱，表面褶皱。开花期 5~6 月，果成熟期 9~10 月。

分布： 江西各县有分布。浙江、福建、台湾、湖南、广东、海南、广西、贵州、云南等地也有分布。

生境： 生于海拔 50~900m 的丘陵山坡、荒山、灌丛中、路边；喜光，耐干旱。

识别要点：
①落叶乔木（丘陵荒山自然恢复的木油桐林）；②叶 2~3 裂或不裂，5 出脉；③叶开裂处具杯状腺体；④花瓣 5，反折；⑤蒴果具棱，表面皱褶。

构树　Broussonetia papyifera (Linn.) Ĺ Héritier ex Ventenat　桑科 Moraceae　构属 Broussonetia

形态特征： 落叶乔木，小枝密生柔毛。单叶互生，基生三出脉，卵状披针形，叶长 9~18cm，宽 5~9cm，先端渐尖，基部心形、偏斜，边缘具整齐粗锯齿，不分裂或 3~5 裂；叶面粗糙、疏生糙毛，叶背密被绒毛，侧脉 6~7 对；叶柄长 2.5~8cm，密被毛；托叶大，长 1.5~2cm，宽 0.8~1cm。雌雄异株，雄花序为柔荑花序，长 3~8cm，花被 4 裂，雄蕊 4，退化雌蕊小；雌花为头状花序，苞片棍棒状，顶端被毛；柱头线形，被毛。聚合瘦果球形，直径 2~4cm，成熟时橙红色，肉质；瘦果具与长柄，表面有小瘤，外果皮壳质。开花期 4~5 月，果成熟期 6~7 月。

分布： 江西各县均有分布。中国南北各地有分布。

生境： 生于海拔 50~900m 的丘陵荒山、路边、垃圾土壤之地、沙地边缘；喜光，耐干旱，抗污染。

识别要点：
①落叶乔木，秋叶金黄色；②叶对生，基部心形，偏斜；③叶边缘具整齐锯齿，基生三出脉；④叶背被柔毛；⑤瘦果具红色、肉质种皮，果序近球形。

厚壳树 Ehretia thyrsiflora (Sieb. et Zucc.) Nakai 紫草科 Boraginaceae 厚壳树属 Ehretia

形态特征： 落叶乔木，高约 15m，枝无毛，具皮孔。单叶互生，椭圆形、长圆状倒卵形，长 7~13cm，宽 4~5cm，先端尖，基部宽楔形，边缘具整齐锯齿，叶两面无毛；叶柄长 1.5~2.5cm，无毛。圆锥状聚伞花序顶生，长 8~15cm，被微毛或近无毛；花萼小，5 裂；花冠白色，雄蕊伸出花冠外。核果橘黄色，直径 0.5cm；核具褶皱，成熟时分裂为 2 个具 2 粒种子的分核。开花期 5~6 月，果成熟期 8~11 月。

分布： 江西赣州市（峰山、通天岩）、全南县（岐山）、龙南县（小武当山）等地有分部。广西、广东、福建、浙江、湖南、山东、河南、台湾等地也有分布。

生境： 生于海拔 100~1000 的丘陵山坡、荒山、灌丛、沙地边、垃圾土壤；喜光，耐干旱。

识别要点：
①落叶小乔木；②圆锥状聚伞花序顶生，叶缘具整齐锯齿，枝、叶无毛；③叶长圆状倒卵形；④核果橘黄色或红色。

野枣（枣） *Ziziphus jujuba* Mill. var. *jujuba*　鼠李科 Rhamnaceae　枣属 Ziziphus

形态特征： 落叶小乔木，高约 8m。有长枝、短枝和无芽小枝（即新枝）之分，之字形曲折。叶柄基部具 2 个托叶刺（长约 2cm），当年生小枝下垂，单生或 2~7 个簇生于短枝上；单叶互生，基生三出脉；叶卵状椭圆形，长 3~7cm，宽 2~4cm，顶端圆钝，叶基部稍偏斜，边缘锯齿圆、稀疏、叶两面无毛；叶柄长 0.5cm 以下。两性花黄绿色，5 基数，无毛，具短总花梗，单生或 2~8 个密集成腋生聚伞花序，花梗长 0.3cm；萼片卵状三角形，花瓣倒卵圆形，花盘厚，肉质，圆形，5 裂；子房与花盘合生，2 室，花柱 2 瓣裂。核果矩圆形或长卵圆形，长 2~3.5cm，直径 1.5~2cm，成熟时红色。开花期 5~7 月，果成熟期 9~10 月。

分布： 江西芦溪县（龙山村）、于都县（小溪村、屏山）、崇义县（齐云山）、大余县（油山）等地有分布。吉林、辽宁、河北、山东、山西、陕西、河南、甘肃、新疆、安徽、江苏、浙江、福建、广东、广西、湖南、湖北、四川、云南、贵州等地也有野生分布。

生境： 生于海拔 100~800m 的丘陵山坡、荒山、路边、灌丛中；喜光，耐干旱。

识别要点：
①单叶互生，叶柄短，基部偏斜，基生三出脉；②托叶刺较长；③具圆形花盘；雄5枚，与花瓣互生，与花萼对生。

虎皮楠 Daphniphyllum oldhami (Hemsl.) Rosenth.　虎皮楠科 Daphniphyllaceae　虎皮楠属 Daphniphyllum

形态特征： 常绿乔木，高 5~10m，枝、叶无毛。叶倒卵状披针形（最宽处在叶中部以上），长 9~14cm，宽 3~4cm，先端急尖，基部钝，楔形，叶背具显著白粉，侧脉 8~15 对，网脉在叶背特别清晰；叶柄长 2~3cm，常多少带有点暗红色。花单性，雄花序长 2~4cm；花梗长 0.5cm，花萼不整齐 4~6 裂，雄蕊 7~10，花丝极短；雌花序长 6~10cm，花梗长 0.5cm，萼片 4~6；子房被白粉，柱头 2 瓣裂。核果椭圆，长约 0.9cm，果径约 0.6cm。开花期 4~5 月，果成熟期 10~11 月。

分布： 江西幕府山（黄龙寺）、铜鼓县、修水县（九岭尖）、武宁县（九宫山）、婺源县、德兴市、三清山、武夷山、资溪县（马头山）、武功山、井冈山市（湘州）、遂川县、石城县、宁都县、于都县（屏山）、龙南县（九连山）等地有分布。湖南、浙江、福建、广东等地也有分布。

生境： 生于海拔 150~1200m 的山坡、阔叶林中、疏林中、路边、灌丛中；喜光，稍耐干旱。

识别要点：
①常绿乔木；枝、叶浓密；
②叶全缘，叶柄带淡红色，圆锥状果序腋生，核果椭圆形；
③叶背具白粉，网脉特别清晰。

皂荚 Gleditsia sinensis Lam.   苏木科 Caesalpiniaceae   皂荚属 Gleditsia

形态特征： 落叶乔木，高约15m。树干具分枝的粗刺，刺的基部圆柱形。叶为一回偶数（稀奇数）羽状复叶，复叶长10~20cm；小叶3~9对，卵形，镰刀状，基部偏斜，小叶长3~7cm，宽2~4cm，先端急尖，顶端圆钝，边缘具细锯齿，叶背中脉上稍被短毛或无毛，网脉明显；小叶柄长0.3cm。花杂性，总状花序腋生或顶生，长5~14cm，被短柔毛；两性花的花梗长0.5cm；花萼5，花瓣5，其中一枚花瓣较小，雄蕊8；子房腹缝线上及基部被毛，柱头2浅裂。荚果带状，长12~37cm，宽2~4cm，直或曲，果肉稍厚，两面鼓起。开花期4~5月，果成熟期9~12月。

分布： 江西寻乌县（三标乡）、信丰县（金盆山）、芦溪县（羊狮幕）、赣州市（通天岩）等地有分布。河北、山东、河南、山西、陕西、甘肃、江苏、安徽、浙江、湖南、湖北、福建、广东、广西、四川、贵州、云南等地也有分布。

生境： 生于海拔100~900m的山坡中上部、路边、灌丛中、荒山；喜光，耐干旱。

识别要点：
①树干具分枝的粗刺；②一回偶数羽状复叶；③小叶镰刀状，基部偏斜，边缘具浅齿；④分枝的刺基部圆柱形；⑤荚果肿胀。

2. 灌木及藤本

窄叶短柱茶　Camellia fluviatilis Hand.-Mazz.　山茶科 Theaceae　山茶属 Camellia

形态特征： 常绿灌木，高 1~3m；枝无毛（嫩枝初时有短柔毛，后变无毛）。叶窄椭圆状披针形，长 5~9cm，宽 1.5~2cm，先端尾状尖，基部狭窄而下延，叶正面有光泽，叶背无毛，侧脉 7~8 对，在叶正面略陷下，背面稍突起；边缘有细锯齿，叶柄长 0.2~0.5cm，有短毛。花白色，顶生及腋生，花梗极短；苞片 9~10，逐渐向上而扩大，花开后脱落；花瓣倒卵形，先端圆或凹陷，离生；子房被长毛，花柱 3，长 0.5cm。蒴果梨形，长约 1.7cm，3~4 室，3~4 瓣裂开，先端钝，基部较窄，每室有种子 1 粒。开花期 2~4 月，果成熟期 9~10 月。

分布： 江西寻乌县（龙庭乡凹上村中心畲）有分布。广东、海南、广西、湖南等地也有分布。

生境： 生于海拔 100~600m 的山坡中上部、松林内、灌丛中、路边；喜光，耐干旱。

识别要点
①叶窄椭圆状披针形，叶缘锯齿整齐，小枝紫褐色；
②侧脉不太清晰，花柱短；③蒴果 3~4 室，被毛；
④蒴果梨形；⑤成熟蒴果仍为梨形、3~4 裂，存留短毛。

岗松 Baeckea frutescens L.　桃金娘科 Myrtaceae　岗松属 Baeckea

形态特征： 常绿灌木。单叶互生，叶小，无柄（或具短柄），叶片线形，长 1cm，宽 0.15cm，先端尖，叶正面平，叶背半圆形，具油点，中脉 1，无侧脉。花小、白色，单生；花梗长 0.15cm；萼管钟状，5 齿裂；花瓣分离，基部狭窄短柄状；雄蕊 10，与萼齿对生；子房下位，3 室，花柱短，宿存。蒴果长 0.2cm；种子扁平。开花期 6~7 月，果成熟期 10 月。

分布： 江西寻乌县、龙南县、全南县、于都县、宁都县、石城县、瑞金市等地有分布。福建、广东、广西等地也有分布。

生境： 生于海拔 50~600m 的丘陵山坡、荒山、马尾松疏林下、干旱荒坡；喜光，耐干旱。

识别要点：
①常绿灌木，耐干旱；
②叶线形，果腋生；
③叶两面具白色气孔线和油点；
④花白色；
⑤蒴果，子房下位，花柱柱头平。

单叶蔓荆 Vitex trifolia Linn. var. simplicifolia Cham.   马鞭草科 Verbenaceae 牡荆属 Vitex

形态特征： 落叶灌木，高 1.5m。茎常匍匐状，枝四棱状，密生细毛。单叶对生，叶片倒卵状近圆形，顶端圆钝，基部楔形，全缘，长 4~6cm，宽 3~4cm，叶背具紧贴的细毛；叶柄长 1~2cm，具紧贴细毛。圆锥花序顶生，长 3~7cm，花序梗密被灰白色细毛；花萼钟形，顶端 5 浅裂，外面有细毛；花冠蓝紫色，外面及喉部有毛，花冠管内有较密的长柔毛，顶端 5 裂，二唇形，下唇中间裂片较大；雄蕊 4，伸出花冠外；子房无毛，密生腺点；花柱无毛，柱头 2 裂。核果近圆形，成熟时黑色；萼宿存，外被紧贴细毛。开花期 6~7 月，果成熟期 10~11 月。

分布： 江西都昌县（鄱阳湖沙地）等地有分布。山东、江苏、安徽、浙江、江西、福建、台湾、广东等地也有分布。

生境： 生于海拔 200m 以下的沙地、沙石地；喜光，耐干旱。

识别要点：
①灌木，叶先端圆钝；②喜沙地生境；
③单叶对生，枝四棱状；④叶背具紧贴细毛；
⑤顶生圆锥状花序，被细毛，花冠二唇形。

黄荆　Vitex negundo L. var. negundo　马鞭草科 Verbenaceae　牡荆属 Vitex

形态特征： 落叶灌木，小枝四棱状，密生绒毛。掌状复叶，小叶 3~5；小叶片卵状披针形，顶端渐尖，基部楔形，全缘或中部以上具少数粗锯齿，叶背被短毛或无毛；中间小叶较大。圆锥状聚伞花序顶生，花序梗密被柔毛；花萼钟状，顶端 5 裂齿，外被短毛；花冠淡紫色，顶端 5 裂，二唇形；雄蕊伸出花冠管外；子房近无毛。核果近球形，径约 0.2cm，具宿存萼。开花期 4~6 月，果成熟期 9~10 月。

分布： 江西各县有分布。安徽、江苏、湖北、湖南、浙江、福建、广东、广西、贵州等地也有分布。

生境： 生于海拔 700m 的丘陵荒山、灌丛、路边、沙地边缘；喜光，耐干旱。

识别要点：
①掌状复叶，小叶全缘或中部以上有锯齿；②嫩枝被毛，枝对生；
③叶背无毛或稀疏短毛；④花冠二唇形，花药蓝色，花冠喉部被毛。

檵木　Loropetalum chinense (R. Br.) Oliver　金缕梅科 Hamamelidaceae　檵木属 Loropetalum

形态特征： 落叶绿灌木，小枝具星毛。叶卵形，长 3~6cm，宽 2~3cm，先端具小尖头，基部圆钝，偏斜；叶正面被粗毛（老叶近无毛），叶背面被星状毛，侧脉 3~5 对；叶全缘，叶柄长 0.5cm，有星毛。花 3~8 朵簇生，有短花梗；花白色，先叶开花，或与嫩叶同时开放，花序柄长约 1cm，被毛；萼筒杯状，被星毛；花瓣 4 片，带状，白色，先端钝；雄蕊 4，花丝极短，药隔突出成角状；子房半下位（果成熟后为下位），被星毛。蒴果木质，被星状绒毛，萼筒长为蒴果的 2/3。开花期 3~4 月，果成熟期 9~10 月。

分布： 江西各县有分布。安徽、湖北、湖南、浙江、福建、广东、贵州等地也有分布。

生境： 生于海拔 1000m 以下的丘陵荒山、马尾松疏林内、灌丛中、路边；喜光和酸性土壤，耐干旱。

识别要点：
①单叶互生；叶面具短糙毛；②叶柄短，被毛；③叶羽状脉，先端具凸尖；叶背面被星状毛，全缘，枝被星状毛；④花瓣白色，带状；⑤蒴果木质，子房半下位，被毛。

长叶冻绿　　Rhamnus crenata Sieb. et Zucc.　　鼠李科 Rhamnaceae　　鼠李属 Rhamnus

形态特征： 常绿灌木，幼枝被毛（后脱落）。叶倒卵状椭圆形（最宽处超过叶中线），长6~14cm，宽3~5cm，先端尾状尖，基部钝，楔形，边缘具细锯齿，叶背被柔毛，侧脉7~12对；叶柄长0.6~1.2cm，被毛。花序为腋生聚伞花序，总花梗长0.5~1cm，被柔毛，花梗长0.4cm，被短毛；萼片5，具疏微毛；花瓣5，顶端2裂。核果球形，成熟时紫黑色，直径0.7cm，具3分核，种子无沟。开花期5~8月，果成熟期8~10月。

分布： 江西各县有分布。陕西、河南、安徽、江苏、浙江、福建、台湾、广东、广西、湖南、湖北、四川、贵州、云南等地也有分布。

生境： 生于海拔100~1000m的山坡中下部、丘陵荒山、灌丛中、路边；喜光，稍耐干旱。

识别要点：
①常绿灌木；②叶倒卵状椭圆形，先端尾尖；③叶背、叶柄、花序梗、嫩枝均被短毛；④聚伞花序腋生。

硬毛马甲子　Paliurus hirsutus Hemsl.　鼠李科 Rhamnaceae　马甲子属 Paliurus

形态特征： 落叶灌木，小枝被紧贴柔毛。单叶互生，基生三出脉，宽卵形，长 6~10cm，宽 4~7cm，顶端突尖，基部宽圆形，偏斜，边缘具细锯齿（稀近全缘），叶背沿脉被长硬毛；叶柄长 0.5~1.2cm，被毛，基部具 1 枚下弯的刺。花两性，圆锥状聚伞花序腋生，密被短毛；萼 5，被疏短毛；花瓣 5，匙形；雄蕊与花瓣等长；花盘五边形，5 或 10 齿裂；子房 3 室，每室 1 胚珠，花柱 3~4 深裂。核果杯状，周围具木栓质窄翅，直径 1~1.3cm，无毛，果梗长约 1cm，宿存的萼筒被短毛。开花期 6~8 月，果成熟期 9~10 月。

分布： 江西贵溪市（龙虎山）、武宁县（九岭山）等地有分布。安徽、江苏、福建、广东、广西、湖南、湖北等地也有分布。

生境： 生于海拔 50~900m 的丘陵荒山、灌丛中、路边、马尾松疏林下；喜光，耐干旱。

识别要点：
①叶基生三出脉，叶柄基部具 1 枚弯刺；②花序腋生，枝"之"字形；③果序腋生，枝被紧贴短毛；④核果杯状，周围具木质窄翅。

轮叶蒲桃（三叶赤楠） **Syzygium grijsii** (Hance) Merr. et Perry. 桃金娘科 Myrtaceae 蒲桃属 Syzygium

形态特征： 常绿灌木，枝红褐色，嫩枝四棱状，无毛。三叶轮生，叶长 2~3cm，宽 1~1.3cm，先端圆钝，基部楔形，两面无毛，侧脉较密，近叶缘结网；叶柄长 0.2cm。聚伞花序顶生，长 1~2cm，花梗长 0.4cm，花白色；萼 4 齿裂，花瓣 4，分离；花柱与雄蕊近等长。核果实球形，果皮肉质，成熟时紫黑色，直径 0.6cm。开花期 5~6 月，果成熟期 9~10 月。

分布： 江西各县有分布。浙江、福建、广东、广西等地也有分布。

生境： 生于海拔 900m 以下的山坡上部、丘陵荒山、灌丛中、路边；喜光，极耐干旱。

识别要点：
①常绿灌木；枝、叶浓密；②枝红褐色，三叶轮生，叶背无毛，叶先端圆钝，叶全缘；③雄蕊多数；花红无毛，花柱无毛；④核果紫黑色；子房下位。

显齿蛇葡萄　Ampelopsis grossedentata (Hand.-Mazz.) W. T. Wang　葡萄科 Vitaceae　蛇葡萄属 Ampelopsis

形态特征：常绿木质藤本，枝、叶无毛。卷须2叉分枝，相隔2节间断与叶对生。一至二回羽状复叶，小叶3~5，小叶卵圆形，长3~5cm，宽1~3cm，顶端渐尖，基部阔楔形，叶缘锯齿呈粗大牙齿状，2~5锯齿；侧脉3~5对，叶柄长1~2cm，无毛。伞房状多歧聚伞花序与叶对生；花序梗长1.5~3.5cm，无毛；花梗长0.2cm，无毛；萼碟形，边缘波状浅裂；花瓣5，雄蕊5，花盘发达，波状浅裂；子房下部与花盘合生，花柱钻形。浆果近球形，直径0.5~1cm，种子2~4粒。开花期5~6月，果成熟期9~12月。

分布：江西各县有分布。福建、湖北、湖南、广东、广西、贵州、云南等地也有分布。

生境：生于海拔100~1000m的山坡、丘陵荒山、路边；喜光，耐干旱。

识别要点：
①叶与花序对生，羽状复叶，锯齿呈牙齿状，花序多歧分枝；
②叶背无毛，粉白色；③花盘明显；④浆果紫褐色。

（二）矿区修复木本植物

老虎刺　Pterolobium punctatum Hemsl.　苏木科 Caesalpiniaceae　老虎刺属 Pterolobium

形态特征： 落叶攀缘灌木，枝具棱，幼枝被短柔毛，总叶柄基部具成对的下弯短钩刺。二回偶数羽状复叶互生；叶轴长12~20cm；总叶柄长3~5cm；小叶对生，长1~1.5cm，宽0.3~0.5cm，顶端圆钝具凸尖，基部刀状偏斜，两面被黄色毛，侧脉不明显；小叶柄短，具关节。总状花序腋生或顶生，被短柔毛，长8~13cm。花萼片5，最下面一片较长，舟形；花瓣近相等，稍长于萼；雄蕊10，等长，伸出花冠；子房扁平。荚果长4~6cm，发育部分菱形，长1.6~2cm，翅一边直，另一边弯曲，长约4cm；种子1粒。开花期6月，果成熟期10月至翌年1月。

分布： 江西信丰县（油山）、武功山等地有分布。广东、广西、云南、贵州、四川、湖南、湖北、福建等地也有分布。

生境： 生于海拔100~900m的山坡疏林阳处、灌丛中、石灰岩山上；喜光，耐干旱。

识别要点：
①攀缘灌木；②枝和叶轴被毛；③总叶柄基部具2刺，小叶柄短，小叶顶端微凹或圆钝；④荚果翅红色，刀状。

刺槐　Robinia pseudoacacia L.　蝶形花科 Paplionaceae　刺槐属 Robinia

形态特征： 落叶乔木，小枝无毛（嫩枝具微毛），冬芽被毛。奇数羽状复叶，长 10~25cm，叶轴具沟槽；复叶总叶轴基部具两枚托叶刺，刺长约 2cm；小叶近对生或互生，卵状椭圆形，长 2~5cm，宽 2~3cm，先端圆或微凹，基部钝或阔楔形，全缘，叶背幼时被短柔毛，后变无毛；小叶柄长 0.2cm；小叶的托叶针状。花两性，总状花序腋生，长 10~20cm，下垂，花萼斜钟状，萼齿 5，密被柔毛；花冠白色，各瓣均具瓣柄，旗瓣近圆形，先端凹，反折，内有黄斑，翼瓣斜倒卵形，与旗瓣几等长。荚果褐色，或具红褐色斑纹，线状长圆形，长 5~12cm，宽 1.5~2cm，扁平，先端上弯，具尖头，沿腹缝线具狭翅；花萼宿存，种子 2~15 粒；种子褐色至黑褐色，近肾形，长 0.5cm，宽约 0.3cm，种脐偏于一端。开花期 4~6 月，果成熟期 8~9 月。

分布： 江西赣县（五云镇）、南康市、吉安县、新干县等地有栽培。原产美国东部，中国国于 18 世纪末从欧洲引入青岛栽培，现全国各地广泛栽植，已经逸为野生，故列于此。

生境： 生于海拔 500m 以下的沙地、沙漠化地区、干旱山坡、荒山、石砾较多的土壤；喜光，耐干旱。

识别要点：
①树干直，适应性强；
②具托叶刺；
③奇数羽状复叶；
④小叶对生，幼叶背面被微毛，叶先端钝或微凹。

葛藤（葛）　Pueraria lobata (Willd.) Ohwi var. lobata　蝶形花科 Paplionaceae　葛属 Pueraria

形态特征： 粗壮落叶藤本，全株被黄色长硬毛，茎基部木质，有粗厚的块状根。三出羽状复叶，3小叶；复叶总叶柄的托叶背着，卵状长圆形；小托叶线状披针形，小叶3裂（或不裂），基生三出脉，小叶长7~15cm，宽5~8cm，基部偏斜，两面被柔毛。总状花序长15~30cm；苞片比小苞片长，早落；蝶形花，花紫色或白色带紫色。荚果扁平，被褐色长硬毛。开花期6~8月，果成熟期11~12月。

分布： 江西各县有分布。除新疆、青海及西藏外，其他省区均有分布。

生境： 生于海拔1500m以下的丘陵山坡、荒山、灌丛、岩石、路边；喜光，耐干旱。

识别要点：
①匍匐状半木质藤本；茎、叶均被长毛；②三出复叶；③小叶叶背被毛，叶浅裂或不裂；④总叶柄基部托叶着生点位于托叶中部；⑤荚果具粗毛。

常春油麻藤　Mucuna sempervirens Hemsl.　蝶形花科 Paplionaceae　黧豆属 Mucuna

形态特征： 常绿木质藤本，茎、叶无毛，长可达 25m。三出羽状复叶，小叶 3；小叶卵状椭圆形，长 8~15cm，宽 3~5cm，先端渐尖，侧生小叶基部偏斜，侧脉 4~5 对，小叶柄长 0.8cm，上部膨大。蝶形花，总状花序生于老茎上，长 10~36cm，每节有 3 花；花萼密被伏贴短毛，外面被稀疏长硬毛，萼筒杯形；花冠深紫色，旗瓣长 3.2~4cm；雄蕊管长约 4cm，花柱下部和子房被毛。荚果木质，长 30~60cm，宽 3~4cm，种子间缢缩，似念珠状；边缘多加厚，凸起为一脊，被伏贴刚毛，种子 4~12 粒，荚果内隔膜木质。种脐黑色，包被种子约 3/4。开花期 4~5 月，果成熟期 9~10 月。

分布： 江西上栗县（青溪孽龙洞附近）有分布。四川、贵州、云南、陕西、湖北、浙江、湖南、福建、广东、广西等地也有分布。

生境： 生于海拔 800m 以下的丘陵荒山、灌丛中、路边；喜光，耐干旱。

识别要点：
①常绿木质，藤本；
②三出复叶，侧生小叶基部偏斜；
③叶背无毛，小叶柄上部膨大为节状；
④荚果念珠状，被锈褐色毛。

夹竹桃　Nerium indicum Mill.　夹竹桃科 Apocynaceae　夹竹桃属 Nerium

形态特征： 常绿灌木，嫩枝条具棱，被微毛，老枝无毛。叶对生或 3~4 枚轮生，叶窄披针形，顶端急尖，基部楔形，叶缘反卷，长 11~15cm，宽 2~3cm，两面无毛，侧脉密而平行；叶柄扁平，叶柄内具腺体。聚伞花序顶生，总花梗长约 3cm；花梗长约 1cm，花萼 5 深裂，红色，披针形，长 0.5cm；花冠红色、粉红色或白色，花冠为单瓣或重瓣，单瓣花的冠喉部具 5 片状副花冠，每片顶端撕裂；重瓣花有 15~18 枚花瓣，裂片组成三轮，内轮为漏斗状，外面二轮为辐状，分裂至基部或基部连合；雄蕊着生在花冠筒中部以上，花丝被长柔毛，花药箭头状，内藏，与柱头连生，基部具耳，顶端渐尖；心皮 2，离生，被柔毛。蓇葖果具 2 蓇葖，离生，平行或并连；种皮被锈色短柔毛。开花期 2~11 月，果成熟期 12 月。

分布： 江西各地有栽培或逸为野生。全国各省区有栽培或逸为野生。

生境： 生于海拔 900m 以下的丘陵荒山、路边、垃圾污染处；喜光，耐干旱、瘠薄。

识别要点：
①单叶对生，或 2~3 叶轮生；②合瓣花，花冠右旋，副花冠顶端撕裂；③叶全缘，侧脉密而近平行；④雄蕊、花柱均埋藏在花冠内。

粗叶悬钩子 Rubus alceaefolius Poir. var. alceaefolius　蔷薇科 Rosaceae　悬钩子属 Rubus

形态特征： 常绿攀缘灌木，枝被长柔毛，具稀疏皮刺。单叶互生，长 6~15cm，宽 5~12cm，顶端圆钝，基部心形，叶面具囊泡状小突起（粗糙），疏生长柔毛，叶背面密被黄灰色至锈色绒毛，沿叶脉具长柔毛，叶边缘不规则 3~7 浅裂，裂片先端圆钝，有不整齐粗锯齿，基出五出脉；叶柄长 3~4.5cm，被长柔毛并疏生小皮刺；托叶大，长约 1~1.5cm，羽状深裂或不规则的撕裂。顶生狭圆锥花序（或近总状），腋生花序为头状；萼片被锈色长柔毛，花瓣白色，与萼片近等长；雄蕊多数，花丝宽扁，子房无毛。聚合瘦果近球形，直径 1.8cm，核具皱纹。开花期 7 月，果成熟期 10~11 月。

分布： 江西各县有分布。湖南、江苏、福建、台湾、广东、广西、贵州等地也有分布。

生境： 生于海拔 1200m 以下的丘陵荒坡、路边、灌丛中；喜光，耐干旱。

识别要点：
①叶基部心形，不规则 3~7 裂；②叶面具密集的泡状凸起而显得粗糙；
③托叶边缘流苏状撕裂，叶柄、托叶均被毛；④花萼外被长毛，雄蕊多数。

广东蛇葡萄 Ampelopsis cantoniensis (Hook. et Arn.) Planch.   葡萄科 Vitaceae   蛇葡萄属 Ampelopsis

形态特征： 常绿木质藤本。枝近无毛。卷须2叉分枝，相隔2节间断与叶对生。一回羽状复叶（稀二回羽状复叶），兼有少量三出复叶，侧生小叶变化较大，长5~10cm，宽2~5cm，顶端急尖，基部阔楔形，叶背近无毛；侧脉4~7对，总叶柄长2~8cm，顶生小叶柄长1~3cm，侧生小叶柄长0.1~2.5cm，无毛。两性花，多歧聚伞花序，顶生或与叶对生；花序梗长2~4cm，花轴被短柔毛；花梗长0.3cm，无毛；花萼碟形，边缘呈波状，无毛；花瓣5，镊合状排列；雄蕊5，花盘发达，边缘浅裂；子房下部与花盘合生。浆果近球形，直径0.8cm，有种子2~4粒。开花期4~6月，果成熟期9~11月。

分布： 江西各县有分布。安徽、浙江、福建、台湾、湖北、湖南、广东、广西、海南、贵州、云南等地也有分布。

生境： 生于海拔800m以下的山坡中上部、丘陵荒山、路边、灌丛中；喜光，耐干旱。

识别要点：
①奇数羽状复叶，叶上部有时具不明显的锯齿，果序多歧状分枝；
②卷须与叶对生，卷须顶端2分叉。

算盘子　Glochidion puberum (Linn.) Hutch.　　大戟科 Euphorbiaceae　算盘子属 Glochidion

形态特征： 落叶灌木，高约3m，枝、叶背、萼片外面、子房和果实均密被短柔毛。单叶互生，叶长5~8cm，宽2~3cm，顶端急尖，基部楔形，叶面仅中脉疏被短柔毛或无毛，叶背被短毛，侧脉5~7对；叶柄长0.4cm。花较小，雌雄同株或异株，簇生于叶腋；雄花生于小枝下部，雌花生枝上部（稀雌花和雄花生于同一叶腋）；雄花的萼片6，雄蕊3，花柱合生，柱状；雌花的花梗长0.2cm，萼片6；子房5~10室，每室2胚珠，花柱合生，环状。蒴果扁球状，直径约1.2cm，边缘有8~10条纵沟，成熟时带红色，顶端具有环状而稍伸长的宿存花柱。种子近肾形，具三棱，朱红色。开花期4~7月，果成熟期10月。

分布： 江西各地有分布。陕西、甘肃、江苏、安徽、浙江、福建、台湾、河南、湖北、湖南、广东、海南、广西、四川、贵州、云南等地也有分布。

生境： 生于海拔900m以下的山坡中上部、丘陵荒山、灌丛中、路边；喜光，耐干旱。

识别要点：
①落叶灌木；②叶背、枝、花均被短毛；
③叶长椭圆状，叶柄很短，约0.4cm长；④蒴果"南瓜"状，被毛。

蓖麻 Ricinus communis L.　大戟科 Euphorbiaceae 蓖麻属 Ricinus

形态特征：落叶半灌木，高约 2m，枝、叶无毛，茎具乳汁。叶长约 40cm，宽约 40cm，掌状开裂 7~11，裂片边缘具锯齿；掌状脉 7~11 条；叶柄中空，长约 20~40cm，顶端具 2 枚盘状腺体，基部也具腺体；托叶长 2~3cm、三角形，早落。花单性，总状或圆锥状花序，长 15~30cm，雄花的花萼裂片卵状三角形，雄蕊成束，束数较多；雌花的萼片卵状披针形，脱落；子房密生软刺（或无刺），花柱红色，顶部 2 裂。蒴果具软刺（或平滑）。种子椭圆形，平滑，具斑纹。开花期 6~9 月，果成熟期 11~2 月。

分布：江西各县有野生分布（逸为野生）或栽培。原产非洲，全球栽培，中国华东、华南、西南地区有野生（逸为野生）或栽培。

生境：生于海拔 500m 以下的丘陵荒坡、路边、砂石地、垃圾污染地；喜光，耐干旱。

识别特征：
①掌状叶 7~11 裂，掌状脉 7~11 条；叶柄较长；②叶背无毛；③蒴果具软刺。

山芝麻　Helicteres angustifolia L.　梧桐科 Sterculiaceae 山芝麻属 Helicteres

形态特征： 落叶小灌木，高约 1m，小枝被短柔毛。叶狭矩圆形，基生三出脉，长 3.5~6cm，宽 1.5~3cm，顶端钝尖，基部圆钝，叶面无毛，叶背被灰白色星状绒毛；叶柄长 0.5cm。两性花，聚伞花序腋生；花梗常有锥状小苞片 4；花萼管状，被星状短柔毛，5 裂；花瓣 5，大小不等，淡红色，比萼略长，基部具 2 个耳状附属物；雄蕊 10，退化雄蕊 5，线形，短小；子房 5 室，被毛。蒴果顶端急尖，密被星状毛。四季均可开花，果成熟期 7~11 月。

分布： 江西于都县（石屋）、信丰县（坪石）、南康市（太和）、赣州市（通天岩）等地有分布。湖南、广东、广西、贵州、云南、福建、台湾等地也有分布。

生境： 生于海拔 50~400m 的丘陵荒山、马尾松疏林下、路边、紫砂岩；喜光，耐干旱。

识别要点：
①单叶互生，基生三出脉；
②叶背被星状毛；
③花瓣淡红色、唇状，萼与花瓣近等长，密被星状毛；
④蒴果被星状毛，顶端急尖。

白背黄花稔（原变种） Sida rhombifolia L.var. rhombifolia　锦葵 Malvaceae　黄花稔属 Sida

形态特征： 直立半灌木，高约 1m，枝被星状毛。叶菱形或长圆状披针形，长 3~6cm，宽 1~3cm，先端短尖，基部钝，宽楔形，边缘具锯齿，叶正面疏被星状毛或无毛，叶背被灰白色星状柔毛；叶柄长 0.4cm，被星状柔毛；托叶宽线状。花单生于叶腋，花梗长 1~2cm，密被星状柔毛，中部以上具节；萼杯形，5 裂，三角形，长 0.4cm，被星毛；花瓣黄色；花柱分枝 8~10。蒴果半球形，分果 8~10，被星状毛，顶端具 2 短芒。开花期 7~8 月，果成熟期 12 月。

分布： 江西宁都县、于都县、南康市等地有分布。台湾、福建、广东、广西、贵州、云南、四川、湖北等地也有分布。

生境： 生于海拔 50~400m 的丘陵荒山、沙地边缘、紫色砂岩、路边；喜光，耐干旱。

识别要点：
①基生三出脉，托叶绿色，宽线状；②叶背灰白色，被星状毛；③蒴果半球形。

梵天花（原变种） Urena procumbens L. var. procumbens　锦葵科 Malvaceae 梵天花属 Urena

形态特征： 常绿小灌木，高约 1m，枝被星状毛。单叶互生，枝下部的叶掌状 3~5 深裂，叶长 2~6cm，宽 1.5~3cm，裂片菱形、倒卵形或葫芦状，先端钝，基部圆形或近心形，具锯齿，两面均被星状短硬毛，叶柄长 0.5~1cm，被绒毛；托叶钻形，长约 0.2cm，早落。花单生叶腋（或近簇生），花梗长 0.4cm；萼短于苞片或近等长，被星状毛，花冠淡红色；花柱无毛，与花瓣等长。蒴果球形，直径约 0.6cm，具刺和长硬毛，刺端有倒钩，种子无毛。开花期 6~8 月，果成熟期 11~12 月。

分布： 江西各县有分布。广东、台湾、福建、广西、湖南、浙江等地也有分布。

生境： 生于海拔 900m 以下的山坡上部、丘陵荒山、路边、灌丛中；喜光，耐干旱。

识别要点：
①枝上部的叶浅裂为葫芦形；
②枝中、下部的叶深裂；
③叶背具星状毛，枝背星状毛；
④副萼绿色，与花萼互生。

(三)湿地修复树种

水松 Glyptostrobus pensilis (Staunt.) Koch　杉科 Taxodiaceae　水松属 Glyptostrobus

形态特征： 落叶乔木。叶三型，鳞形叶较厚，螺旋状着生于主枝上，长约 0.2cm，具白色气孔点，冬季不脱落；条形叶两侧扁平，较薄，常排成二列，先端尖，长 1~3cm，宽 0.2~0.4cm，背面中脉两侧有气孔带；条状钻形叶两侧扁，背腹隆起，先端渐尖，长 0.5~1cm，辐射或排成三列；条形叶和条状钻形叶均于冬季连同侧生短枝一同脱落。球果倒卵圆形，长 2~2.5cm；种鳞木质，扁平，鳞背近边缘处有 6~10 个微向外反的三角状尖齿；苞鳞与种鳞几全部合生，仅先端分离，三角状，向外反曲，位于种鳞背面的中部或中上部。开花期 1~2 月，果成熟期 11~12 月。

分布： 江西井冈山市（石市口）等地有分布。浙江、福建、广东、广西、贵州、四川、云南等地也有分布。

生境： 生于海拔 500m 以下的水田、河流、水塘、湖泊等湿地；喜光，耐水湿。

识别要点：
①落叶乔木；树冠塔形；
②叶三型；即鳞叶、条形叶、条状钻形叶；
③球果倒卵圆形，种鳞先端有 6~10 弯齿。

枫杨 Pterocarya stenoptera C. DC.　　胡桃科 Juglandaceae　　枫杨属 Pterocarya

形态特征： 落叶乔木，裸芽具柄，密被锈褐色毛和盾状着生的腺体。偶数（稀奇数）羽状复叶，复叶长 8~16cm，总叶柄长 2~5cm，叶轴具狭翅，被短毛；小叶 10~16，无柄，对生或近对生，长椭圆形，小叶长 8~10cm，宽 2~3cm，顶端圆钝，基部偏斜，叶缘具锯齿，叶背叶脉被毛或侧脉腋内具星状毛。单性花，雄花为柔荑花序，单生于去年生枝条的叶痕腋内，雄蕊 5~12。雌花柔荑花序，顶生，长约 10~15cm，花序轴密被星状毛，花序上每一朵雌花无花梗。坚果，序长 20~45cm，果序轴被稀疏短毛；坚果具 2 翅。开花期 4~5 月，果成熟期 10~11 月。

分布： 江西各县有分布。陕西、河南、山东、安徽、江苏、浙江、福建、台湾、广东、广西、湖南、湖北、四川、贵州、云南等地也有分布。

生境： 生于海拔 900m 以下的山谷、河边、湿地、垃圾污染处；喜光，耐水湿。

识别要点： ①偶数羽状复叶，叶轴具翅；②裸芽背锈褐色短毛和腺体；③果序下垂；④果序长 20~45cm，果序上的坚果具 2 翅。

风箱树 Cephalanthus tetrandrus (Roxb.) Ridsd. et Bakh. f. 茜草科 Rubiaceae 风箱树属 Cephalanthus

形态特征： 落叶灌木，高约5m。嫩枝近四棱形，被短毛，老枝无毛。单叶对生或三叶轮生，卵状披针形，长10~15cm，宽3~5cm，顶端渐尖，基部圆形或微心形，叶两面无毛（稀疏被微毛），侧脉8~12对；叶柄长0.5~1cm，近无毛；托叶阔卵形（不开裂），长0.5cm，顶部骤尖，常有一黑色腺体。头状花序顶生或腋生，总花梗长2.5~6cm，不分枝（稀2~3分枝）；花萼管疏被短毛，萼裂片4，顶端钝，密被短柔毛；花冠白色，花裂片4；花柱伸出于花冠外。坚果（不开裂），果序直径1~2cm，坚果顶部具宿存萼檐；种子具翅状苍白色假种皮。开花期6~7月，果成熟期10月。

分布： 江西各县有分布。广东、海南、广西、湖南、福建、浙江、台湾等地也有分布。

生境： 生于海拔800m以下的水田、水塘、河流、山谷；喜光，耐水湿。

识别要点：
①水生灌木；
②头状花序，花白色，花柱伸出花冠；
③花序顶生和腋生，叶对生或三叶轮生，托叶卵状三角形，先端尖，不开裂。

水团花　Adina pilulifera (Lam.) Franch. ex Drake　茜草科 Rubiaceae　水团花属 Adina

形态特征： 常绿灌木，高 5m，枝、叶无毛。单叶对生，椭圆状披针形（或倒卵状披针形），长 6~12cm，宽 2~3.5cm，顶端渐尖，基部楔形，下延；侧脉 6~12 对；叶柄长 0.6~1cm；托叶 2 裂，早落。头状花序腋生，直径 0.7cm，花序轴不分枝；总花梗长 3~4.5cm，枝下部的花序轴具轮生小苞片 5；花萼裂片 5，线状形或匙形；花冠白色，窄漏斗状，花冠管被微柔毛，花冠裂片 5，花柱伸出花冠；雄蕊 5 枚，生花冠喉部；子房 2 室。蒴果楔形，果序直径 1cm，种子两端有狭翅。开花期 6~7 月，果成熟期 10~11 月。

分布： 江西各县有分布。浙江、福建、湖南、广东、广西、贵州等地也有分布。
生境： 生于海拔 500m 以下的水田、水塘、河流、湖泊、山谷；喜光，耐水湿。

识别要点：
①叶对生，全缘，叶倒卵状披针形；②托叶 2 裂，叶背无毛；
③叶椭圆状披针形；④花冠 5 裂，花白色。

细叶水团花 Adina rubella Hance　茜草科 Rubiaceae　水团花属 Adina

形态特征： 落叶灌木，高约 2.5m。小枝红褐色，具微毛，老枝无毛。单叶对生，叶柄极短或无柄；叶卵状披针形，全缘，长 3~4.5cm，宽 1~2cm，顶端渐尖，基部阔楔形；侧脉 5~7 对，被毛；托叶早落；叶背叶脉具短毛。头状花序单生枝顶或叶腋，总花梗被毛；花萼管被短毛，萼裂片匙形；花冠管 5 裂，紫红色。聚合蒴果球形，小蒴果长卵状楔形，长 0.3cm。开花期 5~7 月，果成熟期 11~12 月。

分布： 江西各县均有分布。陕西、广东、广西、福建、江苏、浙江、湖南也有分布。

生境： 生于海拔 900m 以下的溪边、河边、沙滩、湖泊等湿地；喜光，耐水湿。

识别要点：
①单叶对生，叶近无柄，枝红褐色，被短毛；
②叶背叶脉具短毛；
③头状花序白色。

长梗柳（原变种） *Salix dunnii* Schneid.var. *dunnii*　杨柳科 Salicaceae　柳属 Salix

形态特征： 落叶乔木，嫩枝被毛，老枝无毛。叶椭圆形，长 3~5cm，宽 2~3cm，先端急尖，基部楔形，叶背被灰白色平伏长毛；叶缘有锯齿；叶柄长约 0.5cm，有密柔毛；托叶半心形。单性花，雄花序长约 5cm，花序梗长约 1cm，其上有 3~5 枚正常叶，花序轴具灰白色柔毛；雄蕊 3~6，花丝基部具短柔毛；雌花序长 4cm；花序轴有短柔毛；子房具长柄，蒴果 2 瓣裂。开花期 4~5 月，果成熟期 7~9 月。
分布： 江西石城县、于都县、赣州市（三江乡）等地有分布。福建、广东、浙江等地也有分布。
生境： 生于海拔 500m 以下的河流、水塘、水田岸边；喜光，耐水湿。

识别要点： ①水生乔木；②单叶互生，叶椭圆状披针形，幼枝被毛，托叶半圆形。

石榕树　Ficus abelii Miq.　桑科 Moraceae　榕属 Ficus

形态特征： 常绿灌木，幼枝、叶背、果和总梗密被柔毛；叶倒卵状披针形，长 4~9cm，宽 1~2cm，全缘。榕果梨形，单生叶腋。开花期 5~7 月，果成熟期 11~12 月。

分布： 江西会昌县（板坑）、龙南县（九连山）、赣州市章贡区（贡江浅水区）等地有分布。福建、广东、广西、云南、贵州、四川、湖南等地也有分布。

生境： 生于海拔 200~800m 的水塘、水田、河流、湖泊岸边或水域；喜光，耐水湿。

识别要点：
①常绿灌木；②叶背网脉清晰、被短毛；
③果腋生；④榕果梨形、密被红褐色毛，叶柄和枝均被红褐色毛。

（四）石头山环境修复的树种

枹栎 Quercus serrata Thunb. 壳斗科 Fagaceae 栎属 Quercus

形态特征： 落叶乔木，枝无毛（初期被疏毛）。叶倒卵形或倒卵状椭圆形，长 7~16cm，宽 3~8cm，顶端渐尖或急尖，基部楔形，叶缘有腺状锯齿，老叶背面无毛或被稀疏短伏毛；叶柄长 0.8~1.5cm，无毛。雄花序长 8~12cm，花序轴密被白毛，雄蕊 8；雌花序长 1.5~3cm。壳斗杯状，包着坚果 1/4~1/3，直径 1~1.2cm，高 0.5~1cm；小苞片三角形，紧贴壳斗。坚果果脐平坦。开花期 3~4 月，果成熟期 9~10 月。

分布： 江西修水县（黄龙寺），景德镇市（瑶里山）有分布。山西、陕西、甘肃、山东、江苏、安徽、河南、湖北、湖南、广东、广西、四川、贵州、云南也有分布。

生境： 生于海拔 200~2000m 的山脊、山顶、路边、疏林内；喜光，稍耐干旱，土壤 pH4.5~7.5。

识别要点：
①叶倒卵形，具粗锯齿，齿尖具腺点；
②侧脉达齿端、整齐；
③叶倒卵状椭圆形，聚生于枝顶部。

多穗柯（木姜叶柯、甜茶）　**Lithocarpus litseifolius** (Hance) Chun　壳斗科 Fagaceae 柯属 Lithocarpus

形态特征： 常绿乔木，枝、叶无毛。叶椭圆形或倒卵状椭圆形，长 8~16cm，宽 3~6cm，叶基部沿叶柄下延，全缘，中脉在叶正面凸起，叶柄长 1.5~2.5cm。雌花序长达 35cm，有时雌雄同序，通常聚生于枝顶部，花序轴被稀疏短毛。坚果，壳斗浅碟状无毛，小苞片三角形，紧贴壳斗，覆瓦状排列，果脐深凹 0.4cm。开花期 5~6 月，果成熟期翌年 6~10 月。

分布： 龙南县九连山、大余县、崇义县齐云山、上犹县五指峰、井冈山、武夷山等江西各山区有分布。河南、湖北、湖南、福建、浙江、广东等地也有分布。

生境： 生于海拔 200~1500m 的阔叶疏林中、山坡上中部、路边；喜光，耐干旱，土壤 pH4~6.5。

识别要点：
①叶正面中脉凸起，叶缘无锯齿；果序具微毛；
②叶背面无毛，叶基部沿叶柄下延成窄翅状。

东南栲（秀丽锥、乌楣栲） Castanopsis jucunda Hance 壳斗科 Fagaceae 锥属 Castanopsis

形态特征： 常绿乔木，枝、叶无毛。新叶、嫩枝均被早落的稀疏鳞秕。叶倒卵形或倒卵状椭圆形，长 9~18cm，宽 4~8cm，顶部渐尖，基部楔形，两侧不对称而显得偏斜，叶缘中部以上具整齐粗齿；叶柄长 1~2.5cm。雄花序穗状组成圆锥花序，花序轴无毛，雄蕊 10 枚；雌花序单穗腋生，花部无毛。壳斗外壁的刺基部合生成束，排列稀疏，有时横向连合成不连续刺环；坚果高 1.2~1.6cm，无毛。开花期 4~5 月，果成熟期翌年 9~10 月。

分布： 江西寻乌县项山、会昌县筠门岭、安远县三百山、赣州市章贡区（峰山）、井冈山、武功山、吉安市清源山等地有分布。浙江、福建、广东、湖南也有分布。

生境： 生于海拔 100~800m 的荒山、路边、松疏林中、山顶；喜光，耐干旱、瘠薄，土壤 pH4~7。

识别要点：
①常绿乔木；
②叶缘中上部具整齐粗齿；
③叶基部下延，叶背面被稀疏鳞秕。
④壳斗外壁的刺基部合生成束，排列稀疏，有时横向连合成不连续刺环。

青檀 Pteroceltis tatarinowii Maxim.　榆科 Ulmaceae　青檀属 Pteroceltis

形态特征： 落叶小乔木，小枝疏被短柔毛。叶纸质，基生三出脉，宽卵形，长3~10cm，宽2~5cm，先端尾状渐尖，基部不对称，边缘具不整齐的锯齿；叶正面稍粗糙，叶背面脉上具稀疏短毛，脉腋有簇毛；叶柄长0.5~1.6cm。翅果，近圆形或近四方形，直径1~1.7cm，顶端稍凹缺；果梗纤细，长1~2cm，被短柔毛。开花期3~5月，果成熟期9~10月。

分布： 江西庐山白鹿洞、彭泽县桃红岭、三清山、芦溪县羊狮幕有分布。辽宁、河北、山西、陕西、甘肃、山东、江苏、安徽、浙江、福建、河南、湖北、湖南、广东、广西、四川、贵州也有分布。

生境： 生于海拔100~1000m的山谷疏林中、路边、石灰岩、山顶；喜光，耐干旱、瘠薄，土壤pH4~7.5。

识别要点：
①叶背面脉腋具簇毛，基生三出脉；
②叶互生，叶大小差异较大；
③翅果近圆形，顶部凹缺。

女贞 Ligustrum lucidum Ait.　木樨科 Oleaceae　女贞属 Ligustrum

形态特征： 常绿小乔木，枝、叶无毛。叶革质、对生，卵状披针形，长 6~16cm，宽 3~7cm，全缘；侧脉 4~9 对，叶柄长 1~3cm。圆锥花序顶生，长 8~20cm，花序梗长 1~5cm；而花梗极短或近无梗；合瓣花，花冠白色，5 裂。核果近肾形，蓝黑色，成熟时为红黑色。开花期 5~7 月，果成熟期 9 月至翌年 2 月。

分布： 江西寻乌县、会昌县、龙南县、全南县、崇义齐云山、井冈山、武功山等地有分布。广东、广西、福建、浙江、江苏、湖南、湖北、贵州等地也有分布。

生境： 生于海拔 100~1800m 的山谷疏林中、路边、山坡中下部、山顶；喜光，稍耐阴，土壤 pH4~7。

识别要点：
①叶对生；
②叶背面无毛；
③叶全缘，卵状披针形（叶片最宽处位于叶片长度的中部以下）；
④圆锥果序（花序）顶生，核果。

构棘（葨芝） Cudrania cochinchinensis (Lour.) Kudo et Masam.   桑科 Moraceae   柘属 Cudrania

形态特征： 常绿灌木；枝无毛或具稀疏微毛，叶腋生粗刺，刺长约1cm。叶革质，倒卵状椭圆形，长3~8cm，宽2~3cm，全缘，先端短尖或圆钝，基部楔形，叶两面无毛，侧脉4~8对；叶柄长约1cm。花雌雄异株，雌雄花序均为具苞片的球形头状花序；苞片锥形，内面具2个黄色腺体，苞片常附着于花被片上；雄花序直径0.6~1cm，花被片4，不相等。聚合核果肉质，直径2~5cm，成熟时橙红色；其中小核果卵圆形，成熟时褐色、光滑。开花期4~5月，果成熟期9~10月。

分布： 寻乌县、会昌县、龙南县、全南县、崇义齐云山、井冈山、武功山等江西各县有分布。广东、广西、福建、浙江、江苏、湖南、湖北、贵州等地也有分布。

生境： 生于海拔50~900m的荒山灌丛中、路边、山坡上部、阔叶疏林下；喜光，耐干旱、瘠薄，土壤pH4~7。

识别要点：
①叶倒卵状椭圆形或椭圆形，顶端圆钝；
②叶背面无毛，叶腋具粗刺；
③聚合果肉质，生果枝初期具短毛。

山麻杆　Alchornea davidii Franch.　大戟科 Euphorbiaceae　山麻杆属 Alchornea

形态特征： 落叶灌木，嫩枝疏被短绒毛，小枝具微毛。叶为基生三出脉，基部具斑状腺点；叶阔卵形，长 8~15cm，宽 7~14cm，顶端渐尖，基部浅心形或近截平，边缘具锯齿，齿尖具腺体，叶背面无毛；叶柄长 2~10cm，具短柔毛；托叶长 0.8cm，早落。雌雄异株，雄花序穗状，生于一年生枝已落叶的叶腋，长 1.5~3cm，花序柔荑花序状、近无总梗；雌花序总状，顶生，长 4~8cm，雌花各部均被短毛。蒴果具 3 棱，直径 1~1.2cm，密生柔毛；种子卵状三角形，长 0.6cm，种皮外面具小瘤状体。开花期 3~5 月，果成熟期 9~10 月。

分布： 江西崇义县齐云山、井冈山鹅岭、萍乡广寒寨等地有分布。陕西、四川、云南、贵州、广西、河南、湖北、湖南、江苏、福建也有分布。

生境： 生于海拔 100~900m 的荒山灌丛、路边、碎石间；喜光，耐干旱、瘠薄，土壤 pH4~7.5。

识别要点：
①落叶灌木，生于石质土壤；
②叶基生三出脉，且基部脉腋具斑状腺点，叶基部浅凹；
③叶背面无毛，侧脉近平行。

李 Prunus salicina Lindl. 蔷薇科 Rosaceae 李属 Prunus

形态特征： 落叶小乔木，枝无毛。叶长椭圆形或倒卵状椭圆形，基部楔形，边缘有单锯齿和重锯齿，侧脉不伸到叶边缘，两面均无毛（有时背面沿主脉有疏毛或脉腋有髯毛）；叶柄长 1~2cm。花单生或 2~3 朵并生；花梗 1~2cm，野生类型的花梗较粗，栽培类型的花梗较细长。两性花，花白色，花萼和花瓣均为 5 枚；雄蕊多数。核果近圆锥形，野生类型无沟槽，果核有皱纹。开花期 4 月，果成熟期 7~8 月（野生为二倍体，2n=16）。

分布： 江西修水县九岭尖有分布。陕西、甘肃、四川、云南、贵州、湖南、湖北、江苏、浙江、福建、广东、广西和台湾也有分布。

生境： 生于海拔 100~1000m 的河边、路边、石头山；喜光，稍耐干旱，土壤 pH4~7.5。

识别要点：
①叶基部楔形；
②叶背面无毛，具重锯齿；
③核果，果梗较粗。

珍珠莲（变种） Ficus sarmentosa Buch.-Ham. ex J. E. Sm. var. henryi (King ex Oliv.) Corner
桑科 Moraceae 榕属 Ficus

形态特征： 常绿木质攀缘藤本，幼枝密被褐色长毛。叶革质，卵状椭圆形，长 8~10cm，宽 3~4cm，先端渐尖，基部圆形至楔形，叶正面无毛，叶背面密被褐色柔毛，基生侧脉延长似三出脉（但没有超过叶长一半），叶背面小脉网结成蜂窝状；叶柄长 0.5~1cm，被毛。榕果成对生于叶腋，表面密被褐色长柔毛，后脱落。榕果近无总梗。果成熟期 7~9 月。

分布： 崇义县齐云山、上犹县五指峰、遂川县南风面、井冈山、武功山、三清山、庐山、武夷山等江西各县有分布。浙江、台湾、福建、广西、广东、湖南、湖北、贵州、云南、四川、陕西、甘肃也有分布。

生境： 生于海拔 100~1000m 的路边、石壁、荒山灌丛中；喜光，耐干旱，土壤 Ph4~7。

识别要点：
①攀缘藤本，常绿，叶脉似基生三出脉；
②叶背侧脉网结成明显凸起的蜂窝状，叶柄被毛；
③榕果近无梗，幼枝具褐红色毛。

第三部分 优良乡土树种的应用

一、观赏树种

（一）彩叶树种

银杏 Ginkgo biloba L.

采种时间： 9月下旬至11月采种。
果实类型： 种子外面包着肉质假种皮，假种皮黄色。
果实处理： 堆沤法，即堆放在室内通风处，堆沤时间20~30天，让肉质假种皮软化。
种子处理： 肉质假种皮充分软化后，用清水搓洗，将种子与种皮碎屑分离，然后捞出种子，用清水再冲洗一次。沥干水，在室内通风处摊开放置1天。
种子储藏： 普通沙藏。
繁殖方法： ①播种，播种时间12月或翌年3月，播种方法为播种法Ⅱ*，参考播种量约40kg/667m²，产苗量约2.5万株/667m²。②嫁接。
适生类型： 山谷、平地，喜土层深厚、湿润、肥沃土壤，忌水淹，幼树需遮阴，大树喜光。
功能应用： ①彩叶景观营造。可用于村落、公园、校园、庭院、景区入口处，不适用于行道树配置。栽培地理区为温带、亚热带地，栽培海拔100~2000m，忌建筑垃圾或深栽。②药用树种（种子）。

山乌桕 Sapium discolor (Champ. ex Benth.) Muell.- Arg.

采种时间： 9月下旬采种。
果实类型： 蒴果（木质）褐黑色。
果实处理： 阴干法，即摊开在室内通风、干燥处20~30天。果实干燥后开裂，收集种子。
种子储藏： 普通沙藏。
繁殖方法： 播种，播种时间12月或翌年3~4月，播种方法为播种法Ⅰ**，参考播种量约10kg/667m²~15kg/667m²，产苗量约2.5万株/667m²。
适生类型： 山区、丘陵、平原，喜土层稍厚、湿润、肥沃的土壤，稍耐干旱、贫瘠，忌水淹，喜光。
功能应用： 彩叶景观营造。可用于村落、公园、校园、庭院、景区入口处，也适用于行道树配置。栽培地理区为亚热带地区，栽培海拔100~1000m。

山乌桕种子

山乌桕苗

---

* 详见本书第299页应用术语说明中的播种法Ⅱ，全书同。
** 详见本书第298页应用术语说明中的播种法Ⅰ，全书同。

乌桕 Sapium sebiferum (L.) Roxb.

采种时间： 9月下旬至10月采种。
果实类型： 蒴果（木质），暗褐色。
果实处理： 阴干法，即摊开在室内通风、干燥处20~30天。果实干燥后开裂，收集种子。
种子储藏： 普通沙藏。
繁殖方法： 播种时间12月或翌年3~4月，播种方法为播种法Ⅰ，参考播种量约8kg/667m²~12kg/667m²，产苗量约2.5万株/667m²。
适生类型： 山区、丘陵、平原、荒山、河岸，喜土层稍厚、湿润、肥沃的土壤，稍耐干旱、贫瘠，忌水淹，喜光。
功能应用： ①彩叶景观营造。可用于村落、公园、校园、庭院、景区入口处，也适用于行道树配置。栽培地理区为亚热带地区，栽培海拔100~1000m。②生态修复。可用于土壤修复、矿山修复、河岸绿化。

乌桕种子

圆叶乌桕 Sapium rotundifolium Hemsl.

采种时间： 9月下旬至10月采种。
果实类型： 蒴果（木质），灰褐色。
果实处理： 阴干法，即摊开在室内通风、干燥处20~30天。果实干燥后开裂，收集种子。
种子储藏： 普通沙藏。
繁殖方法： 播种，播种时间12月或翌年3~4月，播种方法为播种法Ⅰ，参考播种量约15kg/667m²~18kg/667m²，产苗量约3.5万株/667m²。
适生类型： 山区、丘陵、平原、石灰岩地段，喜土层深厚、湿润、肥沃的土壤，忌水淹，稍耐阴。
功能应用： 彩叶景观营造。可作村落、公园、校园、庭院、景区入口处的彩叶灌丛、彩带等。栽培地理区为亚热带地区，栽培海拔200~600m。

枫香 Liquidambar formosana Hance

采种时间： 11~12月采种。
果实类型： 聚合蒴果（木质），褐黑色。
果实处理： 阴干法，即摊开在室内通风、干燥处20~30天。果实干燥后开裂，收集脱落的种子。
种子储藏： 干藏。
繁殖方法： ①播种，播种时间12月或翌年3~4月。播种方法为播种法Ⅰ，参考播种量约10kg/667m²~15kg/667m²，产苗量约2万株/667m²。②嫁接。
适生类型： 山区、丘陵、平原、荒山，喜土层厚、湿润、肥沃的土壤，幼树稍耐阴，大树喜光，忌水淹。
功能应用： ①彩叶景观营造。可用于村落、公园、校园、景区入口、大道两侧等。②可作用材树种。栽培地理区为亚热带地区，栽培海拔100~1200m。

枫香种子

红花檵木 Loropetalum chinense Oliver var. rubrum Yieh

采种时间： 11~12月采种。
果实类型： 蒴果（木质），灰褐色。
果实处理： 阴干法，即摊开在室内通风、干燥处20~30天。果实干燥后开裂，收集脱落的种子。
种子储藏： 干藏。
繁殖方法： ①播种，播种时间12月或翌年3~4月，播种方法为播种法Ⅱ，参考播种量约15kg/667m²，产苗量约4万株/667m²。②扦插。③嫁接。
适生类型： 山区、丘陵、平原，喜土层稍厚、湿润、肥沃的土壤；喜光，忌水淹，耐干旱。
功能应用： 彩叶景观营造。可作村落、公园、校园、庭院、景区入口处的彩叶灌丛、彩带、花坛等。栽培地理区为亚热带地区，栽培海拔700m以下。

无患子 Sapindus mukorossi Gaertn.

采种时间： 9~10月采种。
果实类型： 核果，种子颜色为黑色。
果实处理： 堆沤法，即堆放在室内通风处，堆沤时间15~20天，让肉质种皮软化。
种子处理： 肉质种皮充分软化后，用清水加少量石灰搓洗，将种子与种皮碎屑分离，然后捞出种子，用清水再冲洗1~2次。沥干水，摊开在室内通风处1天。
种子储藏： 普通沙藏。
繁殖方法： 播种，播种时间12月或翌年3月。播种方法为播种法Ⅰ，参考播种量约40kg/667m²~50kg/667m²，产苗量约2万株/667m²。
适生类型： 山区、丘陵、平原、荒坡，喜土层稍深厚、湿润、肥沃土壤，喜光，稍耐干旱。
功能应用： 彩叶景观营造。可用于村落、公园、校园、庭院、景区入口处，也适用于行道树配置。栽培地理区为温带、亚热带地区，栽培海拔100~900m。

无患子种子　　无患子苗

吴茱萸五加 Acanthopanax evodiaefolius Franch.

采种时间： 9月下旬采种。
果实类型： 核果，紫黑色或暗褐色。
果实处理： 堆沤法，即堆放在室内通风处，堆沤时间15天，让果皮软化。
种子处理： 肉质果皮充分软化后，用清水搓洗，将种子与种皮碎屑分离，然后捞出种子，用清水再冲洗1~2次。沥干水，摊开在室内通风处1天。
种子储藏： 普通沙藏。
繁殖方法： ①播种，播种时间12月或翌年3月。播种方法为播种法Ⅱ，参考播种量约10kg/667m²~15kg/667m²，产苗量约2.5万株/667m²。②扦插Ⅱ*。
适生类型： 山区、丘陵，喜土层深厚、湿润、肥沃土壤，忌水淹，幼树需遮阴，大树喜光。
功能应用： 彩叶景观营造。可用于村落、公园、校园、庭院、景区入口处，不适用于行道树配置。栽培地理区为亚热带地区，栽培海拔100~1000m。

---

* 详见本书第302页应用术语说明中的扦插法Ⅱ，全书同。

鹅掌楸 Liriodendron chinense (Hemsl.) Sargent.

采种时间： 10~11月采种。
果实类型： 聚合坚果（木质），灰褐色小坚果带翅。
果实处理： 阴干法，即摊开在室内通风、干燥处10~15天。果实干燥后收起集带翅的小坚果（含种子）。
种子储藏： 干藏。
繁殖方法： ①播种，播种时间翌年3~4月。播种方法为播种法Ⅱ，参考播种量约15kg/667m²~20kg/667m²，产苗量约1.8万株/667m²。②扦插。③嫁接。
适生类型： 山区、丘陵、平原，喜土层深厚、湿润、肥沃土壤，忌水淹，幼树耐阴，大树喜光，不耐干旱。
功能应用： 彩叶景观营造。可用于村落、公园、校园、庭院、景区入口处，也适用于行道树配置。栽培地理区为温带、亚热带地区，栽培海拔1000m以下。

小坚果带翅

金叶含笑 Michelia foveolata Merr. ex Dandy

采种时间： 10月采种。
果实类型： 聚合蓇葖果，灰褐色。
果实处理： 阴干法，即摊开在室内通风处15~20天。果实干燥后开裂，收集脱落的种子；堆沤5~7天，让肉质假种皮软化。
种子处理： 肉质假种皮充分软化后，用清水搓洗，将种子与种皮碎屑分离，然后捞出种子，用清水再冲洗1~2次。沥干水，摊开在室内通风处1~2天。
种子储藏： 普通沙藏。

金叶含笑种子

金叶含笑苗

繁殖方法： ①播种，播种时间翌年3月或随采随播，播种方法为播种法Ⅱ，参考播种量约10kg/667m²~18kg/667m²，产苗量约2万株/667m²。②扦插Ⅱ。
适生类型： 山区、丘陵、平原，喜土层深厚、湿润、肥沃土壤，幼树遮阴，大树喜光。
功能应用： 彩叶景观营造。可用于村落、公园、校园、庭院、景区入口处，也适用于行道树配置。栽培地理区为亚热带地区，栽培海拔100~1000m。

紫果槭 Acer cordatum Pax

采种时间： 9月下旬采种。
果实类型： 翅果，暗褐色。
果实处理： 阴干法，即摊开在室内通风、干燥处10~15天，然后收集，"风选"，除去杂质。
种子储藏： 干藏。
繁殖方法： 播种，播种时间翌年3月，播种方法为播种法Ⅱ，参考播种量约20kg/667m²~25kg/667m²，产苗量约2万株/667m²~2.5万株/667m²。
适生类型： 山区、丘陵，喜土层深厚、湿润、肥沃土壤，忌水淹，幼树需遮阴，大树喜光。
功能应用： 彩叶景观营造。可用于村落、公园、校园、庭院、景区入口处，也适用于行道树配置。栽培地理区为亚热带地区，栽培海拔100~1000m。

天台阔叶槭 Acer amplum Rehd. var. tientaiense (Schneid.) Rehd.

采种时间： 9月下旬至10月采种。
果实类型： 翅果，灰褐色。
果实处理： 阴干法，即摊开在室内通风、干燥处10天，然后收集，"风选"，除去杂质。
种子储藏： 干藏。
繁殖方法： 播种，播种时间翌年3月。播种方法为播种法Ⅱ，参考播种量约20kg/667m^2~25kg/667m^2，产苗量约2万株/667m^2~2.5万株/667m^2。
适生类型： 山区、丘陵，喜土层深厚、湿润、肥沃土壤，忌水淹，幼树需遮阴，大树喜光。
功能应用： 彩叶景观营造。可用于村落、公园、校园、庭院、景区入口处，不适用于行道树配置。栽培地理区为亚热带地区，栽培海拔200~1100m。

青榨槭 Acer davidii Frarich.

采种时间： 10月采种。
果实类型： 翅果，灰褐色。
果实处理： 阴干法，即摊开在室内通风、干燥处10天，然后收集，"风选"，除去杂质。
种子储藏： 干藏。
繁殖方法： 播种，播种时间翌年3月，播种方法为播种法Ⅰ，参考播种量约20kg/667m^2~25kg/667m^2，产苗量约2万株/667m^2~2.5万株/667m^2。
适生类型： 山区、丘陵、平原，喜土层深厚、湿润、肥沃土壤，幼树需遮阴，大树喜光。
功能应用： 彩叶景观营造。可用于村落、公园、校园、庭院、景区入口处，也适用于行道树配置。栽培地理区为亚热带地区，栽培海拔100~1000m。

青榨槭种子

中华槭 Acer sinense Pax

采种时间： 9月下旬至10月采种。
果实类型： 翅果，灰褐色。
果实处理： 阴干法，即摊开在室内通风、干燥处7~10天，然后收集，"风选"，除去杂质。
种子储藏： 干藏。
繁殖方法： 播种，播种时间翌年3月，播种方法为播种法Ⅱ，参考播种量约18kg/667m^2~20kg/667m^2，产苗量约2万株/667m^2~2.5万株/667m^2。
适生类型： 山区、丘陵，喜土层深厚、湿润、肥沃土壤，忌水淹，幼树需遮阴，大树喜光。
功能应用： 彩叶景观营造。可用于村落、公园、校园、庭院、景区入口处，也适用于行道树配置。栽培地理区为亚热带地区，栽培海拔100~1000m。

深裂叶中华槭 Acer sinense Pax var. longilobum Fang

采种时间： 9月下旬至10月采种。
果实类型： 翅果，灰褐色。
果实处理： 阴干法，即摊开在室内通风、干燥处10天，然后收集，"风选"，除去杂质。
种子储藏： 干藏。
繁殖方法： 播种，播种时间翌年3月，播种方法为播种法Ⅱ，参考播种量约20kg/667m^2~25kg/667m^2，产苗量约2万株/667m^2~2.5万株/667m^2。

适生类型： 山区、丘陵，喜土层深厚、湿润、肥沃土壤，忌水淹，幼树需遮阴，大树喜光。

功能应用： 彩叶景观营造。可用于村落、公园、校园、庭院、景区入口处，也适用于行道树配置。栽培地理区为亚热带地区，栽培海拔100~1000m。

五裂槭（原亚种）Acer oliverianum Pax ssp. oliverianum

采种时间： 9月下旬至10月采种。

果实类型： 翅果，灰褐色。

果实处理： 阴干法，即摊开在室内通风、干燥处7~10天，然后收集，"风选"，除去杂质。

种子储藏： 干藏。

繁殖方法： 播种，播种时间翌年3月，播种方法为播种法Ⅱ，参考播种量约20kg/667m^2~25kg/667m^2，产苗量约2万株/667m^2~2.5万株/667m^2。

适生类型： 山区、丘陵，喜土层深厚、湿润、肥沃土壤，忌水淹，幼树需遮阴，大树喜光。

功能应用： 彩叶景观营造。可用于村落、公园、校园、庭院、景区入口处，也适用于行道树配置。栽培地理区为亚热带地区，栽培海拔100~1000m。

榔榆 Ulmus parvifolia Jacq.

采种时间： 11~12采种。

果实类型： 翅果，黄褐色。

果实处理： 阴干法，即摊开在室内通风、干燥处7~10天，然后收集，"风选"，除去杂质。

种子储藏： 普通沙藏。

繁殖方法： ①播种，播种时间12月或翌年3月，播种方法为播种法Ⅱ，参考播种量约8kg/667m^2~10kg/667m^2，产苗量约2.5万株/667m^2。②扦插。

适生类型： 山区、丘陵、平原、石灰岩地段、荒坡、路边，喜土层稍厚、湿润、肥沃土壤，忌水淹，喜光，耐干旱，适应性较强。

功能应用： ①彩叶景观营造。可用于村落、公园、校园、庭院、景区入口处，不适用于行道树配置。②生态修复。可用于土壤修复、矿山修复。栽培地理区为温带、亚热带地区，栽培海拔100~1000m。

朴树 Celtis sinensis Pers.

采种时间： 10月采种。

果实类型： 核果，暗褐色。

果实处理： 阴干法，即摊开在室内通风、干燥处7~10天，然后收集，"风选"，除去杂质。

种子储藏： 普通沙藏。

繁殖方法： 播种，播种时间12月或翌年3月，播种方法为播种法Ⅱ，参考播种量约15kg/667m^2，产苗量约2万株/667m^2。

适生类型： 山区、丘陵、平原、石灰岩地段、荒坡、河岸、路边，喜土层稍深厚、湿润、肥沃土壤，忌水淹，喜光，耐干旱，适应性较强。

功能应用： ①彩叶景观营造。可用于村落、公园、校园、庭院、景区入口处，也适用于行道树配置。②生态修复。可用于土壤修复、矿山修复。栽培地理区为温带、亚热带地区，栽培海拔100~900m。

朴树种子

西川朴 Celtis vandervoetiana Schneid.

采种时间： 10月采种。
果实类型： 核果，灰褐色。
果实处理： 阴干法，即摊开在室内通风、干燥处7~10天，然后收集，"风选"，除去杂质。
种子储藏： 普通沙藏。
繁殖方法： 播种，播种时间12月或翌年3月，播种方法为播种法Ⅱ，参考播种量约15kg/667m^2，产苗量约2万株/667m^2。
适生类型： 山区、丘陵、平原、荒坡、路边，喜土层深厚、湿润、肥沃土壤，忌水淹，喜光，耐干旱，适应性较强。
功能应用： 彩叶景观营造。可用于村落、公园、校园、庭院、景区入口处，不适用于行道树配置。栽培地理区为亚热带地区，栽培海拔100~900m。

檫木 Sassafras tzumu (Hemsl.) Hemsl.

采种时间： 6~9月采种。
果实类型： 核果，蓝黑色。
果实处理： 阴干法，即摊开在室内通风处7~10天，然后收集，"风选"，除去杂质。
种子储藏： 普通沙藏。
繁殖方法： 播种，播种时间翌年3月，播种方法为播种法Ⅰ，参考播种量约8kg/667m^2~15kg/667m^2，产苗量约2万株/667m^2。
适生类型： 山区、丘陵、平原、荒坡、路边，喜土层深厚、湿润、肥沃土壤，忌水淹，喜光，稍耐干旱，适应性较强。
功能应用： 彩叶景观营造。可用于村落、公园、校园、庭院、景区入口处，也适用于行道树配置。栽培地理区为亚热带地区，栽培海拔100~900m。

山胡椒 Lindera glauca (Sieb. et Zucc.) Bl.

采种时间： 10月采种。
果实类型： 核果，黑色。
果实处理： 堆沤法，即堆放在室内通风处，堆沤时间15~20天，让果皮软化。
种子处理： 肉质果皮充分软化后，用清水搓洗，将种子与种皮碎屑分离，然后捞出种子，用清水再冲洗1~2次。沥干水，摊开在室内通风处1~2天。
种子储藏： 普通沙藏。
繁殖方法： 播种，播种时间翌年3月，播种方法为播种法Ⅰ，参考播种量约10kg/667m^2~15kg/667m^2，产苗量约2.5万株/667m^2~3万株/667m^2。
适生类型： 山区、丘陵、平原、荒坡、路边，喜土层稍深厚、湿润、肥沃土壤，忌水淹，喜光，耐干旱，适应性较强。
功能应用： 彩叶景观营造。可用于村落、公园、校园、庭院、景区入口处，作彩叶带，不适用于行道树配置。栽培地理区为亚热带地区，栽培海拔100~1100m。

白蜡树 Fraxinus chinensis Roxb.

采种时间： 10月采种。
果实类型： 翅果，灰褐色。
果实处理： 阴干法，即摊开在室内通风、干燥处7~10天，然后收集，"风选"，除去杂质。
种子储藏： 干藏。
繁殖方法： 播种，播种时间翌年3月，播种方法为播种法Ⅰ，参考播种量约8kg/667m^2~15kg/667m^2，产苗量约 2.5 万株/667m²~3 万株/667m²。

适生类型： 山区、丘陵、平原、荒坡、路边，喜土层深厚、湿润、肥沃土壤，忌水淹，喜光，稍耐干旱。

功能应用： 彩叶景观营造。可用于村落、公园、校园、庭院、景区入口处，也适用于行道树配置。栽培地理区为温带、亚热带地区，栽培海拔 100~1000m。

苦楝 Melia azedarach L.

采种时间： 10~11月采种。

果实类型： 核果，黄褐色。

果实处理： 堆沤法，即堆放在室内通风处，堆沤时间 7~10 天，让果皮软化。

种子处理： 肉质果皮充分软化后，用清水搓洗，将种子与种皮碎屑分离，然后捞出种子，用清水再冲洗 1~2 次。沥干水，摊开在室内通风处 1~2 天。

种子储藏： 普通沙藏。

繁殖方法： 播种，播种时间翌年3月，播种方法为播种法Ⅰ，参考播种量约 25kg/667m²~30kg/667m²，产苗量约 2 万株/667m²。

适生类型： 山区、丘陵、平原、荒坡、路边，喜土层稍深厚、湿润、肥沃土壤，喜光，忌水淹，稍耐干旱，适应性较强。

功能应用： ①彩叶景观营造。可用于村落、公园、校园、庭院、景区入口处，也适用于行道树配置。②土壤修复。栽培地理区为亚热带地区，栽培海拔 100~900m。

苦楝苗

蓝果树 Nyssa sinensis Oliv.

采种时间： 10月采种。

果实类型： 核果，蓝紫色。

果实处理： 堆沤法，即堆放在室内通风处，堆沤时间 15~20 天，让果皮软化。

种子处理： 肉质果皮充分软化后，用清水搓洗，将种子与种皮碎屑分离，然后捞出种子，用清水再冲洗 1~2 次。沥干水，摊开在室内通风处 1~2 天。

种子储藏： 普通沙藏。

繁殖方法： 播种，播种时间翌年3月，播种方法为播种法Ⅰ，参考播种量约 20kg/667m²~25kg/667m²，产苗量约 2 万株/667m²。

适生类型： 山区、丘陵、平原，喜土层深厚、湿润、肥沃土壤，忌水淹，喜光，稍耐干旱，也稍耐阴，适应性较强。

功能应用： ①彩叶景观营造。可用于村落、公园、校园、庭院、景区入口处，也适用于行道树配置。②用材树种。栽培地理区为亚热带地区，栽培海拔 200~1000m。

蓝果树种子　　蓝果树的子叶　　蓝果树的真叶

椴树 Tilia tuan Szyszyl. var. tuan

采种时间: 11~12月采种。
果实类型: 核果状,灰褐色。
果实处理: 阴干法,即摊开在室内通风、干燥处7~10天,然后收集,"风选",除去杂质。
种子储藏: 普通沙藏。
繁殖方法: 播种,播种时间翌年3月,播种方法为播种法Ⅰ,参考播种量约15kg/667m²~20kg/667m²,产苗量约2.5万株/667m²。
适生类型: 山区、丘陵,喜土层深厚、湿润、肥沃土壤,忌水淹,喜光,适应性较强。
功能应用: ①彩叶景观营造。可用于村落、公园、校园、庭院、景区入口处,也适用于行道树配置。②用材树种。栽培地理区为亚热带地区,栽培海拔200~1000m。

槲栎 Quercus aliena Bl. var. aliena

采种时间: 10月采种。
果实类型: 坚果,栗褐色。
果实处理: 阴干法,即摊开在室内通风、干燥处7~10天,然后收集,"风选",除去杂质。
种子储藏: 普通沙藏。
繁殖方法: 播种,播种时间12月或翌年3月,播种方法为播种法Ⅱ,参考播种量100kg/667m²~150kg/667m²,产苗量约2万株/667m²。
适生类型: 山区、丘陵、平原,喜土层深厚、湿润、肥沃土壤,忌水淹,喜光,稍耐干旱。
功能应用: ①彩叶景观营造。可用于村落、公园、校园、庭院、景区入口处,也适用于行道树配置。②用材树种。栽培地理区为温带、亚热带地区,栽培海拔100~900m。

槲栎苗

槲树 Quercus dentata Thunb.

采种时间: 10月采种。
果实类型: 坚果,栗褐色。
果实处理: 阴干法,即摊开在室内通风、干燥处7~10天,然后收集,"风选",除去杂质。
种子储藏: 普通沙藏。
繁殖方法: 播种,播种时间12月或翌年3月,播种方法为播种法Ⅱ,参考播种量100kg/667m²~150kg/667m²,产苗量约2万株/667m²。
适生类型: 山区、丘陵、平原,喜土层深厚、湿润、肥沃土壤,忌水淹,喜光、稍耐干旱。
功能应用: ①彩叶景观营造。可用于村落、公园、校园、庭院、景区入口处,也适用于行道树配置。②用材树种。栽培地理区为温带、亚热带地区,栽培海拔100~900m。

麻栎 Quercus acutissima Carruth.

采种时间: 10月采种。
果实类型: 坚果,栗褐色。
果实处理: 阴干法,即摊开在室内通风、干燥处7~10天,然后收集,"风选",除去杂质。
种子储藏: 普通沙藏。
繁殖方法: 播种,播种时间12月或翌年3月,播种方法为播种法Ⅱ,参考播种量100kg/667m²~150kg/667m²,产苗量约2万株/667m²。

麻栎种子

适生类型： 山区、丘陵、平原，喜土层深厚、湿润、肥沃土壤，忌水淹，喜光，稍耐干旱。
功能应用： ①彩叶景观营造。可用于村落、公园、校园、庭院、景区入口处，也适用于行道树配置。②用材树种。栽培地理区为温带、亚热带地区，栽培海拔100~900m。

栓皮栎 Quercus variabilis Bl.

采种时间： 8~9月采种。
果实类型： 坚果，灰褐色。
果实处理： 阴干法，即摊开在室内通风、干燥处7~10天，然后收集，"风选"，除去杂质。
种子储藏： 普通沙藏。
繁殖方法： 播种，播种时间11月或翌年3月，播种方法为播种法Ⅱ，参考播种量120kg/667m²~160kg/667m²，产苗量约2万株/667m²。
适生类型： 山区、丘陵、平原，喜土层深厚、湿润、肥沃土壤，忌水淹，喜光、稍耐干旱。
功能应用： ①彩叶景观营造。可用于村落、公园、校园、庭院、景区入口处，也适用于行道树配置。②用材树种。③工业原料。栽培地理区为温带、亚热带地区，栽培海拔100~900m。

黄连木 Pistacia chinensis Bunge

采种时间： 10月采种。
果实类型： 核果，灰黑色。
果实处理： 阴干法，即摊开在室内通风、干燥处10~15天，然后收集，"风选"，除去杂质。
种子储藏： 普通沙藏。
繁殖方法： 播种，播种时间11月或翌年3月，播种方法为播种法Ⅱ，参考播种量15kg/667m²~20kg/667m²，产苗量约1.5万株/667m²。
适生类型： 山区、丘陵、平原、石灰岩地段，喜土层深厚、湿润、肥沃土壤，喜光，稍耐干旱。
功能应用： ①彩叶景观营造。可用于村落、公园、校园、庭院、景区入口处，不适用于行道树配置。②药用树种。栽培地理区为亚热带地区，栽培海拔100~700m。

野漆树 Toxicodendron succedaneum (L.) O. Kuntze

采种时间： 10~11月采种。
果实类型： 核果，暗灰色。
果实处理： 阴干法，即摊开在室内通风、干燥处10~15天，然后收集，"风选"，除去杂质。
种子储藏： 普通沙藏。
繁殖方法： 播种，播种时间12月或翌年3月，播种方法为播种法Ⅱ，参考播种量20kg/667m²~30kg/667m²，产苗量约1.5万株/667m²。
适生类型： 山区、丘陵、石灰岩地段，喜土层深稍厚、湿润、肥沃土壤，喜光，稍耐干旱。
功能应用： ①彩叶景观营造。可用于村落、公园、校园、庭院、景区入口处，不适用于行道树配置。②工业原料。栽培地理区为亚热带地区，栽培海拔100~900m。

楝叶吴萸 Evodia glabrifolia (Champ. ex Benth.) Huang

采种时间： 11~12月采种。
果实类型： 蒴果（木质），淡紫红色。
果实处理： 阴干法，即摊开在室内通风、干燥处10~15天，蒴果开裂后种子脱落，然后收集，"风选"，除去杂质。
种子储藏： 普通沙藏。

繁殖方法：播种，播种时间翌年3月，播种方法为播种法Ⅰ，参考播种量约15kg/667m²~20kg/667m²，产苗量约2万株/667m²。

适生类型：山区、丘陵、平原，喜土层稍深厚、湿润、肥沃土壤，忌水淹，喜光，适应性较强。

功能应用：①彩叶景观营造。可用于村落、公园、校园、庭院、景区入口处，不适用于行道树配置。②药用树种。栽培地理区为亚热带地区，栽培海拔100~900m。

臭椿（原变种）Ailanthus altissima (Mill.) Swingle var. altissima

臭椿种子（具翅）

采种时间：9月采种。

果实类型：翅果，淡黄褐色。

果实处理：阴干法，即摊开在室内通风、干燥处7~10天，然后收集，"风选"，除去杂质。

种子储藏：干藏。

繁殖方法：播种时间翌年3月，播种方法为播种法Ⅰ，参考播种量约8kg/667m²~12kg/667m²，产苗量约1.2万株/667m²。

适生类型：山区、丘陵、平原，喜土层稍深厚、湿润、肥沃土壤，喜光，稍耐干旱，也稍耐阴。

功能应用：①彩叶景观营造。可用于村落、公园、校园、庭院、景区入口处，也适用于行道树配置。②用材树种。栽培地理区为温带、亚热带地区，栽培海拔100~800m。

天料木（原变种）Homalium cochinchinense (Lour.) Druce var. cochinchinense

采种时间：10~11月采种。

果实类型：蒴果，暗褐色。

果实处理：阴干法，即摊开在室内通风、干燥处10~15天，然后收集，"风选"，除去杂质。

种子储藏：普通沙藏。

繁殖方法：播种，播种时间翌年3月，播种方法为播种法Ⅱ，参考播种量5kg/667m²~6kg/667m²，产苗量约2万株/667m²。

适生类型：山区、丘陵、平原，喜土层深厚、湿润、肥沃土壤，喜光，忌水淹，稍耐干旱。

功能应用：彩叶景观营造。可用于村落、公园、校园、庭院、景区入口处，也适用于行道树配置。栽培地理区为亚热带地区，栽培海拔100~900m。

天师栗 Aesculus wilsonii Rehd.

天师栗种子

采种时间：10月采种。

果实类型：蒴果，灰褐色。

果实处理：阴干法，即摊开在室内通风处15~20天，蒴果开裂后种子脱落，然后收集，"风选"，除去杂质。

种子储藏：普通沙藏。

繁殖方法：播种，播种时间翌年3月，播种方法为播种法Ⅱ，参考播种量80kg/667m²~100kg/667m²，产苗量约1.7万株/667m²。

适生类型：山区、丘陵、平原，喜土层深厚、湿润、肥沃土壤，忌水淹，喜光，幼苗和幼树耐阴。

功能应用：彩叶景观营造。可用于村落、公园、校园、庭院、景区入口处，也适用于行道树配置。栽培地理区为亚热带地区，栽培海拔50~900m。

全缘琴叶榕 Ficus pandurata Hance var. holophylla Migo

采种时间： 10月采种。
果实类型： 榕果，灰红色。
果实处理： 堆沤法，即堆放在室内通风处，堆沤时间7~14天，让果实软化。
种子处理： 肉质果皮充分软化后，用清水搓洗，将种子与种皮碎屑分离，然后捞出种子，用清水再冲洗1~2次。沥干水，摊开在室内通风处1~2天。
种子储藏： 普通沙藏。
繁殖方法： 播种，播种时间翌年3月，播种方法为播种法Ⅱ，参考播种量约1kg/667m^2~2kg/667m^2，产苗量约3万株/667m^2。
适生类型： 山区、丘陵、平原，喜土层深厚、湿润、肥沃土壤，喜光，稍耐干旱，适应性较强。
功能应用： 彩叶景观营造。可用于村落、公园、校园、庭院、景区入口处，可作彩叶灌木带，也适用于行道树配置。栽培地理区为亚热带地区，栽培海拔200~1000m。

蜡梅 Chimononthus praecox (L.) Link

采种时间： 9~10月采种。
果实类型： 聚合瘦果，灰褐色。
果实处理： 阴干法，即摊开在室内通风、干燥处15~20天，聚合瘦果开裂后种子脱落，然后收集，"风选"，除去杂质。
种子储藏： 普通沙藏。
繁殖方法： ①播种，播种时间翌年3月，播种方法为播种法Ⅰ，参考播种量7kg/667m^2~10kg/667m^2，产苗量约3万株/667m^2。②扦插Ⅱ。
适生类型： 山区、丘陵、平原，喜土层深厚、湿润、肥沃土壤，喜光，忌水淹，稍耐干旱。
功能应用： 彩叶景观营造。可用于村落、公园、校园、庭院、景区入口处，可作彩叶灌木带，不适用于行道树配置。栽培地理区为温带、亚热带地区，栽培海拔100~1000m。

五列木 Pentaphylax euryoides Gardn. et Champ.

采种时间： 9~10月采种。
果实类型： 蒴果（木质），灰黑色。
果实处理： 阴干法，即摊开在室内通风、干燥处7~15天，蒴果开裂后种子脱落（可用棍棒轻轻敲打，使种子充分脱落），然后收集，拣去粗杂质，再用网筛纯净种子。
种子储藏： 干藏。
繁殖方法： ①播种，播种时间翌年3月，播种方法为播种法Ⅱ，参考播种量5kg/667m^2~7kg/667m^2，产苗量约2万株/667m^2。②扦插Ⅱ。
适生类型： 山区、丘陵、平原，喜土层深厚、湿润、肥沃土壤，忌水淹，喜光，稍耐干旱。
功能应用： 彩叶景观营造。可用于村落、公园、校园、庭院、景区入口处，可作彩叶带，也适用于行道树配置。栽培地理区为亚热带地区，栽培海拔100~900m。

五列木果实

加拿大杨 Populus × canadensis Moench.

采种时间： 9~10月采种。
果实类型： 蒴果，灰黑色。

果实处理：阴干法，即摊开在室内通风、干燥处7~15天，蒴果开裂后种子脱落（可用棍棒轻轻敲打，使种子充分脱落），然后收集，拣去粗杂质，再用网筛纯净种子。

种子储藏：干藏。

繁殖方法：①播种，播种时间12月或翌年3月，播种方法为播种法Ⅰ，参考播种量1kg/667m²~2kg/667m²，产苗量约1.5万株/667m²。②扦插Ⅰ*。③插根。

适生类型：山区、丘陵、平原、河岸、湖岸、季节性湿地，喜土层深厚、湿润、肥沃土壤，喜光，耐季节性水湿。

功能应用：①彩叶景观营造。可用于村落、公园、校园、庭院、景区入口、河岸、湖岸、季节性湿地，也适用于行道树配置。②工业用材。③河岸、湖岸、季节性湿地植被恢复。栽培地理区为温带、亚热带地区，栽培海拔50~900m。

中山杉 Taxodium 'Zhongshanshan'

采种时间：9~10月采种。

果实类型：球果木质，灰褐色。

果实处理：阴干法，即摊开在室内通风、干燥处7~15天，球果开裂后种子脱落（可用棍棒轻轻敲打，使种子充分脱落），然后收集，拣去粗杂质，再用网筛纯净种子。

种子储藏：干藏。

繁殖方法：①播种，播种时间翌年3月，播种方法为播种法Ⅰ，参考播种量8kg/667m²~10kg/667m²，产苗量约1.5万株/667m²~2万株/667m²。②扦插Ⅰ。③插根。

适生类型：丘陵、平原、河岸、湖岸、湿地，喜土层深厚、湿润、肥沃土壤，喜光，耐水湿。

功能应用：①彩叶景观营造。可用于村落、公园、校园、庭院、景区入口、河岸、湖岸、湿地，也适用于行道树配置。②河岸、湖岸、湿地植被恢复。栽培地理区为温带、亚热带地区，栽培海拔50~800m。

池杉 Taxodium ascendens Brongn.

采种时间：10月采种。

果实类型：球果木质，灰褐色。

果实处理：阴干法，即摊开在室内通风、干燥处7~15天，球果开裂后种子脱落（可用棍棒轻轻敲打，使种子充分脱落），然后收集，拣去粗杂质，再用网筛纯净种子。

种子储藏：干藏。

繁殖方法：①播种，播种时间翌年3月，播种方法为播种法Ⅰ，参考播种量8kg/667m²~10kg/667m²，产苗量约1.5万株/667m²~2万株/667m²。②扦插Ⅰ。③插根。

适生类型：丘陵、平原河岸、湖岸、湿地，喜土层深厚、湿润、肥沃土壤，喜光，耐水湿。

功能应用：①彩叶景观营造。可用于村落、公园、校园、庭院、景区入口、河岸、湖岸、湿地，也适用于行道树配置。②河岸、湖岸、湿地植被恢复。栽培地理区为温带、亚热带地区，栽培海拔50~700m。

墨西哥落羽杉 Taxodium mucronatum Tenore

采种时间：10月采种。

果实类型：球果木质，灰褐色。

果实处理：阴干法，即摊开在室内通风、干燥处7~15天，球果开裂后种子脱落（可用棍棒轻轻敲打，使种子充分脱落），然后收集，拣去粗杂质，再用网筛纯净种子。

种子储藏：干藏。

---

* 详见本书第301页应用术语说明中的扦插法Ⅰ，全书同。

繁殖方法： ①播种，播种时间翌年3月，播种方法为播种法Ⅰ，参考播种量8kg/667m²~10kg/667m²，产苗量约1.5万株/667m²~2万株/667m²。②扦插Ⅰ。③插根。

适生类型： 丘陵、平原河岸、湖岸、湿地，喜土层深厚、湿润、肥沃土壤，喜光，耐水湿。

功能应用： ①彩叶景观营造。可用于村落、公园、校园、庭院、景区入口、河岸、湖岸、湿地，也适用于行道树配置。②河岸、湖岸、湿地植被恢复。栽培地理区为温带、亚热带地区，栽培海拔50~500m。

水杉 Metasequoia glyptostroboides Hu et Cheng

采种时间： 11~12月采种。

果实类型： 球果木质，灰褐色。

果实处理： 阴干法，即摊开在室内通风、干燥处10~15天，球果开裂后种子脱落（可用棍棒轻轻敲打，使种子充分脱落），然后收集，拣去粗杂质，再用网筛纯净种子。

种子储藏： 干藏。

繁殖方法： ①播种，播种时间翌年3月，播种方法为播种法Ⅰ，参考播种量2kg/667m²~3kg/667m²，产苗量约1.5万株/667m²~1.8万株/667m²。②扦插Ⅰ。③插根。

适生类型： 山区、丘陵、平原河岸、湖岸，喜土层深厚、湿润、肥沃土壤，喜光，耐水湿。

功能应用： ①彩叶景观营造。可用于村落、公园、校园、庭院、景区入口、河岸、湖岸、湿地，也适用于行道树配置。②河岸、湖岸、湿地植被恢复。栽培地理区为温带、亚热带地区，栽培海拔50~1000m。

金钱松 Pseudolarix amabilis (Nelson) Rehd.

采种时间： 10~11月采种。

果实类型： 球果木质，灰褐色。

果实处理： 阴干法，即摊开在室内通风、干燥处10~15天，球果开裂后种子脱落（可用棍棒轻轻敲打，使种子充分脱落），然后收集，拣去粗杂质，再用网筛纯净种子。

种子储藏： 干藏。

繁殖方法： ①播种，播种时间翌年3月，播种方法为播种法Ⅱ，参考播种量15kg/667m²~20kg/667m²，产苗量约1.5万株/667m²~2万株/667m²。②扦插Ⅱ。

适生类型： 山区、丘陵、平原，喜土层深厚、湿润、肥沃土壤，喜光，忌水淹，不耐干旱贫瘠。

功能应用： 彩叶景观营造。可用于村落、公园、校园、庭院、景区入口，或用于彩叶乔木带。栽培地理区为温带、亚热带地区，栽培海拔100~1500m。

（二）观花类

广西紫荆（南岭紫荆）Cercis chuniana Metc.

采种时间： 10~11月采种。

果实类型： 荚果，灰褐色。

果实处理： 阴干法，即摊开在室内通风、干燥处10~15天，球果开裂后种子脱落（可用棍棒轻轻敲打，使种子充分脱落），然后收集，拣去粗杂质，再用网筛纯净种子。

种子储藏： 普通沙藏。

繁殖方法： ①播种，播种时间翌年3月，播种方法为播种法Ⅱ，参考播种量7kg/667m²~9kg/667m²，产苗量约2.5万株/667m²。②扦插Ⅱ。

适生类型： 山区、丘陵、平原，喜土层深厚、湿润、肥沃土壤，喜光，忌水淹，不耐干旱贫瘠。

功能应用： ①观花树种。②彩叶景观营造。可用于村落、公园、校园、庭院、景区入口，或用于乔木花带。栽培地理区为亚热带、热带地区，栽培海拔50~800m。

湖北紫荆 Cercis glabra Pampan.

采种时间： 10月采种。
果实类型： 荚果，灰褐色。
果实处理： 阴干法，即摊开在室内通风、干燥处10~15天，球果开裂后种子脱落（可用棍棒轻轻敲打，使种子充分脱落），然后收集，拣去粗杂质，再用网筛纯净种子。
种子储藏： 普通沙藏。
繁殖方法： ①播种，播种时间翌年3月，播种方法为播种法Ⅱ，参考播种量7kg/667m^2~9kg/667m^2，产苗量约2.5万株/667m^2。②扦插Ⅱ。
适生类型： 山区、丘陵、平原，喜土层深厚、湿润、肥沃土壤，喜光，忌水淹，不耐干旱贫瘠。
功能应用： ①观花树种。②彩叶景观营造。可用于村落、公园、校园、庭院、景区入口，或用于乔木花带。栽培地理区为温带、亚热带，栽培海拔100~800m。

金缕梅 Hamamelis mollis Oliver

采种时间： 11~12月采种。
果实类型： 蒴果，灰褐色。
果实处理： 阴干法，即摊开在室内通风、干燥处15~20天，球果开裂后种子脱落（可用棍棒轻轻敲打，使种子充分脱落），然后收集，拣去粗杂质，再用网筛纯净种子。
种子储藏： 干藏。
繁殖方法： ①播种，播种时间翌年3月，播种方法为播种法Ⅱ，参考播种量7kg/667m^2~9kg/667m^2，产苗量约3万株/667m^2。②扦插Ⅱ。
适生类型： 平地、山岗，喜土层深厚、湿润、肥沃土壤，喜光，忌水淹，不耐干旱贫瘠。
功能应用： ①观花树种。②彩叶景观营造。可用于村落、公园、校园、庭院、花坛，或用于灌木花带。栽培地理区为温带、亚热带，栽培海拔100~800m。

钟花樱花 Cerasus campanulata (Maxim.) Yu et Li

采种时间： 1~2月采种。
果实类型： 核果，褐红色。
果实处理： 堆沤法，即堆放在室内通风处，堆沤时间5~7天，让果皮软化。
种子处理： 肉质果皮充分软化后，用清水搓洗，将种子与种皮碎屑分离，然后捞出种子，用清水再冲洗1~2次。沥干水，摊开在室内通风处1~2天。
种子储藏： 普通沙藏。
繁殖方法： 播种，播种时间3~4月，播种方法为播种法Ⅱ，参考播种量约9kg/667m^2~10kg/667m^2，产苗量约2万株/667m^2。
适生类型： 山区、丘陵、平原、路边，喜土层深厚、湿润、肥沃土壤，忌水淹，喜光。
功能应用： ①观花树种。②彩叶景观营造。可用于村落、公园、校园、庭院、景区入口处，也适用于行道树配置。栽培地理区为亚热带地区，栽培海拔100~1000m。

山樱花 Cerasus serrulata (Lindl.) G. Don ex London

采种时间： 5~6月采种。
果实类型： 核果，紫黑色。

果实处理： 堆沤法，即堆放在室内通风处，堆沤时间5~7天，让果皮软化。

种子处理： 肉质果皮充分软化后，用清水搓洗，将种子与种皮碎屑分离，然后捞出种子，用清水再冲洗1~2次。沥干水，摊开在室内通风处1~2天。

种子储藏： 普通沙藏。

繁殖方法： 播种，播种时间6~7月，播种方法为播种法Ⅱ，参考播种量约$8kg/667m^2$~$10kg/667m^2$，产苗量约2万株/$667m^2$。

适生类型： 山区、丘陵、平原，喜土层深厚、湿润、肥沃土壤，忌水淹，喜光，适应性强。

功能应用： ①观花树种。②彩叶景观营造。可用于村落、公园、校园、庭院、景区入口处，也适用于行道树配置。栽培地理区为温带、亚热带地区，栽培海拔100~1000m。

栾树 Koelreuteria paniculata Laxm.

采种时间： 10月采种。

果实类型： 蒴果，褐红色。

果实处理： 阴干法，即摊开在室内通风、干燥处10~15天，球果开裂后种子脱落（可用棍棒轻轻敲打，使种子充分脱落），然后收集，拣去粗杂质，再用网筛纯净种子。

种子储藏： 普通沙藏。

繁殖方法： 播种，播种时间翌年3~4月，播种方法为播种法Ⅰ，参考播种量$10kg/667m^2$~$15kg/667m^2$，产苗量约2.5万株/$667m^2$。

适生类型： 山区、丘陵、平原，喜土层深厚、湿润、肥沃土壤，喜光，忌水淹，稍耐干旱贫瘠。

功能应用： ①观花树种。②彩叶景观营造。可用于村落、公园、校园、庭院、景区入口，或用于乔木花带，也适用于行道树配置。栽培地理区为温带、亚热带，栽培海拔100~800m。

栾树果实　　　　　　　　　　栾树种子

庐山芙蓉（原变种）Hibiscus paramutabilis Bailey var. paramutabilis

采种时间： 11月采种。

果实类型： 蒴果，灰褐色。

果实处理： 阴干法，即摊开在室内通风、干燥处15~20天，蒴果开裂后种子脱落（可用棍棒轻轻敲打，使种子充分脱落），然后收集，拣去粗杂质，再用网筛纯净种子。

种子储藏： 普通沙藏。

繁殖方法： ①播种，播种时间翌年3~4月，播种方法为播种法Ⅱ，参考播种量$6kg/667m^2$~$10kg/667m^2$，产苗量约2.5万株/$667m^2$。②扦插Ⅱ。③插根。

适生类型： 山区、丘陵、平原，喜土层深厚、湿润、肥沃土壤，喜光，忌水淹，不耐干旱贫瘠。

功能应用： 观花景观营造。可用于村落、公园、校园、庭院、景区入口，或用于乔木花带，也适用于行道树配置。栽培地理区为温带、亚热带，栽培海拔100~800m。

伏毛杜鹃 Rhododendron strigosum R. L. Liu

采种时间： 11月采种。
果实类型： 蒴果，灰褐色。
果实处理： 阴干法，即摊开在室内通风、干燥处15~20天，蒴果开裂后种子脱落（可用棍棒轻轻敲打，使种子充分脱落），然后收集，拣去粗杂质，再用网筛纯净种子。
种子储藏： 干藏。
繁殖方法： ①播种，播种时间翌年3~4月，播种方法为播种法Ⅲ[*]，参考播种量500g/m^2，产苗量约4万株/667m^2。②扦插法Ⅲ[**]。
适生类型： 山区、丘陵、平原，喜土层深厚、湿润、肥沃土壤，喜光，忌水淹，稍耐干旱贫瘠。
功能应用： 观花景观营造。可用于村落、公园、校园、庭院、景区入口、花坛，或用于灌木花带。栽培地理区为温带、亚热带，栽培海拔100~1000m。

杜鹃（映山红）Rhododendron simsii Planch.

采种时间： 10~11月采种。
果实类型： 蒴果，灰褐色。
果实处理： 阴干法，即摊开在室内通风、干燥处15~20天，蒴果开裂后种子脱落（可用棍棒轻轻敲打，使种子充分脱落），收集种子，拣去杂质，再用网筛纯净种子。
种子储藏： 干藏。
繁殖方法： ①播种，播种时间翌年3~4月，播种方法为播种法Ⅲ，参考播种量100g/m^2，产苗量约4万株/667m^2。②扦插法Ⅲ。
适生类型： 山区、丘陵、平原，喜土层深厚的土壤，喜光，忌水淹，稍耐干旱、贫瘠。
功能应用： 观花景观营造。可用于村落、公园、校园、庭院、景区入口、花坛，或用于灌木花带、盆景。栽培地理区为温带、亚热带，栽培海拔100~1200m。

龙岩杜鹃 Rhododendron florulentum Tam

采种时间： 10~11月采种。
果实类型： 蒴果，灰褐色。
果实处理： 阴干法，即摊开在室内通风、干燥处15~20天，蒴果开裂后种子脱落（可用棍棒轻轻敲打，使种子充分脱落），收集种子，拣去杂质，再用网筛纯净种子。
种子储藏： 干藏。
繁殖方法： ①播种，播种时间翌年3~4月，播种方法为播种法Ⅲ，参考播种量100g/m^2，产苗量约4万株/667m^2。②扦插法Ⅲ。
适生类型： 山区、丘陵、平原，喜土层深厚的土壤，喜光，忌水淹，稍耐干旱、贫瘠。
功能应用： 观花景观营造。可用于村落、公园、校园、庭院、景区入口、花坛，或用于灌木花带、盆景。栽培地理区为温带、亚热带，栽培海拔100~900m。

丝线吊芙蓉 Rhododendron westlandii Hemsl.

采种时间： 10~11月采种。
果实类型： 蒴果，灰褐色。
果实处理： 阴干法，即摊开在室内通风、干燥处15~20天，蒴果开裂后种子脱落（可用棍棒轻轻敲打，使种子充分脱落），收集种子，拣去杂质，再用网筛纯净种子。

---

[*] 详见本书第299页应用术语说明中的播种法Ⅲ，全书同。
[**] 详见本书第302页应用术语说明中的扦插法Ⅲ，全书同。

种子储藏： 干藏。

繁殖方法： ①播种，播种时间翌年3~4月，播种方法为播种法Ⅲ，参考播种量100g/m^2，产苗量约3万株/667m^2。②扦插法Ⅲ。

适生类型： 山区、丘陵、平原，喜土层深厚、湿润土壤，喜光，忌水淹，稍耐干旱、贫瘠。

功能应用： 观花景观营造。可用于村落、公园、校园、庭院、景区入口、花坛，或用于灌木花带、盆景。栽培地理区为亚热带、热带，栽培海拔50~400m。

鹿角杜鹃 Rhododendron latoucheae Franch.

采种时间： 10~11月采种。

果实类型： 蒴果，灰褐色。

果实处理： 阴干法，即摊开在室内通风、干燥处15~20天，蒴果开裂后种子脱落（可用棍棒轻轻敲打，使种子充分脱落），收集种子，拣去杂质，再用网筛纯净种子。

种子储藏： 干藏。

繁殖方法： ①播种，播种时间翌年3~4月，播种方法为播种法Ⅲ，参考播种量100g/m^2，产苗量约3万株/667m^2。②扦插法Ⅲ。

适生类型： 山区、丘陵、平原，喜土层深厚、湿润土壤，喜光，忌水淹，稍耐干旱、贫瘠。

功能应用： 观花景观营造。可用于村落、公园、校园、庭院、景区入口、花坛，或用于灌木花带、盆景。栽培地理区为亚热带，栽培海拔100~1000m。

刺毛杜鹃 Rhododendron championae Hook.

采种时间： 10~11月采种。

果实类型： 蒴果，灰褐色。

果实处理： 阴干法，即摊开在室内通风、干燥处15~20天，蒴果开裂后种子脱落（可用棍棒轻轻敲打，使种子充分脱落），收集种子，拣去杂质，再用网筛纯净种子。

种子储藏： 干藏。

繁殖方法： ①播种，播种时间翌年3~4月，播种方法为播种法Ⅲ，参考播种量100g/m^2，产苗量约3万株/667m^2。②扦插法Ⅲ。

适生类型： 山区、丘陵、平原，喜土层深厚的土壤，喜光，忌水淹，耐干旱、贫瘠。

功能应用： 观花景观营造。可用于村落、公园、校园、庭院、景区入口、花坛，或用于灌木花带。栽培地理区为亚热带、热带，栽培海拔100~900m。

齿缘吊钟花 Enkianthus serrulatus (Wils.) Schneid.

采种时间： 8月采种。

果实类型： 蒴果，灰褐色。

果实处理： 阴干法，即摊开在室内通风、干燥处15~20天，蒴果开裂后种子脱落（可用棍棒轻轻敲打，使种子充分脱落），然后收集，拣去粗杂质，再用网筛纯净种子。

种子储藏： 干藏。

繁殖方法： ①播种，播种时间9~10月，或翌年3~4月，播种方法为播种法Ⅲ，参考播种量500g/m^2，产苗量约4万株/667m^2。②扦插法Ⅲ。

适生类型： 山区、丘陵，喜土层深厚、湿润、肥沃土壤，喜光，忌水淹，稍耐干旱贫瘠。

功能应用： 观花景观营造。可用于村落、公园、校园、庭院、景区入口、花坛，或用于灌木花带。栽培地理区为温带、亚热带，栽培海拔100~1200m。

灯笼花 Enkianthus chinensis Franch.

采种时间： 10月采种。
果实类型： 蒴果，灰褐色。
果实处理： 阴干法，即摊开在室内通风、干燥处15~20天，蒴果开裂后种子脱落（可用棍棒轻轻敲打，使种子充分脱落），然后收集，拣去粗杂质，再用网筛纯净种子。
种子储藏： 干藏。
繁殖方法： ①播种，播种时间翌年3~4月，播种方法为播种法Ⅲ，参考播种量100g/m^2，产苗量约4万株/667m^2。②扦插法Ⅲ。
适生类型： 山区、丘陵，喜土层深厚、湿润、肥沃土壤，喜光，忌水淹，稍耐干旱贫瘠。
功能应用： 观花景观营造。可用于村落、公园、校园、庭院、景区入口、花坛，或用于灌木花带。栽培地理区为温带、亚热带，栽培海拔100~1200m。

（三）观果树种

梧桐 Firmiana platanifolia (Linn. f.) Marsili

采种时间： 9月采种。
果实类型： 蓇葖果，灰褐色。
果实处理： 阴干法，即摊开在室内通风、干燥处15~20天，蒴果开裂后种子脱落（可用棍棒轻轻敲打，使种子充分脱落），然后收集，拣去粗杂质，再用网筛纯净种子。
种子储藏： 普通沙藏。
繁殖方法： 播种，播种时间当年12月或翌年3~4月，播种方法为播种法Ⅰ，参考播种量20kg/m^2~25kg/m^2，产苗量约1.5万株/667m^2。
适生类型： 山区、丘陵、平原，喜土层深厚、湿润、肥沃土壤，喜光，不耐干旱贫瘠。
功能应用： ①观果景观营造。可用于村落、公园、校园、庭院、景区入口，也适用于行道树配置。②用材树种。栽培地理区为温带、亚热带，栽培海拔50~900m。

红果罗浮槭 Acer fabri Hance var. rubrocarpum Metc.

采种时间： 9月下旬采种。
果实类型： 翅果，灰褐色。
果实处理： 阴干法，即摊开在室内通风处10~15天，然后收集，"风选"，除去杂质。
种子储藏： 干藏。
繁殖方法： 播种，播种时间翌年3月，播种方法为播种法Ⅱ，参考播种量约20kg/667m^2~25kg/667m^2，产苗量约2万株/667m^2。
适生类型： 平地、山岗，喜土层深厚、湿润、肥沃土壤，忌水淹，幼树需遮阴，大树喜光。
功能应用： ①观果景观营造。可用于村落、公园、校园、庭院、景区入口处，可作观果带营造，也适用于行道树配置。②树形景观营造。栽培地理区为亚热带地区，栽培海拔100~800m。

红果罗浮槭苗

岭南槭 Acer tutcheri Duthie

采种时间： 9月下旬采种。
果实类型： 翅果，灰褐色。

果实处理： 阴干法，即摊开在室内通风、干燥处10~15天，然后收集，"风选"，除去杂质。
种子储藏： 干藏。
繁殖方法： 播种，播种时间翌年3月，播种方法为播种法Ⅱ，参考播种量约20kg/667m²~25kg/667m²，产苗量约1.5万株/667m²~2万株/667m²。
适生类型： 山区、丘陵，喜土层深厚、湿润、肥沃土壤，忌水淹，幼树需遮阴，大树喜光。
功能应用： ①观果景观营造。可用于村落、公园、校园、庭院、景区入口处，也适用于行道树配置。②彩叶景观营造。栽培地理区为亚热带地区，栽培海拔100~800m。

复羽叶栾树 Koelreuteria bipinnata Franch.

采种时间： 11月采种。
果实类型： 蒴果，褐红色。
果实处理： 阴干法，即摊开在室内通风、干燥处10~15天，球果开裂后种子脱落（可用棍棒轻轻敲打，使种子充分脱落），然后收集，拣去粗杂质，再用网筛纯净种子。
种子储藏： 普通沙藏。
繁殖方法： 播种，播种时间翌年3~4月，播种方法为播种法Ⅰ，参考播种量15kg/667m²~20kg/667m²，产苗量约2万株/667m²。

复羽叶栾树苗

适生类型： 山区、丘陵、平原，喜土层深厚、湿润、肥沃土壤，喜光，不耐干旱贫瘠。
功能应用： ①观果景观营造。可用于村落、公园、校园、庭院、景区入口，可作观果带营造，也适用于行道树配置。②彩叶景观营造。栽培地理区为温带、亚热带地区，栽培海拔100~900m。

冬青 Ilex chinensis Sims

采种时间： 9~10月采种。
果实类型： 核果，暗红色。
果实处理： 堆沤法，即堆放在室内通风处，堆沤时间10~15天，让果皮软化。
种子处理： 肉质果皮充分软化后，用清水搓洗，将种子与种皮碎屑分离，然后捞出种子，用清水再冲洗1~2次。沥干水，摊开在室内通风处1~2天。
种子储藏： 普通沙藏。
繁殖方法： 播种，播种时间6~7月，播种方法为播种法Ⅱ，参考播种量约8kg/667m²~10kg/667m²，产苗量约2万株/667m²。

冬青种子

适生类型： 山区、丘陵、平原，喜土层深厚、湿润、肥沃土壤，忌水淹，喜光，适应较强。
功能应用： ①观果景观营造。可用于村落、公园、校园、景区入口，或用于观果带营造，也适用于行道树配置。②药用树种。栽培地理区为亚热带地区，栽培海拔100~1000m。

铁冬青 Ilex rotunda Thunb.

采种时间： 10~11月采种。
果实类型： 核果，红色。
果实处理： 堆沤法，即堆放在室内通风处，堆沤时间10~15天，让果皮软化。
种子处理： 肉质果皮充分软化后，用清水搓洗，将种子与种皮碎屑分离，然后捞出种子，用清水再冲洗1~2次。沥干水，摊开在室内通风处1~2天。

种子储藏： 普通沙藏。

繁殖方法： 播种，播种时间6~7月，播种方法为播种法Ⅱ，参考播种量约8kg/667m²~10kg/667m²，产苗量约2万株/667m²。

适生类型： 山区、丘陵、平原，喜土层深厚、湿润、肥沃土壤，忌水淹，喜光，适应性较强。

功能应用： ①观果景观营造。可用于村落、公园、校园、景区入口，可作观果带营造，也适用于行道树配置。②药用树种。栽培地理区为亚热带地区，栽培海拔100~1000m。

铁冬青种子

冬青种子

枸骨 Ilex cornuta Lindl. et Paxt.

采种时间： 10~12月采种。

果实类型： 核果，红色。

果实处理： 堆沤法，即堆放在室内通风处，堆沤时间10~15天，让果皮软化。

种子处理： 肉质果皮充分软化后，用清水搓洗，将种子与种皮碎屑分离，然后捞出种子，用清水再冲洗1~2次。沥干水，摊开在室内通风处1~2天。

种子储藏： 普通沙藏。

繁殖方法： 播种，播种时间翌年3~4月，播种方法为播种法Ⅱ，参考播种量约8kg/667m²~10kg/667m²，产苗量约2万株/667m²~2.5万株/667m²。

适生类型： 山区、丘陵、平原，喜稍深厚、湿润、肥沃土壤，忌水淹，喜光，适应性较强。

功能应用： ①观果景观营造。可用于村落、公园、校园、景区入口、花坛，可作观果灌木带营造。②药用树种。栽培地理区为温带、亚热带地区，栽培海拔100~1000m。

大叶冬青 Ilex latifolia Thunb.

采种时间： 10月采种。

果实类型： 核果，灰红色。

果实处理： 堆沤法，即堆放在室内通风处，堆沤时间10~15天，让果皮软化。

种子处理： 肉质果皮充分软化后，用清水搓洗，将种子与种皮碎屑分离，然后捞出种子，用清水再冲洗1~2次。沥干水，摊开在室内通风处1~2天。

种子储藏： 普通沙藏。

繁殖方法： 播种，播种时间当年12月，或翌年3~4月，播种方法为播种法Ⅱ，参考播种量约8kg/667m²~10kg/667m²，产苗量约2万株/667m²。

适生类型： 山区、丘陵、平原，喜土层深厚、湿润、肥沃土壤，喜光，不耐旱，稍耐阴。

功能应用： ①观果景观营造。可用于村落、公园、校园、景区入口，可作观果带营造，也适用于行道树配置。②药用树种。栽培地理区为亚热带地区，栽培海拔100~800m。

野鸦椿 Euscaphis japonica (Thunb.) Dippel

采种时间： 10月采种。

果实类型： 蓇葖果，淡红色。

果实处理： 阴干法（虽然种子外面有一层薄薄的黑色种皮，但不需要洗种），即摊开在室内通风、干燥处10~15天，蓇葖果

野鸦椿种子

开裂后种子脱落（可用棍棒轻轻敲打，使种子充分脱落），然后收集，拣去粗杂质，再用网筛纯净种子。

种子储藏： 普通沙藏。

繁殖方法： 播种，播种时间当年12月或翌年3~4月，播种方法为播种法Ⅱ，参考播种量约8kg/667m²~10kg/667m²，产苗量约2万株/667m²。

适生类型： 山区、丘陵、平原，喜土层深厚、湿润、肥沃土壤，忌水淹，喜光，不耐干旱。

功能应用： 观果景观营造。可用于村落、公园、校园、景区入口，或用于观果带营造，不适用于行道树配置。栽培地理区为亚热带地区，栽培海拔100~800m。

圆齿野鸭椿 Euscaphis konishii Hayata

采种时间： 11~12月采种。

果实类型： 蓇葖果，红色。

果实处理： 阴干法（虽然种子外面有一层薄薄的黑色种皮，但不需要洗种），即摊开在室内通风、干燥处10~15天，蓇葖果开裂后种子脱落（可用棍棒轻轻敲打，使种子充分脱落），然后收集，拣去粗杂质，再用网筛纯净种子。

种子储藏： 普通沙藏。

圆齿野鸭椿苗　　　　　圆齿野鸭椿种子

繁殖方法： 播种，播种时间当年12月或翌年3~4月，播种方法为播种法Ⅱ，参考播种量约8kg/667m²~10kg/667m²，产苗量约2万株/667m²。

适生类型： 山区、丘陵、平原，喜土层深厚、湿润、肥沃土壤，忌水淹，喜光，不耐干旱。

功能应用： 观果景观营造。可用于村落、公园、校园、景区入口，或可作观果带营造，不适用于行道树配置。栽培地理区为亚热带地区，栽培海拔100~800m。

华南青皮木 Schoepfia chinensis Gardn. et Champ.

采种时间： 6月采种。

果实类型： 核果，红色。

果实处理： 堆沤法，即堆放在室内通风处，堆沤时间7~15天，让果皮软化。

种子处理： 肉质果皮充分软化后，用清水搓洗，将种子与种皮碎屑分离，然后捞出种子，用清水再冲洗1~2次，沥干水，摊开在室内通风处1~2天。

种子储藏： 普通沙藏，或随采随播，不需要储藏。

繁殖方法： 播种，播种时间当年6~7月或翌年3~4月，播种方法为播种法Ⅱ，参考播种量约8kg/667m²~10kg/667m²，产苗量约2万株/667m²。

适生类型： 山区、丘陵，喜土层深厚、湿润、肥沃土壤，忌水淹，喜光，不耐旱，稍耐阴。

功能应用： 观果景观营造。可用于村落、公园、校园、景区入口，可作观果带营造、盆景，不适用于行道树配置。栽培地理区为亚热带、热带地区，栽培海拔50~600m。

猴欢喜 Sloanea sinensis (Hance) Hemsl.

采种时间： 7月采种。

果实类型： 蒴果，红色。

果实处理： 阴干法（虽然种子外面有一层薄薄的黑色种皮，但不需要洗种），即摊开在室内通风、干燥处10~15天，蒴果开裂后种子脱落（可用棍棒轻轻敲打，使种子充分脱落），然后收集，拣去粗杂质，再用网筛纯净种子。

种子储藏： 普通沙藏。

繁殖方法： 播种，播种时间当年7月或翌年3~4月，播种方法为播种法Ⅱ，参考播种量约15kg/667m²~20kg/667m²，产苗量约2万株/667m²~2.5万株/667m²。

适生类型： 山区、丘陵、平原，喜土层深厚、湿润、肥沃土壤，忌水淹，喜光，不耐干旱。

功能应用： 观果景观营造，可用于村落、公园、校园、景区入口，可作观果带营造，也适用于行道树配置。栽培地理区为亚热带地区，栽培海拔100~1000m。

猴欢喜种子　　　　　猴欢喜种苗

山桐子　Idesia polycarpa Maxim.

采种时间： 10~11月采种。

果实类型： 浆果，红色。

果实处理： 堆沤法，即堆放在室内通风处，堆沤时间10~15天，让果皮软化。

种子处理： 肉质果皮充分软化后，用清水（或加适量草木灰，或适量石灰）搓洗，将种子与种皮碎屑分离，后捞出种子，用清水再冲洗1~2次。沥干水，摊开在室内通风处1~2天。

种子储藏： 普通沙藏，或随采随播，不需要储藏。

繁殖方法： 播种，播种时间当年12月，或翌年3~4月，播种方法为播种法Ⅱ，参考播种量约5kg/667m²~8kg/667m²，产苗量约2万株/667m²。

山桐子苗　　　　　山桐子种子

适生类型： 山区、丘陵、平原，喜土层深厚、湿润、肥沃土壤，忌水淹，喜光，不耐旱，稍耐阴。

功能应用： ①观果景观营造。可用于村落、公园、校园、景区入口，可作观果带营造。②彩叶景观营造。也适用于行道树配置。栽培地理区为亚热带地区，栽培海拔50~900m。

鸡树条（天目琼花）　Viburnum opulus Linn. var. calvescens (Rehd.) Hara

采种时间： 10月采种。

果实类型： 核果，红色。

果实处理： 堆沤法，即堆放在室内通风处，堆沤时间10~15天，让果皮软化。

种子处理： 肉质果皮充分软化后，用清水搓洗，将种子与种皮碎屑分离，后捞出种子，用清水再冲洗1~2次。沥干水，摊开在室内通风处1~2天。

种子储藏： 普通沙藏。

繁殖方法： 播种，播种时间翌年3~4月，播种方法为播种法Ⅱ，参考播种量约8kg/667m²~10kg/667m²，产苗量约2.5万株/667m²~3万株/667m²。

适生类型： 山区、丘陵、平原，喜土层稍深厚、湿润、肥沃土壤；喜光，稍耐旱，也耐阴。

功能应用： ①观果景观营造。可用于村落、公园、校园、景区入口，可作观果带营造。②常绿灌木带景观营造。栽培地理区为亚热带地区，栽培海拔100~1000m。

南方红豆杉 Taxus wallichiana Zucc.var.mairei (lemee et Lévl.) L. K. Fu et Nan Li

采种时间： 10月采种。
果实类型： 种子核果状，具肉质红色、杯状假种皮。
果实处理： 堆沤法，即堆放在室内通风处，堆沤时间5~7天，让果皮软化。
种子处理： 肉质种皮充分软化后，用清水搓洗，将种子与种皮碎屑分离，后捞出种子，用清水再冲洗1~2次。沥干水，摊开在室内通风处1~2天。
种子储藏： 特殊沙藏。
繁殖方法： 播种，播种时间当年12月或翌年3~4月，播种方法为播种法Ⅲ，参考播种量约15kg/667m^2~20kg/667m^2，产苗量约3万株/667m^2~3.5万株/667m^2。
适生类型： 山区、丘陵，喜土层深厚、湿润、肥沃土壤，喜光，忌水淹，不耐干旱，耐阴。
功能应用： ①观果景观营造。可用于村落、公园、校园、景区入口，可作观果带营造。②用材树种。③药用树种。栽培地理区为亚热带地区，栽培海拔100~1000m。

南方红豆杉种子

（四）特殊观赏树种

紫茎 Stewartia sinensis Rehd. et Wils.

采种时间： 11月采种。
果实类型： 蒴果，灰褐色。
果实处理： 阴干法，即摊开在室内通风、干燥处10~15天，蒴果开裂后种子脱落（可用棍棒轻轻敲打，使种子充分脱落），然后收集，拣去粗杂质，再用网筛纯净种子。
种子储藏： 干藏。
繁殖方法： 播种，播种时间翌年3~4月，播种方法为播种法Ⅱ，参考播种量约12kg/667m^2~18kg/667m^2，产苗量约2万株/667m^2~2.5万株/667m^2。
适生类型： 山区、丘陵、平原，喜土层深厚、湿润、肥沃土壤，忌水淹，喜光，稍耐干旱。
功能应用： 特色树干景观营造。可用于村落、公园、校园、景区入口，可作特色树干景观带，也适用于行道树配置。栽培地理区为亚热带地区，栽培海拔100~1000m。

紫茎种子

尾叶紫薇 Lagerstroemia caudata Chun et F. C. How ex S. K. Lee et L. F. Lau

采种时间： 10月采种。
果实类型： 蒴果，灰褐色。
果实处理： 阴干法，即摊开在室内通风、干燥处10~15天，蒴果开裂后种子脱落（可用棍棒轻轻敲打，使种子充分脱落），然后收集，拣去粗杂质，再用网筛纯净种子。
种子储藏： 干藏。
繁殖方法： ①播种，播种时间当年12月或翌年3~4月，播种方法为播种法Ⅱ，参考播种量约8kg/667m^2~10kg/667m^2，产苗量约2万株/667m^2。②扦插法Ⅱ。
适生类型： 山区、丘陵、平原，喜土层深厚、湿润、肥沃土壤，怕积水，喜光，稍耐干旱。

功能应用： 特色树干景观营造，可用于村落、公园、校园、景区入口，可作特色树干景观带，也适用于行道树配置。栽培地理区为亚热带地区，栽培海拔100~800m。

大叶桂樱 Laurocerasus zippeliana (Miq.) Yu et Lu

采种时间： 10~11月采种。
果实类型： 核果，黑褐色。
果实处理： 堆沤法，即堆放在室内通风处，堆沤时间10~15天，让果皮软化。
种子处理： 肉质果皮充分软化后，用清水搓洗，将种子与种皮碎屑分离，后捞出种子，用清水再冲洗1~2次。沥干水，摊开在室内通风处1~2天。
种子储藏： 普通沙藏。
繁殖方法： 播种，播种时间翌年3~4月，播种方法为播种法Ⅱ，参考播种量约10kg/667m^2~15kg/667m^2，产苗量约2万株/667m^2。
适生类型： 山区、丘陵、平原，喜土层深厚、湿润、肥沃土壤，喜光，不耐干旱，稍耐阴。
功能应用： ①特色树干景观营造，可用于村落、公园、校园、景区入口，可作特色树干景观带，也适用于行道树配置。②常绿乔木景观带营造。栽培地理区为亚热带地区，栽培海拔100~900m。

异色泡花树 Meliosma myriantha Sieb. et Zucc. var. discolor Dunn

采种时间： 10~11月采种。
果实类型： 核果，紫蓝色。
果实处理： 堆沤法，即堆放在室内通风、干燥处，堆沤时间10~15天，让果皮软化。
种子处理： 肉质果皮充分软化后，用清水搓洗，将种子与种皮碎屑分离，后捞出种子，用清水再冲洗1~2次。沥干水，摊开在室内通风处1~2天。
种子储藏： 普通沙藏。
繁殖方法： 播种，播种时间翌年3~4月，播种方法为播种法Ⅱ，参考播种量约15kg/667m^2~18kg/667m^2，产苗量约1.8万株/667m^2。
适生类型： 山区、丘陵，喜土层深厚、湿润、肥沃土壤，喜光，忌水淹，不耐干旱，耐阴。
功能应用： ①特色树干景观营造，可用于村落、公园、校园、景区入口，或用于特色树干景观带，也适用于行道树配置。②用材树种。栽培地理区为亚热带地区，栽培海拔100~1000m。

油柿 Diospyros oleifera Cheng

采种时间： 10月采种。
果实类型： 浆果，褐黄色。
果实处理： 堆沤法，即堆放在室内通风处，堆沤时间7~15天，让果皮软化。
种子处理： 肉质果皮充分软化后，用清水搓洗，将种子与种皮碎屑分离，后捞出种子，用清水再冲洗1~2次。沥干水，摊开在室内通风处1~2天。
种子储藏： 普通沙藏。
繁殖方法： 播种，播种时间当年12月或翌年3~4月，播种方法为播种法Ⅱ，参考播种量约15kg/667m^2~20kg/667m^2，产苗量约2万株/667m^2~2.5万株/667m^2。
适生类型： 山区、丘陵、平原，喜土层深厚、湿润、肥沃土壤，喜光，忌水淹，不耐干旱。
功能应用： ①特色树干景观营造，可用于村落、公园、校园、景区入口，可作特色树干景观带，不适用于行道树配置。②药用。栽培地理区为亚热带区，栽培海拔100~900m。

光皮树（光皮梾木）Swida wilsoniana (Wanger.) Sojak

采种时间： 10月采种。
果实类型： 核果，紫蓝色。
果实处理： 堆沤法，即堆放在室内通风处，堆沤时间7~15天，让果皮软化。
种子处理： 肉质果皮充分软化后，用70℃水浸泡3天，每天换一次60℃水；第四天在清水中加入少量的过滤石灰水搓洗（或用棍棒滚搓），再用清水淘洗，反复3~4次，最后将种子与种皮碎屑分离，后捞出种子，用清水再冲洗1~2次。沥干水，摊开在室内通风处1~2天。
种子储藏： 普通沙藏6~7个月。
繁殖方法： 播种，播种时间翌年5~6月，播种方法为播种法Ⅱ，参考播种量约15kg/667m²~20kg/667m²，产苗量约2万株/667m²~2.5万株/667m²。
适生类型： 山区、丘陵、平原、石灰岩地段、田岸，喜土层深厚、湿润、肥沃土壤，喜光。
功能应用： ①特色树干景观营造。可用于村落、公园、校园、景区入口，可作特色树干景观带，也适用于行道树配置。②种子榨油食用。栽培地理区为亚热带地区，栽培海拔100~800m。

光皮树苗

（五）树形观赏树种

香叶树 Lindera communis Hemsl.

采种时间： 10月采种。
果实类型： 核果，暗红色。
果实处理： 堆沤法，即堆放在室内通风处，堆沤时间15~20天，让果皮软化。
种子处理： 肉质果皮充分软化后，用清水搓洗，将种子与种皮碎屑分离，后捞出种子，用清水再冲洗1~2次。沥干水，摊开在室内通风处1~2天。
种子储藏： 普通沙藏。
繁殖方法： 播种，播种时间翌年3~4月，播种方法为播种法Ⅱ，参考播种量约20kg/667m²~25kg/667m²，产苗量约2.5万株/66/m²。
适生类型： 山区、丘陵、平原，喜土层深厚、湿润、肥沃土壤，喜光，不耐干旱，稍耐阴。
功能应用： ①常绿乔木树形景观营造。可用于村落、公园、校园、景区入口，可作树形景观带，也适用于行道树配置。②用材树种。栽培地理区为亚热带地区，栽培海拔100~900m。

香叶树种子

黑壳楠（原变型）Lindera megaphylla Hemsl. f. megaphylla

采种时间： 10月采种。
果实类型： 核果，黑褐色。
果实处理： 堆沤法，即堆放在室内通风处，堆沤时间15~20天，让果皮软化。
种子处理： 肉质果皮充分软化后，用清水搓洗，将种子与种皮碎屑分离，后捞出种子，用清水再冲洗1~2次。沥干水，摊开在室内通风处1~2天。

黑壳楠种子

种子储藏： 普通沙藏。

繁殖方法： 播种，播种时间翌年3~4月，播种方法为播种法Ⅱ，参考播种量约25kg/667m²~30kg/667m²，产苗量约2万株/667m²~2.5万株/667m²。

适生类型： 山区、丘陵、平原，喜土层深厚、湿润、肥沃土壤，喜光忌水淹，稍耐干旱。

功能应用： ①树形景观营造。可用于村落、公园、校园、景区入口，可作树形景观带，也适用于行道树配置。②用材。栽培地理区为亚热带地区，栽培海拔100~900m。

红楠 Machilus thunbergii Sieb. et Zucc.

采种时间： 7月采种。

果实类型： 核果，紫蓝色。

果实处理： 堆沤法，即堆放在室内通风处，堆沤时间7~15天，让果皮软化。

种子处理： 肉质果皮充分软化后，用清水搓洗，将种子与种皮碎屑分离，后捞出种子，用清水再冲洗1~2次。沥干水，摊开在室内通风处1~2天。

红润楠种子

红润楠苗

种子储藏： 随采随播，种子不需要沙藏。

繁殖方法： 播种，播种时间当年7月，播种方法为播种法Ⅱ，参考播种量约25kg/667m²~30kg/667m²，产苗量约2万株/667m²~2.5万株/667m²。

适生类型： 山区、丘陵、平原，喜土层深厚、湿润、肥沃土壤，喜光，忌水淹，不耐干旱，稍耐阴。

功能应用： ①常绿乔木树形景观营造。即村落、公园、校园、景区入口、树形景观带；也适用于行道树配置。②用材树种。栽培区：亚热带地区，栽培海拔100~900m。

川桂 Cinnamomum wilsonii Gamble

采种时间： 6~7月采种。

果实类型： 核果，紫黑色。

果实处理： 堆沤法，即堆放在室内通风处，堆沤时间7~15天，让果皮软化。

种子处理： 肉质果皮充分软化后，用清水搓洗，将种子与种皮碎屑分离，后捞出种子，用清水再冲洗1~2次。沥干水，摊开在室内通风处1~2天。

种子储藏： 不需储藏，随采随播。

繁殖方法： 播种，播种时间当年6~7月，播种方法为播种法Ⅱ，参考播种量约25kg/667m²~30kg/667m²，产苗量约2万株/667m²。

适生类型： 山区、丘陵，喜土层深厚、湿润、肥沃土壤，喜光，忌水淹，不耐干旱，耐阴。

功能应用： ①常绿树形景观营造。可用于村落、公园、校园、景区入口，可作树形景观带，也适用于行道树配置。②用材。③树皮用于香料，可食用。栽培地理区为亚热带地区，栽培海拔100~900m。

密花梭罗 Reevesia pycnantha Ling

采种时间： 7月采种。

果实类型： 蒴果，灰褐色。

果实处理： 阴干法，即摊开在室内通风、干燥处10~15天，蒴果开裂后种子脱落（可用棍棒轻轻敲打，使种子充分脱落），然后收集，拣去粗杂质，再用网筛纯净种子。

种子储藏： 普通沙藏。

繁殖方法： 播种，播种时间当年7月或翌年3~4月，播种方法为播种法Ⅱ，参考播种量约 8kg/667m²~10kg/667m²，产苗量约2万株/667m²。

适生类型： 山区、丘陵、平原，喜土层深厚、湿润、肥沃土壤，忌水淹，喜光，稍耐干旱。

功能应用： ①乔木树形景观营造。可用于村落、公园、校园、景区入口，可作树形景观带，也适用于行道树配置。②用材树种。栽培地理区为亚热带地区，栽培海拔100~800m。

毡毛泡花树 Meliosma rigida Sieb. et Zucc. var. pannosa (Hand.-Mazz.) Law

采种时间： 10月采种。

果实类型： 核果，紫黑色。

果实处理： 堆沤法，即堆放在室内通风、干燥处，堆沤时间10~15天，让果皮软化。

种子处理： 肉质果皮充分软化后，用清水搓洗，将种子与种皮碎屑分离，后捞出种子，用清水再冲洗1~2次。沥干水，摊开在室内通风处1~2天。

种子储藏： 普通沙藏。

繁殖方法： 播种，播种时间翌年3~4月，播种方法为播种法Ⅱ，参考播种量约18kg/667m²~22kg/667m²，产苗量约2万株/667m²~2.5万株/667m²。

适生类型： 山区、丘陵、平原，喜土层深厚、湿润、肥沃土壤，喜光，稍耐干旱，也耐阴。

功能应用： 乔木树形景观营造。可用于村落、公园、校园、景区入口，可作树形景观带，也适用于行道树配置。栽培地理区为亚热带地区，栽培海拔100~1000m。

棱角山矾 Symplocos tetragona Chen ex Y. F. Wu

采种时间： 10~11月采种。

果实类型： 核果，紫黑色。

果实处理： 堆沤法，即堆放在室内通风处，堆沤时间15~20天，让果皮软化。

种子处理： 肉质果皮充分软化后，用清水搓洗，将种子与种皮碎屑分离，捞出种子，用清水再冲洗1~2次。沥干水，摊开在室内通风处1~2天。

种子储藏： 普通沙藏。

繁殖方法： 播种，播种时间当年12月或翌年3~4月。播种方法为播种法Ⅱ，参考播种量约25kg/667m²~30kg/667m²，产苗量约2万株/667m²~2.5万株/667m²。

适生类型： 山区、丘陵、平原，喜土层深厚、湿润、肥沃土壤，喜光，不耐旱，忌水淹，稍耐阴。

功能应用： 常绿乔木树形景观营造。可用于村落、公园、校园、景区入口，可作树形景观带，也适用于行道树配置。栽培地理区为亚热带地区，栽培海拔50~900m。

老鼠矢 Symplocos stellaris Brand

采种时间： 7月采种。

果实类型： 核果，紫黑色。

果实处理： 堆沤法，即堆放在室内通风、干燥处，堆沤时间15~20天，让果皮软化。

种子处理： 肉质果皮充分软化后，用清水搓洗，将种子与种皮碎屑分离，捞出种子，用清水再冲洗1~2次。沥干水，摊开在室内通风处1~2天。

种子储藏： 普通沙藏。

繁殖方法： 播种，播种时间当年7月或翌年3~4月，播种方法为播种法Ⅱ，参考播种量约25kg/667m²~30kg/667m²，产苗量约2万株/667m²~2.5万株/667m²。

适生类型： 山区、丘陵、平原，喜土层深厚、湿润、肥沃土壤，喜光，稍耐旱，也稍耐阴。

功能应用： 常绿乔木树形景观营造。可用于村落、公园、校园、景区入口，可作树形景观带，也适用于行道树配置。栽培地理区为亚热带地区，栽培海拔50~1000m。

乐东拟单性木兰 Parakmeria lotungensis (Chun et C. Tsoong) Law

采种时间：9~10月采种。
果实类型：蓇葖果，褐红色。
果实处理：阴干法，即摊开在室内通风、干燥处15~20天。果实干燥后开裂，收集脱落的种子，堆沤5~7天，让肉质假种皮软化。
种子处理：肉质假种皮充分软化后，用清水搓洗，将种子与种皮碎屑分离，然后捞出种子，用清水再冲洗1~2次。沥干水，摊开在室内通风处1~2天。
种子储藏：普通沙藏。
繁殖方法：①播种，播种时间翌年3月播种或随采随播，播种方法为播种法Ⅱ，参考播种量约10kg/667m²~18kg/667m²，产苗量约2万株/667m²。②扦插Ⅱ。
适生类型：山区、丘陵、平原，喜土层深厚、湿润、肥沃土壤，忌水淹，幼树需遮阴，大树喜光。
功能应用：常绿乔木树形景观营造。可用于村落、公园、校园、景区入口，树形景观带，也适用于行道树配置。栽培地理区为亚热带地区，栽培海拔50~900m。

乐东拟单性木兰种子

井冈山木莲 Manglietia jinggangshanensis R.L. Liu et Z.X. Zhang

采种时间：10月采种。
果实类型：蓇葖果，褐红色。
果实处理：阴干法，即摊开在室内通风、干燥处15~20天。果实干燥后开裂，收集脱落的种子，堆沤5~7天，让肉质假种皮软化。
种子处理：肉质假种皮充分软化后，用清水搓洗，将种子与种皮碎屑分离，然后捞出种子，用清水再冲洗1~2次。沥干水，摊开在室内通风处1~2天。
种子储藏：普通沙藏。
繁殖方法：播种，播种时间翌年3月或随采随播，播种方法为播种法Ⅱ，参考播种量约18kg/667m²~25kg/667m²，产苗量约2万株/667m²~2.5万株/667m²。
适生类型：山区、丘陵，喜土层深厚、湿润、肥沃土壤，忌水淹，幼树需遮阴，大树喜光。
功能应用：常绿乔木树形景观营造。可用于村落、公园、校园、景区入口，可作树形景观带，不适用于行道树配置。栽培地理区为亚热带地区，栽培海拔100~1000m。

井冈山木莲种子

花榈木 Ormosia henryi Prain

采种时间：10~11月采种。
果实类型：荚果，灰褐色。
果实处理：阴干法，即摊开在室内通风、干燥处10~15天，荚果开裂后种子脱落（可用棍棒轻轻敲打，使种子充分脱落），然后收集，拣去粗杂质，再用网筛纯净种子。
种子储藏：普通沙藏，不需要将红色种皮除去。
繁殖方法：播种，播种时间当年12月或翌年3~4月，播种方法为播种法Ⅱ，参考播种量约20kg/667m²~25kg/667m²，产苗量约2万株/667m²~2.5万株/667m²。
适生类型：山区、丘陵、平原、局部石灰岩地段，喜土层深厚、湿润、肥沃土壤，喜光，忌水淹，稍耐干旱，也耐阴。
功能应用：①常绿乔木树形景观营造。可用于村落、公园、校园、景区入口，可作树形景观带，也

花榈木种子

用于行道树配置。②用材树种。栽培地理区为亚热带地区，栽培海拔100~1000m。

日本杜英（薯豆）Elaeocarpus japonicus Sieb. et Zucc.

采种时间： 10~11月采种。
果实类型： 核果，紫蓝色。
果实处理： 堆沤法，即堆放在室内通风处，堆沤时间15~20天，让果皮软化。
种子处理： 肉质果皮充分软化后，用清水搓洗，将种子与果皮碎屑分离，后捞出种子，用清水再冲洗1~2次。沥干水，摊开在室内通风处1~2天。
种子储藏： 普通沙藏。
繁殖方法： 播种，播种时间翌年3~4月，播种方法为播种法Ⅱ，参考播种量约25kg/667m²~30kg/667m²，产苗量约2.5万株/667m²~3万株/667m²。
适生类型： 山区、丘陵、平原，喜土层深厚、湿润、肥沃土壤，喜光，稍耐旱，也稍耐阴。
功能应用： 常绿乔木树形景观营造。可用于村落、公园、校园、景区入口，可作树形景观带，也适用于行道树配置。栽培地理区为亚热带地区，栽培海拔100~1000m。

日本杜英种子

多花山竹子 Garcinia multiflora Champ. ex Benth.

采种时间： 11~12月采种。
果实类型： 核果，褐黄色。
果实处理： 堆沤法，即堆放在室内通风处，堆沤时间15~20天，让果皮软化。
种子处理： 肉质果皮充分软化后，用清水搓洗，将种子与种皮碎屑分离，后捞出种子，用清水再冲洗1~2次。沥干水，摊开在室内通风处1~2天。
种子储藏： 普通沙藏。
繁殖方法： 播种，播种时间翌年3~4月，播种方法为播种法Ⅱ，参考播种量约35kg/667m²~40kg/667m²，产苗量约2万株/667m²~2.5万株/667m²。
适生类型： 山区、丘陵、平原，喜土层深厚、湿润、肥沃土壤，喜光，忌水淹，耐阴。
功能应用： 常绿乔木树形景观营造。可用于村落、公园、校园、景区入口，可作树形景观带，也适用于行道树配置。栽培地理区为亚热带地区，栽培海拔50~900m。

多花山竹子种子

树参 Dendropanax dentiger (Harms) Merr.

采种时间： 10~11月采种。
果实类型： 核果，紫黑色。
果实处理： 堆沤法，即堆放在室内通风处，堆沤时间15~20天，让果皮软化。
种子处理： 肉质果皮充分软化后，用清水搓洗，将种子与果皮碎屑分离，后捞出种子，用清水再冲洗1~2次。沥干水，摊开在室内通风处1~2天。
种子储藏： 普通沙藏。
繁殖方法： 播种，播种时间翌年3~4月。播种方法为播种法Ⅱ，参考播种量约8kg/667m²~10kg/667m²，产苗量约2.5万株/667m²~3万株/667m²。
适生类型： 山区、丘陵、平原，喜土层深厚、湿润、肥沃土壤，喜光，忌水淹，稍耐阴。
功能应用： ①常绿乔木树形景观营造。可用于村落、公园、校园、景区入口，可作树形景观带，也适用于行道树配置。②药用树种。栽培地理区为亚热带地区，栽培海拔50~900m。

蕈树（阿丁枫）Altingia chinensis (Champ.) Oliver ex Hance

采种时间： 10~11月采种。
果实类型： 聚合蒴果，灰褐色。
果实处理： 阴干法，即摊开在室内通风、干燥处10~15天，蒴果开裂后种子脱落（可用棍棒轻轻敲打，使种子充分脱落），然后收集，拣去粗杂质，再用网筛纯净种子。
种子储藏： 干藏。
繁殖方法： 播种，播种时间翌年3~4月，播种方法为播种法Ⅱ，参考播种量约5kg/667m²~8kg/667m²，产苗量约2.5万株/667m²~3万株/667m²。
适生类型： 山区、丘陵、平原，喜土层深厚、湿润、肥沃土壤，喜光，忌水淹，稍耐旱，也耐阴。
功能应用： 常绿乔木树形景观营造。可用于村落、公园、校园、景区入口，可作树形景观带，也用于行道树配置。栽培地理区为亚热带地区，栽培海拔100~1000m。

蕈树苗

蕈树种子

江西褐毛四照花 Dendrobenthamia ferruginea (Wu) Fang var. jiangxiensis Fang et Hsieh

采种时间： 10~11月采种。
果实类型： 聚合状核果，暗红色。
果实处理： 堆沤法，即堆放在室内通风处，堆沤时间15~20天，让果皮软化。
种子处理： 肉质果皮充分软化后，用清水搓洗，将种子与种皮碎屑分离，后捞出种子，用清水再冲洗1~2次。沥干水，摊开在室内通风处1~2天。
种子储藏： 普通沙藏。
繁殖方法： 播种，播种时间翌年3~4月，播种方法为播种法Ⅱ，参考播种量约15kg/667m²~20kg/667m²，产苗量约2.5万株/667m²~3万株/667m²。
适生类型： 山区、丘陵、平原，喜土层深厚、湿润、肥沃土壤，喜光，忌水淹，稍耐阴。
功能应用： ①常绿乔木树形景观营造。可用于村落、公园、校园、景区入口，可作树形景观带，也适用于行道树配置。②观花树种。栽培地理区为亚热带地区，栽培海拔50~900m。

二、反映自然地理特征的主要树种

樟树（香樟）Cinnamomum camphora (L.) Presl.

采种时间： 9~10月采种。
果实类型： 核果，紫黑色。
果实处理： 堆沤法，即堆放在室内通风处，堆沤时间7~15天，让果皮软化。
种子处理： 肉质果皮充分软化后，用清水搓洗，将种子与种皮碎屑分离，后捞出种子，用清水再冲洗1~2次。沥干水，摊开在室内通风处1~2天。
种子储藏： 普通沙藏。
繁殖方法： 播种，播种时间翌年3~4月，播种方法为播种法Ⅰ，参考播种量约15kg/667m²~20kg/667m²，产苗量约2.5万株/667m²。
适生类型： 山区、丘陵、平原、河岸，喜土层深厚、湿润、肥沃土壤，喜光，耐水湿。
功能应用： ①园林开阔地段营造地带性特征景观。可用于村落、公园、校园、景区入口，可作地带性特征景观带，也适用于行道树配置。②用材树种。③医药原料林营造。栽培地理区为亚热带地区，栽培海拔50~700m。

樟树种子

猴樟 Cinnamomum bodinieri Levl.

采种时间： 9~10月采种。
果实类型： 核果，紫黑色。
果实处理： 堆沤法，即堆放在室内通风处，堆沤时间7~15天，让果皮软化。
种子处理： 肉质果皮充分软化后，用清水搓洗，将种子与种皮碎屑分离，后捞出种子，用清水再冲洗1~2次。沥干水，摊开在室内通风处1~2天。
种子储藏： 普通沙藏。
繁殖方法： 播种，播种时间翌年3~4月，播种方法为普通播种法Ⅱ，参考播种量约15kg/667m²~20kg/667m²，产苗量约2.5万株/667m²~3万株/667m²。
适生类型： 山区、丘陵，喜土层深厚、湿润、肥沃土壤，喜光，忌水淹，稍耐阴，不耐旱。
功能应用： ①园林开阔地段营造地带性特征景观。可用于村落、公园、校园、景区入口，可作地带性特征景观带，也适用于行道树配置。②用材树种。③医药原料林营造。栽培地理区为亚热带地区，栽培海拔100~800m。

紫楠 Phoebe sheareri (Hemsl.) Gamble

采种时间： 9~10月采种。
果实类型： 核果，紫黑色。
果实处理： 堆沤法，即堆放在室内通风处，堆沤时间7~15天，让果皮软化。
种子处理： 肉质果皮充分软化后，用清水搓洗，将种子与种皮碎屑分离，

紫楠苗

后捞出种子，用清水再冲洗1~2次。沥干水，摊开在室内通风处1~2天。

种子储藏： 普通沙藏。

繁殖方法： 播种，播种时间翌年3~4月，播种方法为播种法Ⅱ，参考播种量约15kg/667m²~20kg/667m²，产苗量约2.5万株/667m²~3万株/667m²。

适生类型： 山区、丘陵、平原，喜土层深厚、湿润、肥沃土壤，喜光，忌水淹，稍耐阴。

功能应用： ①营造地带性特征景观。可用于村落、公园、校园、景区入口，可作地带性特征景观带，也适用于行道树配置。②用材树种。栽培地理区为亚热带地区，栽培海拔50~900m。

广东琼楠 Beilschniedia fordii Dunn

采种时间： 10月采种。

果实类型： 核果，紫黑色。

果实处理： 堆沤法，即堆放在室内通风处，堆沤时间7~15天，让果皮软化。

种子处理： 肉质果皮充分软化后，用清水搓洗，将种子与种皮碎屑分离，后捞出种子，用清水再冲洗1~2次。沥干水，摊开在室内通风处1~2天。

种子储藏： 普通沙藏。

繁殖方法： 播种，播种时间翌年3~4月，播种方法为播种法Ⅱ，参考播种量约15kg/667m²~20kg/667m²，产苗量约2.5万株/667m²~3万株/667m²。

适生类型： 山区、丘陵、平原，喜土层深厚、湿润、肥沃土壤，喜光，忌水淹，稍耐阴。

功能应用： 营造地带性特征景观。可用于村落、公园、校园、景区入口，或用于地带性特征景观带，不适用于行道树配置。栽培地理区为亚热带地区，栽培海拔50~500m。

毛锥（南岭栲）Castanopsis fordii Hance

采种时间： 10月采种。

果实类型： 坚果，灰褐色。

果实处理： 阴干法，即摊开在室内通风、干燥处10~15天，坚果总苞开裂后种子脱落（可用棍棒轻轻敲打，使种子充分脱落），然后收集，拣去粗杂质，再用网筛纯净种子。

种子储藏： 普通沙藏。

繁殖方法： 播种，播种时间翌年3~4月，播种方法为播种法Ⅱ，参考播种量约80kg/667m²~120kg/667m²，产苗量约2万株/667m²。

适生类型： 山区、丘陵，喜土层深厚、湿润、肥沃土壤，喜光，忌水淹，稍耐旱，也耐阴。

功能应用： 营造地带性特征景观。可用于村落、公园、校园、景区入口，可作地带性特征景观带，也用于行道树配置。栽培地理区为亚热带地区，栽培海拔100~500m。

栲（丝栗栲）Castanopsis fargesii Franch.

采种时间： 7月采种。

果实类型： 坚果，灰褐色。

果实处理： 阴干法，即摊开在室内通风、干燥处10~15天，坚果总苞开裂后种子脱落（可用棍棒轻轻敲打，使种子充分脱落），然后收集，拣去粗杂质，再用网筛纯净种子。

种子储藏： 普通沙藏，也可以随采随播（不需要储藏种子）。

繁殖方法： 播种，播种时间当年7~8月或翌年3~4月，播种方法为播种法Ⅱ，参考播种量约100kg/667m²~140kg/667m²，产苗量约2万株/667m²~2.5万株/667m²。

适生类型： 山区、丘陵、平原，喜土层深厚、湿润、肥沃土壤，喜光，忌水淹，稍耐干旱。

功能应用： 营造地带性特征景观。可用于村落、公园、校园、景区入口，可作地带性特征景观带，也用于行道树配置。栽培地理区为亚热带地区，栽培海拔100~1000m。

青冈 Cyclobalanopsis glauca (Thunb.) Oerst.

采种时间： 10月采种。
果实类型： 坚果，灰褐色。
果实处理： 阴干法，即摊开在室内通风、干燥处10~15天，坚果总苞开裂后种子脱落（可用棍棒轻轻敲打，使种子充分脱落），然后收集，拣去粗杂质，再用网筛纯净种子。
种子储藏： 普通沙藏。
繁殖方法： 播种，播种时间翌年3~4月，播种方法为播种法Ⅱ，参考播种量约80kg/667m^2~120kg/667m^2，产苗量约2万株/667m^2~2.5万株/667m^2。
适生类型： 山区、丘陵、平原，喜土层深厚、湿润、肥沃土壤，喜光，忌水淹，稍耐旱，也耐阴。
功能应用： 营造地带性特征景观。可用于村落、公园、校园、景区入口，可作地带性特征景观带，也用于行道树配置。栽培地理区为亚热带地区，栽培海拔100~500m。

青冈种子

细柄蕈树 Altingia gracilipes Hemsl.

采种时间： 10~11月采种。
果实类型： 聚合蒴果，灰褐色。
果实处理： 阴干法，即摊开在室内通风、干燥处10~15天，蒴果开裂后种子脱落（可用棍棒轻轻敲打，使种子充分脱落），然后收集，拣去粗杂质，再用网筛纯净种子。
种子储藏： 普通沙藏。
繁殖方法： 播种，播种时间翌年3~4月，播种方法为播种法Ⅱ，参考播种量约8kg/667m^2~10kg/667m^2，产苗量约2.5万株/667m^2~3万株/667m^2。
适生类型： 山区、丘陵、平原，喜土层深厚、湿润、肥沃土壤，喜光，忌水淹，稍耐旱，也耐阴。
功能应用： 营造地带性特征景观。可用于村落、公园、校园、景区入口，可作景观带，也用于行道树配置。栽培地理区为亚热带地区，栽培海拔50~500m。

木荷 Schima superba Gardn. et Champ.

采种时间： 11~12月采种。
果实类型： 蒴果，灰褐色。
果实处理： 阴干法，即摊开在室内通风、干燥处10~15天，蒴果开裂后种子脱落（可用棍棒轻轻敲打，使种子充分脱落），然后收集，拣去粗杂质，再用网筛纯净种子。
种子储藏： 干藏。
繁殖方法： 播种，播种时间翌年3~4月，播种方法为播种法Ⅰ，参考播种量约10kg/667m^2~14kg/667m^2，产苗量约2.5万株/667m^2~3万株/667m^2。
适生类型： 山区、丘陵、平原、荒山，喜土层稍厚，喜光，忌水淹，稍耐干旱。
功能应用： 营造地带性特征景观。可用于村落、公园、校园、景区入口，可作景观带，也用于行道树配置。栽培地理区为亚热带地区，栽培海拔50~700m。

木荷种子

川榛 Corylus heterophylla Fisch. var. sutchuenensis Franch.

采种时间： 7月采种。
果实类型： 坚果，灰褐色。
果实处理： 阴干法，即摊开在室内通风、干燥处10~15天，坚果总苞开裂后种子脱落（可用棍棒轻轻敲打，使种子充分脱落），然后收集，拣去粗杂质，再用网筛纯净种子。
种子储藏： 普通沙藏。
繁殖方法： 播种，播种时间翌年3~4月，播种方法为播种法Ⅱ，参考播种量约80kg/667m^2~100kg/667m^2，产苗量约2万株/667m^2~2.5万株/667m^2。
适生类型： 山区、丘陵、平原，喜土层稍厚、湿润、肥沃土壤，喜光，忌水淹，耐干旱。
功能应用： ①温带及北亚热带景观营造。可用于村落、公园、校园、景区入口，可作地带性特征景观带；不适用于行道树配置。②彩叶树种。栽培地理区为温带、亚热带地区，栽培海拔100~1000m。

三、优良用材树种

浙江润楠 Machilus chekiangensis S. Lee

采种时间： 6~7月采种。
果实类型： 核果，紫黑色。
果实处理： 堆沤法，即堆放在室内通风处，堆沤时间7~15天，让果皮软化。
种子处理： 肉质果皮充分软化后，用清水搓洗，将种子与种皮碎屑分离，后捞出种子，用清水再冲洗1~2次。沥干水，摊开在室内通风处1~2天。
种子储藏： 随采随播，种子不需要储藏。
繁殖方法： 播种，播种时间7月，播种方法为播种法Ⅱ，参考播种量约15kg/667m^2~20kg/667m^2，产苗量约2.5万株/667m^2~3万株/667m^2。
适生类型： 山区，喜土层深厚、湿润、肥沃土壤，喜光，忌水淹，稍耐阴。
功能应用： ①营造森林景观。可用于村落、公园、校园、景区入口，可作景观带，也适用于行道树配置。②用材树种。选择山区的山谷、山坡中下部造林，忌在山顶和山坡上部造林。栽培地理区为亚热带地区，栽培海拔500~800m。

刨花润楠 Machilus pauhoi Kanehira

采种时间： 7月采种。
果实类型： 核果，紫黑色。
果实处理： 堆沤法，即堆放在室内通风处，堆沤时间7~15天，让果皮软化。
种子处理： 肉质果皮充分软化后，用清水搓洗，将种子与种皮碎屑分离，后捞出种子，用清水再冲洗1~2次。沥干水，摊开在室内通风处1~2天。
种子储藏： 随采随播，种子不需要储藏。
繁殖方法： 播种，播种时间7~8月，播种方法为播种法Ⅱ，参考播种量约15kg/667m^2~20kg/667m^2，产苗量约2.5万株/667m^2~3万株/667m^2。
适生类型： 山区、丘陵，喜土层深厚、湿润、肥沃土壤，喜光，忌水淹，稍耐阴。
功能应用： ①营造森林景观。可用于村落、公园、校园、景区入口，可作景观带，也适用于行道树配置。②用材树种。选择山区的山谷、山坡中下部造林，忌在山顶和山坡上部造林。③医药原料。栽培地理区为亚热带地区，栽培海拔400~800m。

浙江楠 Phoebe chekiangensis C. B. Shang

采种时间： 9~10月采种。
果实类型： 核果，紫蓝色。
果实处理： 堆沤法，即堆放在室内通风处，堆沤时间7~15天，让果皮软化。
种子处理： 肉质果皮充分软化后，用清水搓洗，将种子与种皮碎屑分离，后捞出种子，用清水再冲洗1~2次。沥干水，摊开在室内通风处1~2天。
种子储藏： 普通沙藏。
繁殖方法： 播种，播种时间翌年3~4月，播种方法为播种法Ⅱ，参考播

浙江楠种子

种量约15kg/667m²~20kg/667m²，产苗量约2.5万株/667m²~3万株/667m²。

适生类型：山区、丘陵，喜土层深厚、湿润、肥沃土壤，喜光，忌水淹，稍耐阴。

功能应用：①营造森林景观。可用于村落、公园、校园、景区入口，可作景观带，也适用于行道树配置。②用材树种。选择山区的山谷、山坡下部，忌在山顶和山坡上部造林。栽培地理区为亚热带地区，栽培海拔200~800m。

闽楠 Phoebe bournei (Hemsl.) Yang

采种时间：10~11月采种。

果实类型：核果，紫黑色。

果实处理：堆沤法，即堆放在室内通风处，堆沤时间7~15天，让果皮软化。

种子处理：肉质果皮充分软化后，用清水搓洗，将种子与种皮碎屑分离，后捞出种子，用清水再冲洗1~2次。沥干水，摊开在室内通风处1~2天。

种子储藏：普通沙藏。

繁殖方法：播种，播种时间翌年3~4月，播种方法为播种法Ⅱ，参考播种量约15kg/667m²~20kg/667m²，产苗量约2万株/667m²~2.5万株/667m²。

闽楠种子　　　　　　闽楠种苗

适生类型：山区、丘陵，喜土层深厚、湿润、肥沃土壤，喜光，忌水淹，稍耐阴。

功能应用：①营造森林景观。可用于村落、公园、校园、景区入口，可作景观带，也适用于行道树配置。②用材树种。选择山区的山谷、山坡下部造林，忌在山顶和山坡上部造林。栽培地理区为亚热带地区，栽培海拔200~600m。

桢楠（楠木） Phoebe zhennan S. Lee et F. N. Wei

采种时间：9~10月采种。

果实类型：核果，紫蓝色。

果实处理：堆沤法，即堆放在室内通风处，堆沤时间7~15天，让果皮软化。

种子处理：肉质果皮充分软化后，用清水搓洗，将种子与种皮碎屑分离，后捞出种子，用清水再冲洗1~2次。沥干水，摊开在室内通风处1~2天。

种子储藏：普通沙藏。

繁殖方法：播种，播种时间翌年3~4月，播种方法为播种法Ⅱ，参考播种量约15kg/667m²~20kg/667m²，产苗量约2万株/667m²~2.5万株/667m²。

适生类型：山区、丘陵，喜土层深厚、湿润、肥沃土壤，喜光，忌水淹，稍耐阴。

功能应用：①营造森林景观。可用于村落、公园、校园、景区入口、景观带，也适用于行道树配置。②用材树种。选择山区的山谷、山坡下部造林，忌在山顶和山坡上部造林。栽培地理区为亚热带地区，栽培海拔200~600m。

黄樟 Cinnamomum parthenoxylon (Jack) Meisner

采种时间：6~7月采种。

果实类型：核果，紫黑色。

果实处理： 堆沤法，即堆放在室内通风处，堆沤时间7~15天，让果皮软化。

种子处理： 肉质果皮充分软化后，用清水搓洗，将种子与种皮碎屑分离，后捞出种子，用清水再冲洗1~2次。沥干水，摊开在室内通风处1~2天。

种子储藏： 随采随播，种子不需要储藏。

繁殖方法： 播种，播种时间翌年3~4月，播种方法为播种法Ⅱ，参考播种量约15kg/667m^2~20kg/667m^2，产苗量约2万株/667m^2~2.5万株/667m^2。

适生类型： 山区、丘陵，喜土层深厚、湿润、肥沃土壤，喜光，忌水淹，稍耐阴。

功能应用： ①营造森林景观。可用于村落、公园、校园、景区入口，可作景观带，也适用于行道树配置。②用材树种。选择山区的山谷、山坡中下部造林，忌在山顶和山坡上部造林。③医药原料。栽培地理区为亚热带地区，栽培海拔400~900m。

沉水樟 Cinnamomum micranthum (Hayata) Hayata

采种时间： 10月采种。

果实类型： 核果，紫黑色。

果实处理： 堆沤法，即堆放在室内通风、干燥处，堆沤时间7~15天，让果皮软化。

种子处理： 肉质果皮充分软化后，用清水搓洗，将种子与种皮碎屑分离，后捞出种子，用清水再冲洗1~2次。沥干水，摊开在室内通风处1~2天。

种子储藏： 普通沙藏。

繁殖方法： 播种，播种时间11~12月或翌年3~4月，播种方法为播种法Ⅱ，参考播种量约18kg/667m^2~25kg/667m^2，产苗量约2万株/667m^2~2.5万株/667m^2。

适生类型： 山区、丘陵，喜土层深厚、湿润、肥沃土壤，喜光，忌水淹，稍耐阴。

功能应用： ①营造森林景观。可用于村落、公园、校园、景区入口，可作景观带，不适用于行道树配置。②用材树种。选择山区的山谷、山坡下部造林，忌在山顶和山坡上部造林。③医药原料。栽培地理区为亚热带地区，栽培海拔300~700m。

豹皮樟 Litsea coreana Lévl. var. sinensis(Allen) Yang et P. H. Huang

采种时间： 7月采种。

果实类型： 核果，紫黑色。

果实处理： 堆沤法，即堆放在室内通风、干燥处，堆沤时间7~15天，让果皮软化。

种子处理： 肉质果皮充分软化后，用清水搓洗，将种子与种皮碎屑分离，后捞出种子，用清水再冲洗1~2次。沥干水，摊开在室内通风处1~2天。

种子储藏： 随采随播，种子不需要储藏。

繁殖方法： 播种，播种时间7月，播种方法为播种法Ⅱ，参考播种量约18kg/667m^2~25kg/667m^2，产苗量约2万株/667m^2~2.5万株/667m^2。

适生类型： 山区、丘陵，喜土层深厚、湿润、肥沃土壤，喜光，忌水淹，稍耐旱，也耐阴。

功能应用： ①营造森林景观，可用于村落、公园、校园、景区入口，可作景观带，也适用于行道树配置。②用材树种，选择山区的山坡上中下部造林。栽培地理区为亚热带地区，栽培海拔400~900m。

大果木姜子 Litsea lancilimba Merr.

采种时间： 11月采种。

果实类型： 核果，紫蓝色。

果实处理： 堆沤法，即堆放在室内通风、干燥处，堆沤时间7~15天，让果皮软化。

种子处理： 肉质果皮充分软化后，用清水搓洗，将种子与种皮碎屑分离，后捞出种子，用清水再冲洗1~2次。沥干水，摊开在室内通风处1~2天。

种子储藏： 普通沙藏。

繁殖方法： 播种，播种时间翌年3~4月，播种方法为播种法Ⅱ，参考播种量约20kg/667m²~25kg/667m²，产苗量约2万株/667m²~2.5万株/667m²。

适生类型： 山区、丘陵，喜土层深厚、湿润、肥沃土壤，喜光，忌水淹，耐阴，稍耐干旱。

功能应用： ①营造森林景观。可用于村落、公园、校园、景区入口，可作景观带，也适用于行道树配置。②用材树种。选择山区的山谷、山坡下部造林。栽培地理区为亚热带地区，栽培海拔200~700m。

越南安息香（东京野茉莉）Styrax tonkinensis (Pierre) Craib ex Hartw.

采种时间： 8~10月采种。

果实类型： 核果，灰白色。

果实处理： 阴干法，即摊开在室内通风、干燥处10~15天，木质核果开裂后种子脱落（可用棍棒轻轻敲打，使种子充分脱落），然后收集，拣去粗杂质，再用网筛纯净种子。

种子储藏： 普通沙藏。

繁殖方法： 播种，播种时间11~12月或翌年3~4月，播种方法为播种法Ⅱ，参考播种量约25kg/667m²~30kg/667m²，产苗量约2万株/667m²~2.5万株/667m²。

适生类型： 山区、丘陵，喜土层稍厚、湿润、肥沃土壤，喜光，稍耐旱，也稍耐阴。

功能应用： ①用材树种。选择山区的山坡中下部造林。②种子的油为工业原料。栽培地理区为亚热带地区，栽培海拔300~800m。

红皮树（栓叶安息香）Styrax suberifolius Hook. et Arn.

采种时间： 9~10月采种。

果实类型： 核果，灰白色。

果实处理： 阴干法，即摊开在室内通风、干燥处10~15天，木质核果开裂后种子脱落（可用棍棒轻轻敲打，使种子充分脱落），然后收集，拣去粗杂质，再用网筛纯净种子。

种子储藏： 普通沙藏。

繁殖方法： 播种，播种时间11~12月或翌年3~4月，播种方法为播种法Ⅱ，参考播种量约25kg/667m²~30kg/667m²，产苗量约2万株/667m²~2.5万株/667m²。

适生类型： 山区、丘陵、平原，喜土层稍厚、湿润、肥沃土壤，喜光，忌水淹，稍耐旱，也稍耐阴。

功能应用： ①营造森林景观。可用于村落、公园、校园、景区入口，可作景观带，也适用于行道树配置。②用材树种。选择山区的山坡中下部造林。栽培地理区为亚热带地区，栽培海拔200~800m。

红皮树种子

红花香椿 Toona rubriflora Tseng

采种时间： 10~11月采种。

果实类型： 蒴果，灰黑色。

果实处理： 阴干法，即摊开在室内通风、干燥处15~20天，蒴果开裂后种子脱落（可用棍棒轻轻敲打，使种子充分脱落），然后收集，拣去粗杂质，再用网筛纯净种子。

种子储藏： 干藏。

繁殖方法： 播种，播种时间翌年3~4月，播种方法为播种法Ⅱ，参考播种量约4kg/667m²~5kg/667m²，产苗量约2万株/667m²。

红花香椿种子

适生类型： 山区、丘陵、平原，喜土层深厚、湿润、肥沃土壤，喜光，忌水淹，稍耐旱，也稍耐阴。

功能应用： ①营造森林景观。可用于村落、公园、校园、景区入口，可作景观带，也适用于行道树配置。②用材树种。选择山区的山坡中下部造林，忌在山坡上部和山顶造林。栽培地理区为亚热带地区，栽培海拔200~900m。

翅荚香槐 Cladrastis platycarpa (Maxim.) Makino

采种时间： 10月采种。

果实类型： 荚果，灰褐色。

果实处理： 阴干法，即摊开在室内通风、干燥处10~15天，木质荚果开裂后种子脱落（可用棍棒轻轻敲打，使种子充分脱落），然后收集，拣去粗杂质，再用网筛纯净种子。

种子储藏： 普通沙藏。

繁殖方法： 播种，播种时间翌年3~4月，播种方法为播种法Ⅱ，参考播种量约8kg/667m²~10kg/667m²，产苗量约1.8万株/667m²~2万株/667m²。

适生类型： 山区、丘陵、平原，喜土层深厚、湿润、肥沃土壤，喜光，忌水淹，稍耐阴。

功能应用： ①营造森林景观。可用于村落、公园、校园、景区入口，可作景观带，也适用于行道树配置。②用材树种。选择山区的山谷、山坡中下部造林。栽培地理区为亚热带地区，栽培海拔100~700m。

香槐 Cladrastis wilsonii Takeda

采种时间： 11月采种。

果实类型： 荚果，灰褐色。

果实处理： 阴干法，即摊开在室内通风、干燥处10~15天，荚果开裂后种子脱落（可用棍棒轻轻敲打，使种子充分脱落），然后收集，拣去粗杂质，再用网筛纯净种子。

种子储藏： 普通沙藏。

繁殖方法： 播种，播种时间翌年3~4月，播种方法为播种法Ⅱ，参考播种量约8kg/667m²~10kg/667m²，产苗量约1.8万株/667m²~2万株/667m²。

适生类型： 山区、丘陵、平原，喜土层深厚、湿润、肥沃土壤，喜光，忌水淹，稍耐阴。

功能应用： ①营造森林景观。可用于村落、公园、校园、景区入口、景观带，也适用于行道树配置。②用材树种。选择山区的山谷、山坡中下部造林。栽培地理区为温带、亚热带地区，栽培海拔100~900m。

木荚红豆 Ormosia xylocarpa Chun ex L. Chen

采种时间： 10~11月采种。

果实类型： 荚果，灰褐色。

果实处理： 阴干法，即摊开在室内通风处10~15天，荚果开裂后种子脱落（可用棍棒轻轻敲打，使种子充分脱落），然后收集，拣去粗杂质，再用网筛纯净种子。

种子储藏： 普通沙藏。

繁殖方法： 播种，播种时间翌年3~4月，播种方法为播种法Ⅱ，参考播种量约15kg/667m²~20kg/667m²，产苗量约1.8万株/667m²~2万株/667m²。

适生类型： 山区、丘陵，喜土层深厚、湿润、肥沃土壤，喜光，忌水淹，稍耐阴。

木荚红豆种子

木荚红豆苗

功能应用： ①营造森林景观。可用于村落、公园、校园、景区入口，可作景观带，也适用于行道树配置。②用材树种。选择山区的山谷、山坡中下部造林。栽培地理区为亚热带地区，栽培海拔300~900m。

红豆树 Ormosia hosiei Hemsl. et Wils.

采种时间： 10~11月采种。
果实类型： 荚果，灰褐色。
果实处理： 阴干法，即摊开在室内通风、干燥处10~15天，荚果开裂后种子脱落（可用棍棒轻轻敲打，使种子充分脱落），然后收集，拣去粗杂质，再用网筛纯净种子。
种子储藏： 普通沙藏。
繁殖方法： 播种，播种时间翌年3~4月，播种方法为播种法Ⅱ，参考播种量约16kg/667m²~22kg/667m²，产苗量约1.8万株/667m²~2万株/667m²。
适生类型： 山区、丘陵，喜土层深厚、湿润、肥沃土壤，喜光，忌水淹，稍耐阴。
功能应用： ①营造森林景观。可用于村落、公园、校园、景区入口，可作景观带，也适用于行道树配置。②用材树种。选择山区的山谷、山坡中下部造林。栽培地理区为亚热带地区，栽培海拔200~900m。

苍叶红豆（软荚红豆的变型） Ormosia semicastrata Hance f. pallida How

采种时间： 9~10月采种。
果实类型： 荚果，黑褐色。
果实处理： 阴干法，即摊开在室内通风、干燥处10~15天，荚果开裂后种子脱落（可用棍棒轻轻敲打，使种子充分脱落），然后收集，拣去粗杂质，再用网筛纯净种子。
种子储藏： 普通沙藏。
繁殖方法： 播种，播种时间翌年3~4月，播种方法为播种法Ⅱ，参考播种量约15kg/667m²~20kg/667m²，产苗量约1.8万株/667m²~2万株/667m²。
适生类型： 山区、丘陵，喜土层深厚、湿润、肥沃土壤，喜光，忌水淹，稍耐阴。
功能应用： ①营造森林景观。可用于村落、公园、校园、景区入口，可作景观带，也适用于行道树配置。②用材树种。选择山区的山谷、山坡中下部造林。栽培地理区为亚热带地区，栽培海拔200~800m。

肥皂荚 Gymnocladus chinensis Baill.

采种时间： 10月采种。
果实类型： 荚果，灰褐色。
果实处理： 阴干法，即摊开在室内通风、干燥处10~15天，荚果开裂后种子脱落（可用棍棒轻轻敲打，使种子充分脱落），然后收集，拣去粗杂质，再用网筛纯净种子。
种子储藏： 普通沙藏。
繁殖方法： 播种，播种时间翌年3~4月，播种方法为播种法Ⅱ，参考播种量约10kg/667m²~18kg/667m²，产苗量约2万株/667m²。
适生类型： 山区、丘陵、平原，喜土层深厚、湿润、肥沃土壤，喜光，忌水淹，稍耐阴，也稍耐干旱。
功能应用： ①营造森林景观，可用于村落、公园、校园、景区入口，可作景观带，也适用于行道树配置。②用材树种，选择山区的山谷、山坡中下部造林。栽培地理区为亚热带地区，栽培海拔100~600m。

大叶榉树 Zelkova schneideriana Hand.-Mazz.

采种时间： 10~11月采种。
果实类型： 核果，褐灰色。
果实处理： 阴干法，即摊开在室内通风、干燥处10~15天，然后收集核果，拣去粗杂质，再用网筛纯净种子。
种子储藏： 普通沙藏。
繁殖方法： 播种，播种时间翌年3~4月，播种方法为播种法Ⅱ，参考播种量约10kg/667m²~15kg/667m²，产苗量约2万株/667m²。
适生类型： 山区、丘陵，喜土层深厚、湿润、肥沃土壤，喜光，稍耐阴，也稍耐干旱。
功能应用： ①营造森林景观。可用于村落、公园、校园、景区入口，可作景观带，也适用于行道树配置。②用材树种。选择山区的山坡中下部造林，忌在山坡上部和山顶造林。③彩叶树种。栽培地理区为亚热带地区，栽培海拔100~800m。

榉树 Zelkova serrata (Thunb.) Makino

采种时间： 10~11月采种。
果实类型： 核果，褐灰色。
果实处理： 阴干法，即摊开在室内通风、干燥处10~15天，然后收集核果，拣去粗杂质，再用网筛纯净种子。
种子储藏： 普通沙藏。
繁殖方法： 播种，播种时间翌年3~4月，播种方法为播种法Ⅱ，参考播种量约10kg/667m²~15kg/667m²，产苗量约2万株/667m²。
适生类型： 山区、丘陵、平原，喜土层深厚、湿润、肥沃土壤，喜光，耐阴，也稍耐干旱。
功能应用： ①营造森林景观。可用于村落、公园、校园、景区入口，可作景观带，也适用于行道树配置。②用材树种。选择山区的山坡中下部造林，忌在山坡上部和山顶造林。③彩叶树种。栽培地理区为亚热带地区，栽培海拔100~800m。

赤皮青冈 Cyclobalanopsis gilva (Blume) Oerst.

采种时间： 10~11月采种。
果实类型： 坚果，灰褐色。
果实处理： 阴干法，即摊开在室内通风、干燥处10~15天，坚果总苞开裂后种子脱落（可用棍棒轻轻敲打，使种子充分脱落），然后收集，拣去粗杂质，再用网筛纯净种子。
种子储藏： 普通沙藏，也可以随采随播（不需要储藏种子）。
繁殖方法： 播种，播种时间12月或翌年3~4月，播种方法为播种法Ⅱ，参考播种量约100kg/667m²~140kg/667m²，产苗量约2万株/667m²~2.5万株/667m²。
适生类型： 山区、丘陵，喜土层深厚、湿润、肥沃土壤，喜光，忌水淹，稍耐干旱。
功能应用： ①营造森林景观。可用于村落、公园、校园、景区入口，可作景观带，不适用于行道树配置。②用材树种。选择山区的山坡中下部造林，忌在山坡上部和山顶造林。栽培地理区为亚热带地区，栽培海拔300~900m。

红锥（小红栲）Castanopsis hystrix Miq.

采种时间： 9~10月采种。
果实类型： 坚果，灰褐色。
果实处理： 阴干法，即摊开在室内通风、干燥处10~15天，坚果总苞开裂后种子脱落（可用棍棒轻轻敲打，使种子充分脱落），然后收集，拣去粗杂质，再用网筛纯净种子。

种子储藏： 普通沙藏，也可以随采随播（不需要储藏种子）。

繁殖方法： 播种，播种时间10~11月或翌年3~4月，播种方法为播种法Ⅱ，参考播种量约100kg/667m^2~150kg/667m^2，产苗量约2万株/667m^2~2.5万株/667m^2。

适生类型： 山区、丘陵，喜土层深厚、湿润、肥沃土壤，喜光，稍耐干旱，也稍耐阴。

功能应用： ①营造森林景观。可用于村落、公园、校园、景区入口，可作景观带，也适用于行道树配置。②用材树种。选择山区的山坡中下部造林，忌在山坡上部和山顶造林。栽培地理区为亚热带地区，栽培海拔100~600m。

白花泡桐 Paulownia fortunei (Seem.) Hemsl.

采种时间： 10月采种。

果实类型： 蒴果，灰褐色。

果实处理： 阴干法，即摊开在室内通风、干燥处10~15天，蒴果开裂后种子脱落（可用棍棒轻轻敲打，使种子充分脱落），然后收集，拣去粗杂质，再用网筛纯净种子。

种子储藏： 干藏。

繁殖方法： ①播种，播种时间12月或翌年3~4月，播种方法为播种法Ⅱ，参考播种量约3kg/667m^2~5kg/667m^2，产苗量约1.8万株/667m^2。②插根。

适生类型： 山区、丘陵、平原、荒山、垃圾污染处，喜土层稍厚、湿润、肥沃土壤，喜光，忌水淹，耐干旱。

功能应用： ①速生用材树种。选择山区的山坡中下部造林，忌在山坡上部和山顶造林。②土壤修复、矿山修复。栽培地理区为亚热带地区，栽培海拔50~800m。

杉木 Cunninghamia lanceolata (Lamb.) Hook.

采种时间： 10~11月采种。

果实类型： 球果，灰褐色。

果实处理： 暴晒法，即摊开在露天晒场上日晒2~3天，球果开裂后种子脱落（可用棍棒轻轻敲打，使种子充分脱落），然后收集，拣去粗杂质，再用"风选"纯净种子。

种子储藏： 干藏。

繁殖方法： 播种，播种时间翌年3~4月，播种方法为播种法Ⅰ，参考播种量约10kg/667m^2~15kg/667m^2，产苗量约5万株/667m^2~6万株/667m^2。

适生类型： 山区，喜土层深厚、湿润、肥沃土壤，喜光，忌水淹，稍耐阴，不耐干旱。

功能应用： 用材树种。选择山区的山坡造林，忌在丘陵、平原造林。栽培地理区为亚热带地区，栽培海拔500~1000m。

江南油杉 Keteleeria cyclolepis Flous

采种时间： 10~11月采种。

果实类型： 球果，灰褐色。

果实处理： 暴晒法，即摊开在露天晒场上日晒2~3天，球果开裂后种子脱落（可用棍棒轻轻敲打，使种子充分脱落），然后收集，拣去粗杂质，再用"风选"纯净种子。

种子储藏： 干藏。

繁殖方法： 播种，播种时间翌年3~4月，播种方法为播种法Ⅱ，参考播种量约15kg/667m^2~20kg/667m^2，产苗量约3.5万株/667m^2~4万株/667m^2。

江南油杉球果

适生类型： 山区、丘陵、平地、山岗，喜土层深厚、湿润、肥沃土壤，喜光，忌水淹，稍耐阴，不耐干旱。

功能应用： ①公园、校园等森林景观营造。②用材树种。选择山区的山坡中下部造林，忌在山坡上部和山顶造林。栽培地理区为亚热带地区，栽培海拔100~800m。

江南油杉种子

铁坚油杉 Keteleeria davidiana (Bertr.) Beissn.

采种时间： 10~11月采种。

果实类型： 球果，灰褐色。

果实处理： 暴晒法，即摊开在露天晒场上日晒2~3天，球果开裂后种子脱落（可用棍棒轻轻敲打，使种子充分脱落），然后收集，拣去粗杂质，再用"风选"纯净种子。

种子储藏： 干藏。

繁殖方法： 播种，播种时间翌年3~4月，播种方法为播种法Ⅰ，参考播种量约15kg/667m²~20kg/667m²，产苗量约3.5万株/667m²~4万株/667m²。

适生类型： 山区、丘陵、平地、山岗，喜土层深厚、湿润、肥沃土壤，喜光，忌水淹，稍耐阴，也稍耐干旱。

功能应用： ①公园、校园等森林景观营造。②用材树种。选择山区的山坡中下部造林，忌在山坡上部和山顶造林。栽培地理区为亚热带地区，栽培海拔100~800m。

长苞铁杉 Tsuga longibracteata Cheng

采种时间： 9~10月采种。

果实类型： 球果，灰褐色。

果实处理： 暴晒法，即摊开在露天晒场上日晒2~3天，球果开裂后种子脱落（可用棍棒轻轻敲打，使种子充分脱落），然后收集，拣去粗杂质，再用"风选"纯净种子。

种子储藏： 干藏。

繁殖方法： 播种，播种时间翌年3~4月，播种方法为播种法Ⅱ，参考播种量约16kg/667m²~22kg/667m²，产苗量约3.5万株/667m²~4万株/667m²。

适生类型： 山区、丘陵、平地、山岗，喜土层深厚、湿润、肥沃土壤，喜光，忌水淹，稍耐阴，也稍耐干旱。

功能应用： ①公园、校园等森林景观营造。②用材树种。选择山区的山坡中下部造林，忌在山坡上部和山顶造林。栽培地理区为亚热带地区，栽培海拔100~700m。

福建柏 Fokienia hodginsii (Dunn) Henry et Thomas

采种时间： 10~11月采种。

果实类型： 球果，灰褐色。

果实处理： 暴晒法，即摊开在露天晒场上日晒3~5天，球果开裂后种子脱落（可用棍棒轻轻敲打，使种子充分脱落），然后收集，拣去粗杂质，再用"风选"纯净种子。

种子储藏： 干藏。

繁殖方法： 播种，播种时间翌年3~4月，播种方法为播种法Ⅰ，参考播种量约6kg/667m²~8kg/667m²，产苗量约3万株/667m²~3.5万株/667m²。

适生类型： 山区，喜土层深厚、湿润、肥沃土壤，喜光，忌水淹，稍耐阴，也稍耐干旱。

功能应用： ①公园、校园等森林景观营造。②用材树种。选择山区的山坡造林，忌在山顶林。栽培地理区为亚热带地区，栽培海拔200~800m。

四、药用树种

红花凹叶厚朴 Magnolia officinalis Rehd. et Wils. subsp. biloba (Rehd. et Wils.) Law 'Flores Rubri'

采种时间： 10月采种。
果实类型： 蓇葖果，褐红色。
果实处理： 阴干法，即摊开在室内通风、干燥处15~20天。果实干燥后开裂，收集脱落的种子，堆沤5~7天，让肉质假种皮软化。
种子处理： 肉质假种皮充分软化后，用清水搓洗，将种子与种皮碎屑分离，然后捞出种子，用清水再冲洗1~2次。沥干水，摊开在室内通风处1~2天。
种子储藏： 普通沙藏。
繁殖方法： 播种，播种时间翌年3月或随采随播，播种方法为播种法Ⅱ，参考播种量约15kg/667m²~20kg/667m²，产苗量约2万株/667m²。

红花凹叶厚朴种子

适生类型： 山区、丘陵，喜土层深厚、湿润、肥沃土壤，忌水淹，幼树需遮阴，大树喜光。
功能应用： ①观花树种。可用于村落、公园、校园、景区入口，可作观花观带，不适用于行道树配置。②树皮药用。可在山坡中下部种植，忌在狭窄的山谷种植，极易发生煤污病（煤苔菌）。栽培地理区为亚热带地区，栽培海拔100~1000m。

苦树（苦木）Picrasma quassioides (D. Don) Benn.

采种时间： 8~9月采种。
果实类型： 核果，紫蓝色。
果实处理： 堆沤法，即堆放在室内通风，堆沤时间7~15天，让果皮软化。
种子处理： 肉质果皮充分软化后，用清水搓洗，将种子与种皮碎屑分离，后捞出种子，用清水再冲洗1~2次。沥干水，摊开在室内通风处1~2天。
种子储藏： 普通沙藏。
繁殖方法： 播种，播种时间翌年3~4月，播种方法为播种法Ⅱ，参考播种量约20kg/667m²~25kg/667m²，产苗量约2万株/667m²~2.5万株/667m²。
适生类型： 山区、丘陵，喜土层深厚、湿润、肥沃土壤，喜光，忌水淹，稍耐阴。
功能应用： 药用树种。可选择山区的山谷、山坡中下部造林，忌在山坡上部和山顶造林。栽培地理区为亚热带地区，栽培海拔250~800m。

半枫荷 Semiliquidambar cathayensis Chang

采种时间： 11~12月采种。
果实类型： 聚合蒴果，灰褐色。
果实处理： 阴干法，即摊开在室内通风、干燥处10~15天，蒴果裂后种子脱落（可用棍棒轻轻敲打，使种子充分脱落），然后收集，拣去粗杂质，再用网筛纯净种子。

种子储藏： 干藏。
繁殖方法： 播种，播种时间翌年3~4月，播种方法为播种法Ⅱ，参考播种量约10kg/667m²~18kg/667m²，产苗量约3万株/667m²。
适生类型： 山区、丘陵、山岗，喜土层深厚、湿润、肥沃土壤，喜光，忌水淹，稍耐阴，不耐干旱。
功能应用： ①彩叶树种。秋叶黄色，在村落、校园、公园、庭院、街道设计种植。②药用树种，可选择山区的山谷、山坡中下部造林，忌在山坡上部和山顶造林。栽培地理区为亚热带地区，栽培海拔100~800m。

半枫荷苗

青钱柳 Cyclocarya paliurus (Batal.) Iljinsk.

采种时间： 8~9月采种。
果实类型： 坚果，暗灰色。
果实处理： 阴干法，即摊开在室内通风、干燥处7~10天，然后收集，拣去粗杂质，再用网筛纯净种子。
种子储藏： 普通沙藏。
繁殖方法： 播种，播种时间翌年3~4月，播种方法为播种法Ⅱ，参考播种量约15kg/667m²~20kg/667m²，产苗量约1.8万株/667m²。
适生类型： 山区、丘陵，喜土层深厚、湿润、肥沃土壤，喜光，忌水淹，苗期稍耐阴，不耐干旱。
功能应用： ①药用树种。可选择山区的山谷、山坡中下部造林，忌在山坡上部和山顶造林。②用材树种。栽培地理区为亚热带地区，栽培海拔100~900m。

黄花倒水莲 Polygala fallax Hemsl.

采种时间： 9~10月采种。
果实类型： 蒴果，灰褐色。
果实处理： 阴干法，即摊开在室内通风、干燥处15~20天。蒴果干燥后开裂，收集脱落的种子，堆沤5~7天，让肉质假种皮软化。
种子处理： 肉质假种皮充分软化后，用清水搓洗，将种子与种皮碎屑分离，然后捞出种子，用清水再冲洗1~2次。沥干水，摊开在室内通风处1~2天。
种子储藏： 普通沙藏，或随采随播，种子不需要储藏。
繁殖方法： 播种，播种时间10月或翌年3月，播种方法为播种法Ⅱ，参考播种量约20kg/667m²~25kg/667m²，产苗量约3万株/667m²。
适生类型： 山区、丘陵、平原，阔叶林疏林下，喜土层深厚、湿润、肥沃土壤，忌水淹，幼苗需遮阴，大苗喜光。

黄花倒水莲蒴果和种子

功能应用： ①观花树种。可用于村落、公园、校园、景区入口，可作观花观带，不适用于行道树配置。②树皮药用。可选择山区或丘陵的山谷、山坡中下部、阔叶疏林下种植。栽培地理区为亚热带地区，栽培海拔100~1000m。

锐尖山香圆（山香圆）Turpinia arguta (Lindl.) Seem.

采种时间： 10~11月采种。
果实类型： 浆果状核果，灰红色。
果实处理： 堆沤法，即堆放在室内通风处，堆沤时间10~15天，让果皮软化。

种子处理： 肉质果皮充分软化后，用清水搓洗，将种子与种皮碎屑分离，后捞出种子，用清水再冲洗1~2次。沥干水，摊开在室内通风处1~2天。

种子储藏： 普通沙藏。

繁殖方法： 播种，播种时间翌年3~4月，播种方法为播种法Ⅱ，参考播种量约20kg/667m²~25kg/667m²，产苗量约3万株/667m²~3.5万株/667m²。

适生类型： 山区、丘陵、平原、阔叶疏林下，喜土层深厚、湿润、肥沃土壤，喜光，忌水淹，稍耐阴。

功能应用： ①园林树种。可用于公园、校园、景区入口，可作常绿灌木景观带。②药用树种。可选择山区的山谷、山坡中下部、阔叶疏林下种植。栽培地理区为亚热带地区，栽培海拔250~800m。

锐齿山香圆种子

钩藤 Uncaria rhynchophylla (Miq.) Miq. ex Havil.

采种时间： 9~10月采种。

果实类型： 聚合蒴果，灰褐色。

果实处理： 阴干法，即摊开在室内通风、干燥处10~15天，坚果总苞开裂后种子脱落（可用棍棒轻轻敲打，使种子充分脱落），然后收集，拣去粗杂质，再用网筛纯净种子。

种子储藏： 普通沙藏，也可以随采随播（不需要储藏种子）。

繁殖方法： 播种，播种时间11月或翌年3~4月，播种方法为播种法Ⅱ，参考播种量约10kg/667m²~15kg/667m²，产苗量约3万株/667m²~3.5万株/667m²。

适生类型： 山区、丘陵、平原、阔叶疏林下，喜土层深厚、湿润、肥沃土壤，喜光，忌水淹，稍耐阴。

功能应用： 药用树种。可选择山区、丘陵、平原的山谷、山坡中下部、阔叶疏林下种植，忌在山坡上部和山顶种植。栽培地理区为亚热带地区，栽培海拔100~800m。

金豆 Fortunella venosa (Champ. ex Benth.) Huang

采种时间： 10~11月采种。

果实类型： 浆果（柑果），橘黄色。

果实处理： 堆沤法，即堆放在室内通风处，堆沤时间5~10天，让果皮软化。

种子处理： 肉质果皮充分软化后，用清水搓洗，将种子与种皮碎屑分离，后捞出种子，用清水再冲洗1~2次。沥干水，摊开在室内通风处1~2天。

种子储藏： 普通沙藏。

繁殖方法： 播种，播种时间翌年3~4月，播种方法为播种法Ⅱ，参考播种量约10kg/667m²~15kg/667m²，产苗量约3万株/667m²~3.5万株/667m²。

适生类型： 山区、丘陵、平原、阔叶疏林下，喜土层深厚、湿润、肥沃土壤，喜光，忌水淹，稍耐阴。

功能应用： ①观果园林树种。可用于公园、校园、景区入口，可作灌木观果景观带。②药用树种。可选择山区的山谷、山坡中下部、阔叶疏林下种植。栽培地理区为亚热带地区，栽培海拔100~800m。

酸橙 Citrus aurantium L.

采种时间： 11~12月采种。

果实类型： 浆果（柑果），橘黄色。

果实处理： 堆沤法，即堆放在室内通风处，堆沤时间5~10天，让果皮软化。

种子处理： 肉质果皮充分软化后，用清水搓洗，将种子与种皮碎屑分离，后捞出种子，用清水再冲洗1~2次。沥干水，摊开在室内通风处1~2天。

种子储藏： 普通沙藏。

繁殖方法： 播种，播种时间翌年3~4月，播种方法为播种法Ⅱ，参考播种量约10kg/667m²~15kg/667m²，产苗量约3万株/667m²~3.5万株/667m²。

适生类型： 山区、丘陵、平原，喜土层深厚、湿润、肥沃土壤，喜光，忌水淹，稍耐阴。

功能应用： ①药用树种。可选择山区的山谷、山坡中下部种植。②观果园林树种。可用于村落、公园、校园、景区入口，可作观果景观带。栽培地理区为亚热带地区，栽培海拔100~800m。

枳（枸橘）Poncirus trifoliata (L.) Raf.

采种时间： 10~11月采种。

果实类型： 浆果（柑果），橘黄色。

果实处理： 堆沤法，即堆放在室内通风处，堆沤时间5~10天，让果皮软化。

种子处理： 肉质果皮充分软化后，用清水搓洗，将种子与种皮碎屑分离，后捞出种子，用清水再冲洗1~2次。沥干水，摊开在室内通风处1~2天。

种子储藏： 普通沙藏。

繁殖方法： 播种，播种时间翌年3~4月，播种方法为播种法Ⅱ，参考播种量约10kg/667m²~15kg/667m²，产苗量约3.5万株/667m²~4万株/667m²。

适生类型： 山区、丘陵、平原，喜土层深厚、湿润、肥沃土壤，喜光，忌水淹，稍耐干旱，也稍耐阴。

功能应用： 药用树种。可选择山区的山谷、山坡和阔叶疏林下种植。栽培地理区为亚热带地区，栽培海拔50~900m。

栀子（黄栀子）Gardenia jasminoides Ellis

采种时间： 6~12月采种。

果实类型： 浆果（柑果），橙黄色。

果实处理： 堆沤法，即堆放在室内通风处，堆沤时间10~20天，让果皮软化。

种子处理： 肉质果皮充分软化后，用清水搓洗，将种子与种皮碎屑分离，后捞出种子，用清水再冲洗1~2次。沥干水，摊开在室内通风处1~2天。

种子储藏： 普通沙藏。

繁殖方法： ①播种，播种时间翌年3~4月，播种方法为播种法Ⅱ，参考播种量约8kg/667m²~14kg/667m²，产苗量约4万株/667m²~5万株/667m²。②扦插。

适生类型： 山区、丘陵、平原，喜土层深厚、湿润、肥沃土壤，喜光，忌水淹，稍耐干旱，也稍耐阴。

功能应用： ①药用树种。可选择山区的山谷、山坡和阔叶疏林下种植。②园林树种。可用于村落、公园、庭院、校园、盆景，可作常绿灌木景观带等配置。栽培地理区为亚热带地区，栽培海拔50~1000m。

广东紫珠 Callicarpa kwangtungensis Chun

采种时间： 9~10月采种。

果实类型： 浆果状核果，灰紫色。

果实处理： 阴干法，即摊开在室内通风、干燥处10~15天，然后搓碎果实，再摊开在室内通风处，稍干燥后（不能过度干燥），拣去粗杂质，"风选"种子。或搓碎果实后用清水洗种，将干净的种子（很小）摊开在室内通风处、干燥处，晾干种子的表面水以后沙藏。

种子储藏： 普通沙藏，也可以随采随播（不需要储藏种子）。

繁殖方法： 播种，播种时间11月或翌年3~4月，播种方法为播种法Ⅰ，参考播种量约10kg/667m²~

15kg/667m², 产苗量约3万株/667m²~3.5万株/667m²。

适生类型：山区、丘陵、平原、阔叶疏林下，喜土层深厚、湿润、肥沃土壤，喜光，忌水淹，稍耐阴，也稍耐干旱。

功能应用：药用植物。可在农田、旱田、山坡中下部、阔叶疏林下种植，忌在山坡上部和山顶种植。栽培地理区为亚热带地区，栽培海拔50~800m。

老鸦柿 Diospyos rhombifolia Hemsl.

采种时间：9~10月采种。
果实类型：浆果，红色。
果实处理：堆沤法，即堆放在室内通风处，堆沤时间5~10天，让果皮软化。
种子处理：肉质果皮充分软化后，用清水搓洗，将种子与种皮碎屑分离，后捞出种子，用清水再冲洗1~2次。沥干水，摊开在室内通风处1~2天。
种子储藏：普通沙藏。
繁殖方法：播种，播种时间翌年3~4月，播种方法为播种法Ⅰ，参考播种量约10kg/667m²~15kg/667m²，产苗量约2.5万株/667m²~3万株/667m²。
适生类型：山区、丘陵、平原，喜土层深厚、湿润、肥沃土壤，喜光，忌水淹，稍耐干旱。
功能应用：①药用树种。可选择山区的山谷、山坡中下部、阔叶疏林下种植。②观果树种。可用于村落、公园、校园、景区入口，可作观果景观带。栽培地理区为亚热带地区，栽培海拔50~800m。

余甘子 Phyllanthus emblica L.

采种时间：8~9月采种。
果实类型：蒴果（核果状），灰褐色。
果实处理：阴干法，即摊开在室内通风、干燥处10~15天，然后搓碎果实，蒴果开裂后收集种子，拣出杂质，"风选"种子。
种子储藏：普通沙藏，也可随采随播（不需要储藏种子）。
繁殖方法：播种，播种时间8~9月或翌年3~4月，播种方法为播种法Ⅱ，参考播种量约15kg/667m²~20kg/667m²，产苗量约万株/667m²3~3.5万株/667m²。
适生类型：山区、丘陵、平原、阔叶疏林下，喜土层深厚、湿润、肥沃土壤，喜光，忌水淹，稍耐阴。
功能应用：药用植物，可在农田、旱田、山坡中下部、阔叶疏林下种植，忌在山坡上部和山顶种植。栽培地理区为亚热带地区，栽培海拔50~800m。

钩吻 Gelsemium elegans (Gardn. et Champ.) Benth.

采种时间：8月至翌年2月采种。
果实类型：蒴果，灰褐色。
果实处理：阴干法，即摊开在室内通风、干燥处10~15天，蒴果开裂后收集种子，拣出杂质，"风选"种子。
种子储藏：普通沙藏，也可随采随播（不需要储藏种子）。
繁殖方法：播种，播种时间8~10月或翌年3~4月，播种方法为播种法Ⅱ，参考播种量约8kg/667m²~13kg/667m²，产苗量约3.5万株/667m²~4万株/667m²。
适生类型：山区、丘陵、平原、阔叶疏林下，喜土层深厚、湿润、肥沃土壤，喜光，忌水淹，稍耐阴，也稍耐干旱。
功能应用：①药用植物。可在农田、旱田、山坡和阔叶疏林下种植。②农药植物。栽培地理区为亚热带地区，栽培海拔50~700m。

五、野生果树树种

麻梨（鹅梨）Pyrus serrulata Rehd.

采种时间： 7~9月采种。
果实类型： 梨果，麻褐色。
果实处理： 堆沤法，即堆放在室内通风处，堆沤时间15~20天，让果皮软化。
种子处理： 肉质果皮充分软化后，用清水搓洗，将种子与种皮碎屑分离，后捞出种子，用清水再冲洗1~2次。沥干水，摊开在室内通风处1~2天。
种子储藏： 普通沙藏。
繁殖方法： 播种，播种时间翌年3~4月，播种方法为播种法Ⅰ，参考播种量约10kg/667m²~15kg/667m²，产苗量约2万株/667m²~2.5万株/667m²。
适生类型： 山区、丘陵、平原，喜土层深厚、湿润、肥沃土壤，喜光，忌水淹，稍耐干旱。
功能应用： 野生果树（食用或加工）。可选择山坡中下部种植。栽培地理区为亚热带地区，栽培海拔50~1000m。

豆梨 Pyrus callervana Dcne.

采种时间： 8~9月采种。
果实类型： 梨果，麻褐色。
果实处理： 堆沤法，即堆放在室内通风处，堆沤时间15~20天，让果皮软化。
种子处理： 肉质果皮充分软化后，用清水搓洗，将种子与种皮碎屑分离，后捞出种子，用清水再冲洗1~2次。沥干水，摊开在室内通风处1~2天。
种子储藏： 普通沙藏。
繁殖方法： 播种，播种时间翌年3~4月，播种方法为播种法Ⅰ，参考播种量约10kg/667m²~15kg/667m²，产苗量约2.5万株/667m²~3万株/667m²。
适生类型： 山区、丘陵、平原，喜土层深厚、湿润、肥沃土壤，喜光，忌水淹，稍耐干旱。
功能应用： 野生果树（食用或加工，也可作梨优良品种的砧木）。可选择山坡种植。栽培地理区为亚热带地区，栽培海拔50~1000m。

台湾林檎 Malus doumeri (Bois) Chev.

采种时间： 9~10月采种。
果实类型： 梨果，褐黄色。
果实处理： 堆沤法，即堆放在室内通风处，堆沤时间10~20天，让果皮软化。
种子处理： 肉质果皮充分软化后，用清水搓洗，将种子与种皮碎屑分离，后捞出种子，用清水再冲洗1~2次。沥干水，摊开在室内通风处1~2天。
种子储藏： 普通沙藏。
繁殖方法： 播种，播种时间翌年3~4月，播种方法为播种法Ⅰ，参考播种量约10kg/667m²~15kg/667m²，产苗量约2.5万株/667m²~3万株/667m²。

适生类型： 山区、丘陵、平原，喜土层深厚、湿润、肥沃土壤，喜光，忌水淹，稍耐干旱。
功能应用： 野生果树（食用或加工，也可作苹果优良品种的砧木），可选择山坡种植。栽培地理区为亚热带地区，栽培海拔50~1000m。

枳椇 Hovenia acerba Lindl.

采种时间： 9~10月采种。
果实类型： 核果，灰褐色。
果实处理： 阴干法，即摊开在室内通风、干燥处10~15天，然后搓碎果实，蒴果开裂后收集种子，拣去杂质，"风选"种子。
种子储藏： 普通沙藏。
繁殖方法： 播种，播种时间翌年3~4月，播种方法为播种法Ⅰ，参考播种量约12kg/667m²~16kg/667m²，产苗量约2万株/667m²。
适生类型： 山区、丘陵、平原，喜土层深厚、湿润、肥沃土壤，喜光，忌水淹，稍耐干旱。
功能应用： ①野生果树（食用或加工），可选择山坡中下部种植。②彩叶树种。可在村落、公园、校园、景区入口、秋叶景观带等配置。栽培地理区为温带、亚热带地区，栽培海拔50~1000m。

枳椇蒴果和肉质花序轴

南酸枣 Choerospondias axillaris (Roxb.) Burtt et Hill

采种时间： 10~11月采种。
果实类型： 梨果，褐黄色。
果实处理： 堆沤法，即堆放在室内通风处，堆沤时间10~20天，让果皮软化。
种子处理： 肉质果皮充分软化后，用清水搓洗，将种子与种皮碎屑分离，后捞出种子，用清水再冲洗1~2次。沥干水，摊开在室内通风处1~2天。
种子储藏： 普通沙藏。
繁殖方法： ①播种，播种时间翌年3~4月，播种方法为播种法Ⅰ，参考播种量约30kg/667m²~50kg/667m²，产苗量约2万株/667m²~2.5万株/667m²。②嫁接（南酸枣实生苗作砧木）。

南酸枣种子

南酸枣种苗

适生类型： 山区、丘陵、平原，喜土层深厚、湿润、肥沃土壤，喜光，忌水淹，稍耐阴，也稍耐干旱。
功能应用： ①野生果树（食用或加工）。可选择山坡中下部种植，忌在山坡上部和山顶种植。②彩叶树种。可在村落、公园、校园、景区入口等配置。③工艺雕刻用材。栽培地理区为亚热带地区，栽培海拔50~1000m。

锥栗 Castanea henryi (Skan) Rehd. et Wils.

采种时间： 10~11月采种。
果实类型： 坚果，灰褐色。
果实处理： 阴干法，即摊开在室内通风、干燥处10~15天，坚果总苞开裂后种子脱落（可用棍棒轻轻敲打，使种子充分脱落），然后收集，拣去粗杂质，再用网筛纯净种子。
种子储藏： 普通沙藏。
繁殖方法： 播种，播种时间翌年3~4月，播种方法为播种法Ⅱ，参考播种量约$100kg/667m^2$~$150kg/667m^2$，产苗量约2万株$/667m^2$~2.5万株$/667m^2$。
适生类型： 山区、丘陵、平原，喜土层深厚、湿润、肥沃土壤，喜光，稍耐旱，也稍耐阴。
功能应用： ①野生果树（食用）。可选择山坡中下部种植，忌在山坡上部和山顶种植。②彩叶树种。可在村落、公园、校园、景区入口等配置。栽培地理区为亚热带地区，栽培海拔50~900m。

野柿 Diospyros kaki Thunb. var. silvestris Makino

采种时间： 9~10月采种。
果实类型： 浆果，红黄色。
果实处理： 堆沤法，即堆放在室内通风处，堆沤时间5~10天，让果皮软化。
种子处理： 肉质果皮充分软化后，用清水搓洗，将种子与种皮碎屑分离，后捞出种子，用清水再冲洗1~2次。沥干水，摊开在室内通风处1~2天。
种子储藏： 普通沙藏。
繁殖方法： 播种，播种时间翌年3~4月，播种方法为播种法Ⅰ，参考播种量约$10kg/667m^2$~$15kg/667m^2$，产苗量约2.5万株$/667m^2$~3万株$/667m^2$。
适生类型： 山区、丘陵、平原，喜土层深厚、湿润、肥沃土壤，喜光，忌水淹，稍耐干旱。
功能应用： ①野生果树（食用）。可选择山坡中下部种植，忌在山坡上部和山顶种植。②彩叶树种。可在村落、公园、校园、景区入口等配置。栽培地理区为亚热带地区，栽培海拔50~900m。

野柿种子

毛花猕猴桃 Actinidia eriantha Benth.

采种时间： 10~11月采种。
果实类型： 浆果，暗灰色。
果实处理： 堆沤法，即堆放在室内通风、干燥处，堆沤时间5~7天，让果皮软化。
种子处理： 肉质果皮充分软化后，用清水搓洗，将种子与种皮碎屑分离，后捞出种子（很小），用清水再冲洗1~2次。沥干水，摊开在室内通风处1~2天。
种子储藏： 普通沙藏。
繁殖方法： ①播种，播种时间翌年3~4月，播种方法为播种法Ⅲ，参考播种量约$2kg/667m^2$~$4kg/667m^2$，产苗量约3万株$/667m^2$。②嫁接。③扦插。
适生类型： 山区、丘陵、平原，喜土层深厚、湿润、肥沃土壤，喜光，忌水淹，稍耐干旱。
功能应用： 野生果树（食用）。可选择山坡种植。栽培地理区为亚热带地区，栽培海拔50~900m。

三叶木通 Akebia trifoliata (Thunb.) Koidz. subsp. trifoliata

采种时间： 10~11月采种。
果实类型： 肉质浆果，褐黄色。
果实处理： 堆沤法，即堆放在室内通风、干燥处，堆沤时间5~7天，让果皮软化。
种子处理： 肉质果皮充分软化后，用清水搓洗，将种子与种皮碎屑分离，后捞出种子，用清水再冲洗1~2次。沥干水，摊开在室内通风处1~2天。
种子储藏： 普通沙藏。
繁殖方法： ①播种，播种时间翌年3~4月，播种方法为播种法Ⅱ，参考播种量约8kg/667m²~10kg/667m²，产苗量约3万株/667m²。②扦插。③嫁接。
适生类型： 山区、丘陵、平原，喜土层深厚、湿润、肥沃土壤，喜光，忌水淹，稍耐干旱，也稍耐阴。
功能应用： 野生果树（食用）。可选择山坡种植。栽培地理区为亚热带地区，栽培海拔50~900m。

尾叶那藤 Stauntonia obovatifoliola Hayata subsp. urophylla (Hand.-Mazz.) H. N. Qin

采种时间： 11~12月采种。
果实类型： 肉质浆果，褐黄色。
果实处理： 堆沤法，即堆放在室内通风、干燥处，堆沤时间5~7天，让果皮软化。
种子处理： 肉质果皮充分软化后，用清水搓洗，将种子与种皮碎屑分离，后捞出种子，用清水再冲洗1~2次。沥干水，摊开在室内通风处1~2天。
种子储藏： 普通沙藏。
繁殖方法： ①播种，播种时间翌年3~4月，播种方法为播种法Ⅱ，参考播种量约8kg/667m²~10kg/667m²，产苗量约3万株/667m²。②扦插。③嫁接。
适生类型： 山区、丘陵、平原，喜土层深厚、湿润、肥沃土壤，喜光，忌水淹，稍耐干旱，也稍耐阴。
功能应用： 野生果树（食用）。可选择山坡种植。栽培地理区为亚热带地区，栽培海拔50~900m。

桃金娘 Rhodomyrtus tomentosa (Ait.) Hassk.

采种时间： 12月采种。
果实类型： 浆果，紫红色。
果实处理： 堆沤法，即堆放在室内通风、干燥处，堆沤时间7~15天，让果皮软化。
种子处理： 肉质果皮充分软化后，用清水搓洗，将种子与种皮碎屑分离，后捞出种子，用清水再冲洗1~2次。沥干水，摊开在室内通风处1~2天。
种子储藏： 普通沙藏。
繁殖方法： ①播种，播种时间翌年3~4月，播种方法为播种法Ⅱ，参考播种量约8kg/667m²~10kg/667m²，产苗量约3万株/667m²。②扦插。
适生类型： 山区、丘陵、平原，喜土层深厚、湿润、肥沃土壤，喜光，忌水淹，耐干旱。
功能应用： ①野生果树（食用）。可选择山坡种植。②观花植物。可选择在村落、校园、公园、庭院、花坛、灌木花带等配置。栽培地理区为亚热带地区，栽培海拔50~500m。

桃金娘种子

南烛（乌饭树）Vaccinium bracteatum Thunb.

采种时间： 11~12月采种。

果实类型： 浆果，紫黑色。

果实处理： 阴干法，即装在保鲜袋内，开口1/3长度，平放在室内通风、干燥处，每隔5天翻动袋子一次，然后依照原来的方法放置。10~15天后搓碎果实，摊开在室内通风处，稍干燥后（不能过度干燥），拣去粗杂质，稍纯净种子，立即用干净、润湿（手捏有水印）河沙储藏。储藏时种子:河沙=1:3。

种子储藏： 特殊沙藏。

繁殖方法： 播种，播种时间翌年3月20日，播种方法为播种法Ⅲ，参考播种量约5kg/667m²~8kg/667m²，产苗量约3万株/667m²~3.5万株/667m²。

适生类型： 山区、丘陵、平原、阔叶疏林下，喜土层深厚、湿润、肥沃土壤，喜光，忌水淹，稍耐阴，也稍耐干旱。

功能应用： 野生果树（鲜果食用或加工），可选择山坡种植。栽培地理区为亚热带地区，栽培海拔50~800m。

南烛1年生苗

南烛果实

褐毛杜英（冬桃，青果）Elaeocarpus duclouxii Gagnep.

采种时间： 5~7月采种。

果实类型： 核果，暗绿色。

果实处理： 堆沤法，即堆放在室内通风、干燥处，堆沤时间15~25天，让果皮软化。

种子处理： 肉质果皮充分软化后，用清水搓洗，将种子与种皮碎屑分离，后捞出种子，用清水再冲洗1~2次。沥干水，摊开在室内通风处1~2天。

种子储藏： 普通沙藏。

繁殖方法： 播种，播种时间5~7月，播种方法为播种法Ⅱ，参考播种量约30kg/667m²~40kg/667m²，产苗量约3万株/667m²。

适生类型： 山区、丘陵、平原，喜土层深厚、湿润、肥沃土壤，喜光，忌水淹，稍耐干旱，也稍耐阴。

功能应用： ①野生果树（加工）。可选择山坡中下部，忌山坡上部和山顶种植。②树形观赏树种。栽培地理区为亚热带地区，栽培海拔100~1000m。

注： 褐毛杜英种子较大，如右图中，由大到小依次是褐毛杜英、杜英、山杜英、秃瓣杜英、日本杜英（薯豆）、中华杜英的种子）。

褐毛杜英种子

6种杜英的种子大小比较

六、生态修复树种

（一）土壤修复树种

1. 乔木类

木油桐 Vernicia montana Lour.

采种时间： 9~10月采种。

果实类型： 蒴果（木质），灰黑色。

果实处理： 阴干法，即摊开在室内通风、干燥处10~15天，蒴果开裂后种子脱落（可用棍棒轻轻敲打，使种子充分脱落），然后收集，拣去粗杂质，再用网筛纯净种子。

种子储藏： 普通沙藏。

繁殖方法： 播种，播种时间翌年3~4月，播种方法为播种法Ⅰ，参考播种量约50kg/667m^2~60kg/667m^2，产苗量约1.8万株/667m^2~2万株/667m^2。

适生类型： 山区、丘陵、平原、荒山；喜光，稍耐旱。

功能应用： ①土壤修复。在水土流失区、土壤污染区、荒山等地种植。②工业原料（种子油）。栽培地理区为亚热带地区，栽培海拔50~800m。

构树 Broussonetia papyifera (L.) L´Hért. ex Vent.

采种时间： 7~10月采种。

果实类型： 聚合瘦果，暗红色。

果实处理： 堆沤法，即堆放在室内通风、干燥处，堆沤时间7~15天，让果皮软化。

种子处理： 肉质果皮充分软化后，用清水搓洗，将种子与种皮碎屑分离，后捞出种子，用清水再冲洗1~2次。沥干水，摊开在室内通风处1~2天。

种子储藏： 普通沙藏（种子较细小）。

繁殖方法： 播种，播种时间7~10月或翌年3~4月，播种方法为播种法Ⅱ，参考播种量约3kg/667m^2~5kg/667m^2，产苗量约1.8万株/667m^2。

适生类型： 山区、丘陵、平原、荒山、水土流失区、河岸、垃圾污染地；喜光，耐干旱。

功能应用： ①土壤修复。在水土流失区、土壤污染区、荒山等地种植。②彩叶树种。可选择在村落、校园、公园、庭院、彩叶景观带等配置。栽培地理区为温带、亚热带地区，栽培海拔50~800m。

构树的聚合瘦果（球形）

厚壳树 Ehretia thyrsiflora (Sieb. et Zucc.) Nakai

采种时间： 9~11月采种。
果实类型： 核果，橘黄色。
果实处理： 堆沤法，即堆放在室内通风、干燥处，堆沤时间7~15天，让果皮软化。
种子处理： 肉质果皮充分软化后，用清水搓洗，将种子与种皮碎屑分离，后捞出种子，用清水再冲洗1~2次。沥干水，摊开在室内通风处1~2天。
种子储藏： 普通沙藏。
繁殖方法： 播种，播种时间翌年3~4月，播种方法为播种法Ⅱ，参考播种量约$8kg/667m^2$~$13kg/667m^2$，产苗量约2.5万株/$667m^2$~3万株/$667m^2$。
适生类型： 山区、丘陵、平原、河岸、荒山、垃圾污染地；喜光，忌水淹，稍耐干旱，也稍耐阴。
功能应用： ①土壤修复。在水土流失区、土壤污染区、荒山等地种植。②彩叶树种。可选择在村落、校园、公园、庭院、彩叶景观带等配置。栽培地理区为温带、亚热带地区，栽培海拔50~600m。

野枣（枣）Ziziphus jujuba Mill. var. jujuba

采种时间： 9~10月采种。
果实类型： 核果，暗褐色。
果实处理： 堆沤法，即堆放在室内通风、干燥处，堆沤时间10~15天，让果皮软化。
种子处理： 肉质果皮充分软化后，用清水搓洗，将种子与种皮碎屑分离，后捞出种子，用清水再冲洗1~2次。沥干水，摊开在室内通风处1~2天。
种子储藏： 普通沙藏。
繁殖方法： 播种，播种时间翌年3~4月，播种方法为播种法Ⅱ，参考播种量约$15kg/667m^2$~$20kg/667m^2$，产苗量约2.5万株/$667m^2$~3万株/$667m^2$。
适生类型： 山区、丘陵、平原、河岸、荒山，喜光，忌水淹，稍耐干旱。
功能应用： ①土壤修复。在水土流失区、土壤污染区、荒山等地种植。②野生果树（鲜果食用或作枣品种的砧木）。栽培地理区为温带、亚热带地区，栽培海拔50~600m。

虎皮楠 Daphniphyllum oldhami (Hemsl.) Rosenth.

采种时间： 10~11月采种。
果实类型： 核果，蓝黑色。
果实处理： 堆沤法，即堆放在室内通风、干燥处，堆沤时间10~20天，让果皮软化。
种子处理： 肉质果皮充分软化后，用清水搓洗，将种子与种皮碎屑分离，后捞出种子，用清水再冲洗1~2次。沥干水，摊开在室内通风处1~2天。
种子储藏： 普通沙藏。
繁殖方法： 播种，播种时间翌年3~4月，播种方法为播种法Ⅱ，参考播种量约$15kg/667m^2$~$20kg/667m^2$，产苗量约2.5万株/$667m^2$~3万株/$667m^2$。

虎皮楠种子

虎皮楠苗

适生类型： 山区、丘陵、平原、荒山；喜光，忌水淹，稍耐干旱。
功能应用： ①土壤修复。在水土流失区、土壤污染区、荒山等地种植。②树形观赏树种。栽培地理区为温带、亚热带地区，栽培海拔50~900m。

皂荚 Gleditsia sinensis Lam.

采种时间： 10~11月采种。
果实类型： 荚果，灰黑色。
果实处理： 阴干法，即摊开在室内通风、干燥处10~15天，荚果开裂后种子脱落（可用棍棒轻轻敲打，使种子充分脱落），然后收集，拣去粗杂质，再用网筛纯净种子。
种子储藏： 普通沙藏。
繁殖方法： 播种，播种时间翌年3~4月，播种方法为播种法Ⅰ，参考播种量约20kg/667m^2~25kg/667m^2，产苗量约1.8万株/667m^2~2万株/667m^2。
适生类型： 山区、丘陵、平原、荒山，喜光，稍耐旱。
功能应用： ①土壤修复。在水土流失区、土壤污染区、荒山等地种植。②用材树种。栽培地理区为亚热带地区，栽培海拔50~800m。

2. 灌木及藤本

窄叶短柱茶 Camellia fluviatilis Hand.-Mazz.

采种时间： 9~10月采种。
果实类型： 蒴果，灰褐色。
果实处理： 阴干法，即摊开在室内通风、干燥处10~15天，蒴果开裂后种子脱落（可用棍棒轻轻敲打，使种子充分脱落），然后收集，拣去粗杂质，再用网筛纯净种子。
种子储藏： 普通沙藏。
繁殖方法： 播种，播种时间翌年3~4月，播种方法为播种法Ⅱ，参考播种量约15kg/667m^2~20kg/667m^2，产苗量约2.5万株/667m^2~3万株/667m^2。
适生类型： 山区、丘陵、平原、荒山；喜光，稍耐旱。
功能应用： ①土壤修复。在水土流失区、土壤污染区、荒山等地种植。②食用油料植物（种子榨油）。栽培地理区为亚热带地区，栽培海拔50~800m。

岗松 Baeckea frutescens L.

采种时间： 10月采种。
果实类型： 蒴果，灰褐色。
果实处理： 阴干法，即摊开在室内通风、干燥处10~15天，蒴果开裂后种子脱落（可用棍棒轻轻敲打，使种子充分脱落），然后收集，拣去粗杂质，再用网筛纯净种子。
种子储藏： 干藏。
繁殖方法： ①播种，播种时间翌年3~4月，播种方法为播种法Ⅱ，参考播种量约4kg/667m^2~6kg/667m^2，产苗量约4万株/667m^2~5万株/667m^2。②扦插。
适生类型： 山区、丘陵、平原、荒山；喜光，稍耐旱。
功能应用： 土壤修复。在水土流失区、土壤污染区、荒山等地种植。栽培地理区为热带、亚热带地区，栽培海拔50~600m。

单叶蔓荆 Vitex trifolia Linn. var. simplicifolia Cham.

采种时间： 10~11月采种。
果实类型： 核果，暗褐色。
果实处理： 阴干法，即装在保鲜袋内，开口1/3长度，平放在室内通风、干燥处，每隔5天翻动袋子一次，然后依照原来的方法放置。10~15天后搓碎果实，摊开在室内通风处，稍干燥后（不能过度干燥），拣去粗杂质，稍纯净种子，立即用干净、润湿（手捏有水印）河沙储藏。储藏时种子:河沙=1:3。

种子储藏： 特殊普通沙藏。

繁殖方法： 播种，播种时间翌年3~4月，播种方法为播种法Ⅱ，参考播种量约6kg/667m²~8kg/667m²，产苗量约3万株/667m²~4万株/667m²。

适生类型： 山区、丘陵、平原、沙地、荒山；喜光，忌水淹，稍耐干旱。

功能应用： ①土壤修复。可选择沙地、南方沙漠化地区、水土流失区、土壤污染区、荒山等地种植。②药用。栽培地理区为亚热带地区，栽培海拔50~600m。

黄荆 Vitex negundo L. var. negundo

采种时间： 9~10月采种。

果实类型： 核果，灰褐色。

果实处理： 阴干法，即摊开在室内通风、干燥处，每隔5天翻动一次。10~20天后搓碎果实，摊开在室内通风处，稍干燥后（不能过度干燥），拣去粗杂质，稍纯净种子，立即用干净、润湿（手捏有水印）河沙储藏。储藏时种子:河沙=1:3。

种子储藏： 特殊普通沙藏。

繁殖方法： 播种，播种时间翌年3~4月，播种方法为播种法Ⅱ，参考播种量约5kg/667m²~8kg/667m²，产苗量约3万株/667m²~4万株/667m²。

适生类型： 山区、丘陵、平原、沙地、荒山；喜光，忌水淹，稍耐干旱。

功能应用： 土壤修复。在沙地、南方沙漠化地区、水土流失区、土壤污染区、荒山等地种植。栽培地理区为亚热带地区，栽培海拔50~600m。

檵木 Loropetalum chinense (R. Br.) Oliver

采种时间： 10月采种。

果实类型： 蒴果，灰褐色。

果实处理： 阴干法，即摊开在室内通风、干燥处10~15天，蒴果开裂后种子脱落（可用棍棒轻轻敲打，使种子充分脱落），然后收集，拣去粗杂质，再用网筛纯净种子。

种子储藏： 干藏。

繁殖方法： ①播种，播种时间翌年3~4月，播种方法为播种法Ⅰ，参考播种量约3kg/667m²~6kg/667m²，产苗量约3万株/667m²~4万株/667m²。②扦插。

适生类型： 山区、丘陵、平原、荒山；喜光，稍耐旱。

功能应用： 土壤修复。在水土流失区、土壤污染区、荒山等地种植。栽培地理区为亚热带地区，栽培海拔50~800m。

长叶冻绿 Rhamnus crenata Sieb. et Zucc.

采种时间： 9~10月采种。

果实类型： 核果，紫褐色。

果实处理： 堆沤法，即堆放在室内通风、干燥处，堆沤时间10~15天，让果皮软化。

种子处理： 肉质果皮充分软化后，用清水搓洗，将种子与种皮碎屑分离，后捞出种子，用清水再冲洗1~2次。沥干水，摊开在室内通风处1~2天。

种子储藏： 普通沙藏。

繁殖方法： 播种，播种时间翌年3~4月，播种方法为播种法Ⅰ，参考播种量约10kg/667m²~15kg/667m²，产苗量约2万株/667m²~2.5万株/667m²。

适生类型： 山区、丘陵、平原、河岸、荒山；喜光，忌水淹，稍耐干旱。

功能应用： ①土壤修复。在水土流失区、土壤污染区、荒山等地种植。②树形观赏树种。栽培地理区为亚热带地区，栽培海拔50~1000m。

硬毛马甲子 Paliurus hirsutus Hemsl.

采种时间： 9~10月采种。
果实类型： 核果（具木质翅），灰褐色。
果实处理： 阴干法，即摊开在室内通风、干燥处10~15天，稍干燥后收集，拣去粗杂质，纯净种子。
种子储藏： 干藏。
繁殖方法： 播种，播种时间翌年3~4月，播种方法为播种法Ⅰ，参考播种量约10kg/667m²~15kg/667m²，产苗量约2万株/667m²~3万株/667m²。
适生类型： 山区、丘陵、平原、荒山、垃圾污染地，喜光，稍耐旱。
功能应用： 土壤修复。在水土流失区、土壤污染区、荒山等地种植。栽培地理区为亚热带地区，栽培海拔50~800m。

轮叶蒲桃（三叶赤楠）Syzygium grijsii (Hance) Merr. et Perry.

采种时间： 9~10月采种。
果实类型： 核果，紫黑色。
果实处理： 堆沤法，即堆放在室内通风、干燥处，堆沤时间10~20天，让果皮软化。
种子处理： 肉质果皮充分软化后，用清水搓洗，将种子与种皮碎屑分离，后捞出种子，用清水再冲洗1~2次。沥干水，摊开在室内通风处1~2天。

轮叶蒲桃种子　　　　轮叶蒲桃幼苗　　　　轮叶蒲桃苗

种子储藏： 普通沙藏。
繁殖方法： 播种，播种时间翌年3~4月，播种方法为播种法Ⅰ，参考播种量约20kg/667m²~25kg/667m²，产苗量约3.5万株/667m²~4万株/667m²。
适生类型： 山区、丘陵、平原、河岸、荒山；喜光，忌水淹，稍耐干旱。
功能应用： ①土壤修复。在水土流失区、土壤污染区、荒山等地种植。②树形观赏树种（含盆景）。栽培地理区为亚热带地区，栽培海拔50~1000m。

显齿蛇葡萄 Ampelopsis grossedentata (Hand.-Mazz.) W. T. Wang

采种时间： 10~11月采种。
果实类型： 浆果，紫黑色。
果实处理： 堆沤法，即堆放在室内通风、干燥处，堆沤时间10~15天，让果皮软化。
种子处理： 肉质果皮充分软化后，用清水搓洗，将种子与种皮碎屑分离，后捞出种子，用清水再冲洗1~2次。沥干水，摊开在室内通风处1~2天。
种子储藏： 普通沙藏。
繁殖方法： 播种，播种时间翌年3~4月，播种方法为播种法Ⅱ，参考播种量约10kg/667m²~15kg/667m²，产苗量约2.5万株/667m²~3万株/667m²。

适生类型：山区、丘陵、平原、河岸、荒山；喜光，忌水淹，稍耐干旱。
功能应用：①土壤修复。在水土流失区、土壤污染区、荒山等地种植。②藤本观赏植物。栽培地理区为亚热带地区，栽培海拔50~1000m。

（二）矿区修复木本植物

老虎刺 Pterolobium punctatum Hemsl.

采种时间：10~12月采种。
果实类型：荚果，褐红色。
果实处理：阴干法，即摊开在室内通风、干燥处10~15天，稍干燥后收集、拣去粗杂质，纯净种子。
种子储藏：干藏。
繁殖方法：播种，播种时间翌年3~4月，播种方法为播种法Ⅰ，参考播种量约15kg/667m^2~20kg/667m^2，产苗量约2万株/667m^2~3万株/667m^2。
适生类型：山区、丘陵、平原、荒山、垃圾污染地，喜光，稍耐旱。
功能应用：①矿区修复。②土壤修复。在矿区、水土流失区、土壤污染区、荒山等地种植。栽培地理区为亚热带地区，栽培海拔50~800m。

刺槐 Robinia pseudoacacia L.

采种时间：10~12月采种。
果实类型：荚果，褐色（具红褐色斑纹）。
果实处理：阴干法，即摊开在室内通风、干燥处10~15天，干燥后荚果开裂，种子脱落，将种子收集，拣去粗杂质，纯净种子。
种子储藏：普通沙藏。
繁殖方法：播种，播种时间翌年3~4月，播种方法为播种法Ⅰ，参考播种量约7kg/667m^2~10kg/667m^2，产苗量约2万株/667m^2。
适生类型：山区、丘陵、平原、荒山、垃圾污染地；喜光，稍耐旱。
功能应用：①矿区修复。②土壤修复。在矿区、水土流失区、土壤污染区、荒山等地种植。③用材树种。栽培地理区为亚热带地区，栽培海拔50~500m。

葛藤（葛） Pueraria lobata (Willd.) Ohwi var. lobata

采种时间：10~12月采种。
果实类型：荚果，灰褐色。
果实处理：阴干法，即摊开在室内通风、干燥处10~15天，荚果开裂后种子脱落，收集种子，拣去粗杂质，纯净种子。
种子储藏：普通沙藏。
繁殖方法：①播种，播种时间翌年3~4月，播种方法为播种法Ⅰ，参考播种量约15kg/667m^2~20kg/667m^2，产苗量约2万株/667m^2~3万株/667m^2。②扦插。
适生类型：山区、丘陵、平原、石壁、荒山、垃圾污染地；喜光，稍耐旱。
功能应用：①矿区修复。②土壤修复。选择在水土流失区、土壤污染区、荒山等地种植。③饲料植物。栽培地理区为温带、亚热带地区，栽培海拔50~1000m。

常春油麻藤 Mucuna sempervirens Hemsl.

采种时间：10~12月采种。

果实类型： 荚果，灰褐色。
果实处理： 阴干法，即摊开在室内通风、干燥处10~15天，荚果开裂后种子脱落，收集种子，拣去粗杂质，纯净种子。
种子储藏： 普通沙藏。
繁殖方法： ①播种，播种时间翌年3~4月，播种方法为播种法Ⅰ，参考播种量约20kg/667m²~25kg/667m²，产苗量约2万株/667m²~3万株/667m²。②扦插。
适生类型： 山区、丘陵、平原、石壁、荒山、垃圾污染地；喜光，稍耐旱。
功能应用： ①矿区修复。②土壤修复。选择在水土流失区、土壤污染区、荒山等地种植。栽培地理区为亚热带地区，栽培海拔50~1000m。

夹竹桃 Nerium indicum Mill.

采种时间： 10~12月采种。
果实类型： 蓇葖果，灰褐色。
果实处理： 阴干法，即摊开在室内通风、干燥处10~15天，蓇葖果开裂后种子脱落，收集种子、拣去粗杂质，纯净种子。
种子储藏： 普通沙藏。
繁殖方法： ①播种，播种时间翌年3~4月，播种方法为播种法Ⅰ，参考播种量约8kg/667m²~10kg/667m²，产苗量约2万株/667m²~3万株/667m²。②扦插。
适生类型： 山区、丘陵、平原、石壁、荒山、垃圾污染地；喜光，稍耐旱。
功能应用： ①矿区修复。②土壤修复。选择在水土流失区、土壤污染区、荒山等地种植。栽培地理区为亚热带地区，栽培海拔50~1000m。

粗叶悬钩子 Rubus alceaefolius Poir. var. alceaefolius

采种时间： 10~11月采种。
果实类型： 聚合瘦果，红色。
果实处理： 堆沤法，即堆放在室内通风、干燥处，堆沤时间5~7天，让果皮软化。
种子处理： 肉质果皮充分软化后，用清水搓洗，将种子与种皮碎屑分离，后捞出种子，用清水再冲洗1~2次。沥干水，摊开在室内通风处1~2天。
种子储藏： 普通沙藏。
繁殖方法： ①播种，播种时间翌年3~4月，播种方法为播种法Ⅱ，参考播种量约8kg/667m²~10kg/667m²，产苗量约2.5万株/667m²~3万株/667m²。②嫁接（本种实生苗为砧，优良株作接穗）
适生类型： 山区、丘陵、平原、荒山，喜光；忌水淹，稍耐干旱。
功能应用： ①矿区修复。②土壤修复。在水土流失区、土壤污染区、荒山等地种植。③野生果树。栽培地理区为亚热带地区，栽培海拔50~1000m。

粗叶悬钩子苗

广东蛇葡萄 Ampelopsis cantoniensis (Hook. et Arn.) Planch.

采种时间： 9~10月采种。
果实类型： 浆果，紫黑色。
果实处理： 堆沤法，即堆放在室内通风、干燥处，堆沤时间7~15天，让果皮软化。
种子处理： 肉质果皮充分软化后，用清水搓洗，将种子与种皮碎屑分离，后捞出种子，用清水再冲洗1~2次。沥干水，摊开在室内通风处1~2天。

种子储藏： 普通沙藏。

繁殖方法： 播种，播种时间翌年3~4月，播种方法为播种法Ⅱ，参考播种量约10kg/667m²~15kg/667m²，产苗量约2.5万株/667m²~3万株/667m²。

适生类型： 山区、丘陵、平原、石壁、荒山；喜光，忌水淹，稍耐干旱。

功能应用： ①矿区修复。②土壤修复。在水土流失区、土壤污染区、荒山等地种植。②藤本观赏植物。栽培地理区为亚热带地区，栽培海拔50~1000m。

算盘子 Glochidion puberum (Linn.) Hutch.

算盘子种子

采种时间： 10~12月采种。

果实类型： 蒴果，褐红色。

果实处理： 阴干法，即摊开在室内通风、干燥处10~15天，蒴果开裂后种子脱落，收集种子、拣去粗杂质、纯净种子。

种子储藏： 普通沙藏。

繁殖方法： 播种，播种时间翌年3~4月，播种方法为播种法Ⅰ，参考播种量约10kg/667m²~15kg/667m²，产苗量约2万株/667m²~3万株/667m²。

适生类型： 山区、丘陵、平原、荒山、垃圾污染地；喜光，稍耐旱。

功能应用： ①矿区修复。②土壤修复。选择在水土流失区、土壤污染区、荒山等地种植。栽培地理区为亚热带地区，栽培海拔50~600m。

蓖麻 Ricinus communis L.

采种时间： 10~12月采种。

果实类型： 蒴果，灰褐色。

果实处理： 阴干法，即摊开在室内通风、干燥处10~15天，蒴果开裂后种子脱落，收集种子，拣去粗杂质，纯净种子。

种子储藏： 普通沙藏。

繁殖方法： ①播种，播种时间翌年3~4月，播种方法为播种法Ⅰ，参考播种量约20kg/667m²~25kg/667m²，产苗量约2万株/667m²~3万株/667m²。②扦插。

适生类型： 山区、丘陵、平原、荒山、垃圾污染地；喜光，稍耐旱。

功能应用： ①矿区修复。②土壤修复。选择在水土流失区、土壤污染区、荒山等地种植。③工业原料（种子油）。栽培地理区为亚热带地区，栽培海拔50~1000m。

山芝麻 Helicteres angustifolia L.

采种时间： 8~10月采种。

果实类型： 蒴果，灰白色。

果实处理： 阴干法，即摊开在室内通风、干燥处10~15天，蒴果开裂后种子脱落，收集种子，拣去粗杂质，纯净种子。

种子储藏： 干藏。

繁殖方法： 播种，播种时间翌年3~4月，播种方法为播种法Ⅰ，参考播种量约4kg/667m²~7kg/667m²，产苗量约4万株/667m²~5万株/667m²。

适生类型： 山区、丘陵、平原、荒山、垃圾污染地；喜光，稍耐旱。

功能应用： ①矿区修复。②土壤修复。选择在水土流失区、土壤污染区、荒山等地种植。栽培地理区为亚热带地区，栽培海拔50~500m。

白背黄花稔（原变种）Sida rhombifolia L. var. rhombifolia

采种时间： 11~12月采种。
果实类型： 蒴果，灰白色。
果实处理： 阴干法，即摊开在室内通风、干燥处10~15天，蒴果开裂后种子脱落，收集种子，拣去粗杂质，纯净种子。
种子储藏： 干藏。
繁殖方法： 播种，播种时间翌年4~5月，播种方法为播种法Ⅰ，参考播种量约$3kg/667m^2$~$7kg/667m^2$，产苗量约3万株/$667m^2$~4万株/$667m^2$。
适生类型： 山区、丘陵、平原、荒山、垃圾污染地；喜光，稍耐旱。
功能应用： ①矿区修复。②土壤修复。选择在水土流失区、土壤污染区、荒山等地种植。栽培地理区为亚热带地区，栽培海拔50~600m。

梵天花（原变种）Urena procumbens L. var. procumbens

采种时间： 11~12月采种。
果实类型： 蒴果，灰褐色。
果实处理： 阴干法，即摊开在室内通风、干燥处10~15天，蒴果开裂后种子脱落，收集种子，拣去粗杂质，纯净种子。
种子储藏： 干藏。
繁殖方法： 播种，播种时间翌年3~4月，播种方法为播种法Ⅰ，参考播种量约$5kg/667m^2$~$8kg/667m^2$，产苗量约4万株/$667m^2$~5万株/$667m^2$。
适生类型： 山区、丘陵、平原、荒山、垃圾污染地；喜光，稍耐旱。
功能应用： ①矿区修复。②土壤修复。选择在水土流失区、土壤污染区、荒山等地种植。栽培地理区为亚热带地区，栽培海拔50~900m。

（三）湿地修复树种

水松 Glyptostrobus pensilis (Staunt.) Koch

采种时间： 11~12月采种。
果实类型： 球果木质，灰褐色。
果实处理： 阴干法，即摊开在室内通风、干燥处7~15天，球果开裂后种子脱落（可用棍棒轻轻敲打，使种子充分脱落），然后收集，拣去粗杂质，再用网筛纯净种子。
种子储藏： 干藏。
繁殖方法： 播种，播种时间翌年3月，播种方法为播种法Ⅰ，参考播种量$8kg/667m^2$~$10kg/667m^2$，产苗量约1.5万株/$667m^2$~2万株/$667m^2$。
适生类型： 山区、丘陵、平原、河岸、湖岸、湿地，喜土层深厚、湿润、肥沃土壤，喜光，耐水湿。
功能应用： ①湿地修复。可在河岸、湖岸、湿地等水湿环境造林。②彩叶景观营造。可在村落、公园、校园、庭院、景区入口处配置，不适用于行道树配置。栽培地理区为温带、亚热带地区，栽培海拔50~800m。

水松球果

枫杨 Pterocarya stenoptera C. DC.

采种时间： 10~11月采种。

果实类型： 坚果，灰褐色。
果实处理： 阴干法，即摊开在室内通风、干燥处10~15天，坚果颜色变深褐色时，将带翅的坚果收起，拣去粗杂质，纯净种子。
种子储藏： 干藏。
繁殖方法： 播种，播种时间翌年3~4月，播种方法为播种法Ⅰ，参考播种量约15kg/667m^2~20kg/667m^2，产苗量约1.8万株/667m^2~2万株/667m^2。
适生类型： 山区、丘陵、平原、荒山、垃圾污染地；喜光，耐水湿。
功能应用： ①湿地修复。可在河岸、湖岸、湿地等水湿环境造林。②土壤修复。选择在水土流失区、土壤污染区等种植。栽培地理区为亚热带地区，栽培海拔50~500m。

风箱树 Cephalanthus tetrandrus (Roxb.) Ridsd. et Bakh. f.

采种时间： 10月采种。
果实类型： 坚果，灰褐色。
果实处理： 阴干法，即摊开在室内通风、干燥处10~15天，然后收集，拣去粗杂质，再用网筛纯净坚果。
种子储藏： 干藏。
繁殖方法： ①播种，播种时间翌年3~4月，播种方法为播种法Ⅰ，参考播种量约15kg/667m^2~20kg/667m^2，产苗量约1.8万株/667m^2~2万株/667m^2。②扦插。
适生类型： 山区、丘陵、平原、荒山、垃圾污染地；喜光，耐水湿。
功能应用： 湿地修复。可在河岸、湖岸、湿地等水湿环境造林。栽培地理区为亚热带地区，栽培海拔50~800m。

水团花 Adina pilulifera (Lam.) Franch. ex Drake

采种时间： 10~11月采种。
果实类型： 蒴果，灰褐色。
果实处理： 阴干法，即摊开在室内通风、干燥处10~15天，蒴果开裂后种子脱落，然后收集，拣去粗杂质，再用网筛纯净种子。
种子储藏： 普通沙藏。
繁殖方法： ①播种，播种时间翌年3~4月，播种方法为播种法Ⅱ，参考播种量约15kg/667m^2~20kg/667m^2，产苗量约1.8万株/667m^2~2万株/667m^2。②扦插。
适生类型： 山区、丘陵、平原、湿地；喜光，耐水湿。
功能应用： 湿地修复。可在河岸、湖岸、湿地等水湿环境造林。栽培地理区为亚热带地区，栽培海拔50~500m。

细叶水团花 Adina rubella Hance

采种时间： 11~12月采种。
果实类型： 蒴果，灰褐色。
果实处理： 阴干法，即摊开在室内通风、干燥处10~15天，蒴果开裂后种子脱落，然后收集，拣去粗杂质，再用网筛纯净种子。
种子储藏： 普通沙藏。
繁殖方法： ①播种，播种时间翌年3~4月，播种方法为播种法Ⅱ，参考播种量约15kg/667m^2~20kg/667m^2，产苗量约1.8万株/667m^2~2万株/667m^2。②扦插。
适生类型： 山区、丘陵、平原、湿地；喜光，耐水湿。
功能应用： 湿地修复。可在河岸、湖岸、湿地等水湿环境造林。栽培地理区为亚热带地区，栽培海拔50~500m。

长梗柳（原变种）Salix dunnii Schneid. var. dunnii

采种时间： 8~10月采种。
果实类型： 蒴果，灰褐色。
果实处理： 阴干法，即摊开在室内通风、干燥处10~15天，蒴果开裂后种子脱落，然后收集，拣去粗杂质，再用网筛纯净种子。
种子储藏： 普通沙藏。
繁殖方法： ①播种，播种时间翌年3~4月，播种方法为播种法Ⅰ，参考播种量约5kg/667m²~8kg/667m²，产苗量约1.8万株/667m²~2万株/667m²。②扦插。
适生类型： 山区、丘陵、平原、湿地；喜光，耐水湿。
功能应用： 湿地修复。可在河岸、湖岸、湿地等水湿环境造林。栽培地理区为亚热带地区，栽培海拔50~500m。

石榕树 Ficus abelii Miq.

采种时间： 11~12月采种。
果实类型： 榕果，紫红色。
果实处理： 堆沤法，即堆放在室内通风、干燥处，堆沤时间7~15天，让果皮软化。
种子处理： 肉质果皮充分软化后，用清水搓洗，将种子与种皮碎屑分离，后捞出种子，用清水再冲洗1~2次。沥干水，摊开在室内通风处1~2天。
种子储藏： 普通沙藏。
繁殖方法： 播种，播种时间翌年3~4月，播种方法为播种法Ⅱ，参考播种量约3kg/667m²~6kg/667m²，产苗量约2.5万株/667m²~3万株/667m²。
适生类型： 山区、丘陵、平原、湿地；喜光，耐水湿。
功能应用： ①湿地修复。可在河岸、湖岸、湿地等水湿环境造林。②观果植物。栽培地理区为亚热带地区，栽培海拔50~700m。

（四）石头山环境修复的树种

枹栎 Quercus serrata Thunb.

采种时间： 9~10月采种。
果实类型： 坚果，灰褐色。
果实处理： 阴干法，即摊开在室内通风、干燥处10~15天，坚果脱落后收集，拣去壳斗等杂质，再用网筛纯净种子。
种子储藏： 普通沙藏。
繁殖方法： 播种，播种时间翌年3~4月，播种方法为播种法Ⅱ，参考播种量约80kg/667m²~100kg/667m²，产苗量约2万株/667m²~2.5万株/667m²。
适生类型： 山区、丘陵，喜石头山，喜土层深厚的土壤，喜光，忌水淹，耐旱。
功能应用： ①石头山植被恢复。穴垦，容器大苗+客土种植。②水土流失区植被恢复。条垦+穴，容器大苗+客土种植。栽培地理区为温带、亚热带地区，栽培海拔100~1000m。

多穗柯（木姜叶柯，甜茶）Lithocarpus litseifolius (Hance) Chun

采种时间： 8~10月采种。
果实类型： 坚果，灰褐色。
果实处理： 阴干法，即摊开在室内通风、干燥处10~15天，坚果脱落然后收集，拣去壳斗等杂质，再用网筛纯净种子。

种子储藏： 普通沙藏。

繁殖方法： 播种，播种时间翌年3~4月，播种方法为播种法Ⅱ，参考播种量约80kg/667m²~120kg/667m²，产苗量约2万株/667m²~2.5万株/667m²。

适生类型： 山区、丘陵，喜土层深厚、湿润、肥沃土壤，喜光，忌水淹，稍耐干旱。

功能应用： ①石头山植被恢复。穴垦，容器大苗+客土种植。②嫩叶可制茶。条垦+穴，容器大苗+客土种植。栽培地理区为亚热带地区，栽培海拔100~1000m。

东南栲（秀丽锥，乌楣栲）Castanopsis jucunda Hance

采种时间： 9~10月采种。

果实类型： 坚果，灰褐色。

果实处理： 阴干法，即摊开在室内通风、干燥处10~15天，坚果总苞开裂后种子脱落（可用棍棒轻轻敲打，使种子充分脱落），收集种子，拣去壳斗等杂质，再用网筛纯净种子。

种子储藏： 普通沙藏；也可以随采随播（不需要储藏种子）。

繁殖方法： 播种，播种时间11~12月或翌年3~4月，播种方法为播种法Ⅱ，参考播种量约80kg/667m²~110kg/667m²，产苗量约2万株/667m²。

适生类型： 山区、丘陵，喜石头山，或土层深厚的土壤，喜光，忌水淹，耐干旱。

功能应用： ①景观营造。可用于村落、公园、校园、景区入口景观带。②石头山植被恢复。穴垦，容器大苗+客土种植。栽培地理区为亚热带地区，栽培海拔100~1000m。

青檀 Pteroceltis tatarinowii Maxim.

采种时间： 9~10月采种。

果实类型： 翅果状核果，褐灰色。

果实处理： 阴干法，即摊开在室内通风、干燥处10~15天，然后收集核果，拣去粗杂质，再用网筛纯净种子。

种子储藏： 普通沙藏。

繁殖方法： 播种，播种时间翌年3~4月，播种方法为播种法Ⅱ，参考播种量约10kg/667m²~14kg/667m²，产苗量约2万株/667m²。

适生类型： 山区、丘陵、平原，喜石头山，或土层深厚土壤，喜光，耐阴，也耐干旱。

功能应用： ①石头山植被恢复。穴垦，容器大苗+客土种植。②行道树配置。③彩叶树种。栽培地理区为温带、亚热带地区，栽培海拔100~900m。

女贞 Ligustrum lucidum Ait.

采种时间： 9~11月采种。

果实类型： 核果，紫黑色。

果实处理： 堆沤法，即堆放在室内通风处，堆沤时间15~20天，让肉质种皮软化。

种子处理： 肉质种皮充分软化后，用清搓洗，将种子与种皮碎屑分离，然后捞出种子，用清水再冲洗1~2次。沥干水，摊开在室内通风处1天，收集种子。

种子储藏： 普通沙藏。

繁殖方法： 播种，播种时间12月或翌年3~4月，播种方法为播种法Ⅰ，参考播种量约15kg/667m²~20kg/667m²，产苗量约2.5万株/667m²。

适生类型： 山区、丘陵、平原，喜石头山，或土层深厚的土壤，稍耐干旱、贫瘠，喜光。

功能应用： ①景观营造。村落、公园、校园、庭院、景区入口处，也适用于行道树配置。②石头山植被恢复。穴垦，容器大苗+客土种植。栽培地理区为温带、亚热带地区，栽培海拔50~1000m。

构棘（葨芝）Cudrania cochinchinensis (Lour.) Kudo et Masam.

采种时间： 9~10月采种。
果实类型： 聚合核果，黄橙色。
果实处理： 堆沤法，即堆放在室内通风处，堆沤时间15~20天，让肉质种皮软化。
种子处理： 肉质种皮充分软化后，用清搓洗，将种子与种皮碎屑分离，然后捞出种子，用清水再冲洗1~2次。沥干水，摊开在室内通风处1天，收集种子。
种子储藏： 普通沙藏。
繁殖方法： 播种，播种时间12月或翌年3~4月，播种方法为播种法Ⅰ，参考播种量约10kg/667m^2~15kg/667m^2，产苗量约2.5万株/667m^2。
适生类型： 山区、丘陵、平原，喜石头山，或土层深厚的土壤，耐干旱、贫瘠，喜光。
功能应用： 石头山植被恢复。穴垦，容器大苗+客土种植。栽培地理区为亚热带地区，栽培海拔50~800m。

山麻杆 Alchornea davidii Franch

采种时间： 9~10月采种。
果实类型： 蒴果，灰褐色。
果实处理： 阴干法，即摊开在室内通风、干燥处10~15天，蒴果开裂后种子脱落（可用棍棒轻轻敲打，使种子充分脱落），收集种子，拣去杂质，再用网筛纯净种子。
种子储藏： 普通沙藏。
繁殖方法： 播种，播种时间翌年3~4月，播种方法为播种法Ⅰ，参考播种量约10kg/667m^2~12kg/667m^2，产苗量约1.8万株/667m^2~2万株/667m^2。
适生类型： 山区、丘陵、平原，喜石头山，或土层深厚的土壤，喜光，耐干旱、瘠薄。
功能应用： 石头山植被恢复。穴垦，容器大苗+客土种植。栽培地理区为温带、亚热带地区，栽培海拔100~900m。

李 Prunus salicina Lindl.

采种时间： 7~8月采种。
果实类型： 核果，紫红色。
果实处理： 堆沤法，即堆放在室内通风处，堆沤时间15~20天，让肉质种皮软化。
种子处理： 肉质种皮充分软化后，用清搓洗，将种子与种皮碎屑分离，然后捞出种子，用清水再冲洗1~2次。沥干水，摊开在室内通风处1天，收集种子。
种子储藏： 普通沙藏。
繁殖方法： 播种，播种时间翌年3~4月，播种方法为播种法Ⅰ，参考播种量约30kg/667m^2~35kg/667m^2，产苗量约2万株/667m^2。
适生类型： 山区、丘陵、平原，喜石头山，或土层深厚的土壤，耐干旱、贫瘠，喜光。
功能应用： ①石头山植被恢复。穴垦，容器大苗+客土种植。②果树种质资源。栽培地理区为温带、亚热带地区，栽培海拔50~1000m。

珍珠莲（变种）Ficus sarmentosa Buch.-Ham. ex J. E. Sm. var. henryi (King ex Oliv.) Corner

采种时间： 7~9月采种。
果实类型： 榕果，黄绿色。
果实处理： 堆沤法，即堆放在室内通风处，堆沤时间15~20天，让肉质种皮软化。
种子处理： 肉质种皮充分软化后，用清搓洗，用网筛将种子与种皮碎屑分离，然后捞出种子，用清水再冲洗1~2次。沥干水，摊开在室内通风处1天，收集种子。

种子储藏： 普通沙藏。

繁殖方法： 播种，播种时间10月或翌年3~4月，播种方法为播种法Ⅱ（由于种子极细，可以与储藏时的河沙一起播），参考播种量约6kg/667m^2~9kg/667m^2，产苗量约2.5万株/667m^2。

适生类型： 山区、丘陵、平原，喜石头山，或土层深厚的土壤，耐干旱、贫瘠，喜光。

功能应用： ①石头山植被恢复。穴垦，容器大苗+客土种植。②垂直绿化。栽培地理区为亚热带地区，栽培海拔100~1000m。

七、应用术语说明

（一）果实处理

堆沤法

堆放在室内通风、干燥处10~30天，让肉质假种皮、或肉质种皮、或肉质果皮软化。一些不容易软化的肉质种皮或果皮，可以喷洒适量的清水，加速其软化。软化后用清水洗种。

阴干法

主要适用于裸子植物的球果以及被子植物的蒴果、荚果、翅果、角果、坚果（如壳斗科的坚果具总苞或碗状壳斗），包括果实很小、水分含量不高的小浆果类如越橘科的乌饭树（南烛）果实、大戟科的余甘子果实等，摊开在室内通风、干燥处10~30天。待果实干燥后开裂，收集种子。对不开裂的小浆果、小核果必须搓碎，摊开晾1~2天，然后再与润沙混合储藏。

（二）种子储藏

种子储藏期间和播种前1~2天要检查种子是否发霉。如果发现种子有霉菌，应放在10%的高锰酸钾稀释液中浸种消毒约10分钟，然后用清水冲洗种子，晾干表面水，再重新用润湿河沙储藏。如果沙藏后筛出的种子，在准备播种时发现种子发霉，则消毒后再播种。

干藏

种子纯净后用布袋、箩筐等透气的容器装盛，放置在室内通风、干燥处保藏。要经常检查，避免发霉。

普通沙藏

适用于种子直径大于0.3cm的种子，用干净、润湿的河沙（没有明显的水滴，手捏河沙后留下湿润的手印）与种子混合，种子与河沙的体积比例约1:3；然后将混匀的"种子+河沙"堆放在室内通风处，或装盛在透气的容器中，上面再铺盖一层5~10cm的湿润河沙，最后盖草保湿。

特殊沙藏

（1）主要指需要低温、保湿储藏的特殊种子如红豆杉属、穗花杉属等具肉质假种皮的种子，这类种子往往需要2年发芽，因此低温、保湿储藏可以提前1年发芽。具体方法是：将纯净种子与湿润河沙混合后，选择背阴干燥、不积水（地势较高）的地方，挖坑（深1.5~2m），与湿河沙按1:2（种子与河沙体积比）的比例混合贮藏在坑内。

（2）主要指那些种子直径小于0.3cm的小浆果（果实直径小于1.2cm）、小核果（易搓碎，果皮与种子不易分离）。以乌饭果实为例，具体方法是：鲜果采摘后，装入保鲜袋，开口1/3，当袋内出现水汽时，翻动袋内果实，重新平放在室内通风、干燥处。每2天检查一次，发现果实霉变，及时用10%盐水表面消毒，之后用清水清洗、晾干，再装入保鲜袋，大约30天后，果实稍干燥，及时搓碎，并对种子进行纯净处理（拣去较粗的杂质），然后与润湿河沙混装在保鲜袋或稍具透气特性的容器中，上面加盖3cm厚的润湿河沙。

（三）播种

播种前可以做一些催芽处理。①对直径大于0.3cm的沙藏种子，筛出种子后进行催芽；对干藏种子也可以同样进行播种前的催芽。②用35℃~40℃温水浸种，每天换一次温水，连续3~7天，以种子明显膨胀为停止催芽时间，然后及时播种。③用阴干法处理的果实，种子直径小于0.3cm的小浆果如乌饭（南烛）种子、小核果（种子与果皮不易分离）等，不需要催芽，直接将种子与河沙一起播种（均匀撒播）。

播种法 I（主要用于干藏种子）

苗圃整地后在床面铺3~4cm厚的干净、过筛黄心土，将催芽的种子均匀撒播在床面黄心土上，再盖

3cm厚黄心土，最后加盖稻草，并淋水，使盖草润湿，间接达到润湿土壤的目的。也可以拱塑料棚保温、保湿，拱棚前用喷雾器充分润湿土面，切忌浇水，以免冲露种子。

播种法Ⅱ

（1）适用于大多数沙藏种子。苗圃整地后在床面铺4~6cm厚的干净、过筛黄心土，将催芽的种子均匀撒播在床面黄心土上，再盖3cm厚黄心土，最后加盖稻草，并淋水，使土壤润湿。也可以拱塑料棚保温、保湿，拱棚前用洒水壶润湿土面，切忌浇水，以免冲露种子。大约30%~40%种子发芽时，选择阴天或傍晚揭草，或移除覆盖的塑料膜，然后搭建遮阴网（透光度50%），6月份左右可移除遮阴网。

（2）乌饭（南烛）种子可与储藏时的河沙一起播。采用盆播为宜，盆的口径10~20cm（或方形大盆如图1），盆底必须有透水的孔。播种前装入65%盆体积的疏松、透气的有机土（市售），盖3~5cm厚度的干净、过筛（30~35目，即筛子孔径0.6~0.5mm）的黄心土，把乌饭种子播在黄心土上，再撒盖0.4cm厚度的黄心土，然后在盆口加盖长度大于盆口直径的干净（消毒后）稻草，喷水于稻草上（喷水时间适当延长，保证稻草充分湿润，只有这样才能使土壤得到润湿），切忌浇水。也可以选择不盖草，而盖塑料膜（先用喷雾器润湿土面，再盖膜）。另外，无论是盖草还是盖膜，都必须保持土面与草、膜之间有10~15cm的空隙。因此，盆内土面应该低于盆口10cm。

（3）红豆杉科的种子播种。翌年3~4月播种时，将种子与沙粒混合装入耐擦洗的编织袋内，用20~30kg的棍棒压在平放的种子袋上，用力来回搓动，将种子的外皮除去。但操作过程中用力要均匀，不可用力过大，伤及种子，一般以种表皮出现轻微裂痕或外种皮轻微破裂而止，然后播种。另外，对完成了采种、洗种、晾干表面水操作的种子，可以挖坑沙藏种子，翌年3~4月再取出种子播种。种子出坑后筛出沙子，用50度白酒和40℃温水（1:1）浸泡20~30分钟，捞出后用浓度为0.05%的"920"浸种24小时，然后移入温室催芽，温度25℃，当种子"露白"时立即播种。

播种法Ⅲ（主要是杜鹃属植物的种子）

（1）露天苗床播种法：选择透光率30%~40%的疏林（红豆杉幼林以及阔叶树幼林，忌松林），整地、开沟（深30cm，宽40cm）。苗床要深翻土壤2次，用10%多菌灵消毒，翻晒10~20天。然后破碎土壤（土粒直径小于0.5cm），整平床面，铺干净、过筛的黄心土1.5cm。再用洗净、晒干、切碎的苔藓与黄心土按比例混合，即土：碎苔藓=1:1（体积比），铺于黄心土上，然后将种子播于其上，用平板轻轻压一下，然后撒黄心土0.4cm（隐约见种为宜），再加盖干净、无菌、切碎的苔藓5~10cm厚，喷水，使土壤充分润湿（见图1、图2、图3）。在苗床上方搭建透光度60%的遮阴网，防止降雨冲刷苗床。

图1　选择在疏林（幼林）下播种

图2　覆盖苔藓　　　　　　　　　　　　　图3　出苗

（2）温室大棚低床盆播法：搭建高2.5~4m高的塑料大棚，其他操作与苗床播种相同。温度25~27℃，湿度70%（见图4）。

（3）温室大棚高床盆播法：温室大棚内构建高1m的苗床架，将苗盆摆放在苗床架上。其他操作与苗床播种相同（见图5）。

图4　温室大棚低床盆播法

图5 温室大棚高床盆播法

（四）扦插

扦插 I

主要是指能用1~2年生老枝扦插、易成活的树种（水杉、杨树等）。采用露天苗床扦插法。

圃地要选择在干净、干燥又通风、具散光的环境之中，不能是潮湿阴暗的环境，同时要避免光照太强，土温保持在25~30℃。

扦插前1~2个月，必须翻晒插床2~3次，并用10%多菌灵消毒。3~4月扦插时细碎土壤，平整床面。在床面上铺5~7cm厚的过筛、干净、无杂质（石砾、枝叶等）的黄心土。

选择3~10年生的母树或大树基部的粗壮萌发条，截取6个月至2年生的粗壮、向上伸展的枝条，剪取其中部和上部（梢部）各10~12cm作为插穗（树龄10年以上，只取枝条中部作插穗），插穗2/3以下的枝、叶全部剪除。插口要光滑、平坦。然后将插穗插入已经铺好黄心土的插床中，扦插深度大于插穗长度的2/3（即长度约1~2cm）。扦插前先用粗细与插穗相近的棍棒引洞，再插入插穗，然后压紧基部，添盖黄心土。

用喷雾器喷水，使床面充分湿润。搭建双层遮阴网（透光度30%左右）。遮阴网顶部高度离床面约60cm，四周压紧，每天从苗床一端掀开覆盖膜进行观察（见图6）。为了避免苗床中部"烧苗"（中部通风慢，温度较高），因此苗床长度以10~15m为宜。

图6 遮阴网

扦插Ⅱ

扦插Ⅱ主要指较难生根的树种如木兰科、金缕梅科的树种。采用温室大棚低床盆插法（见图1）。扦插基质为黄心土+腐殖土（市售），体积比例为1∶1。插穗应选择1~4年生母树，枝条年龄为6个月至1年，取其中部和枝梢为插穗。插穗用生根粉浸泡12小时。插后喷雾，使床面湿润。遮阴网透光度30%。每隔2天早上喷雾一次。

扦插法Ⅲ

主要指吴茱萸五加、杜鹃花科植物等。采用温室大棚高床扦插法（图2）。扦插基质为黄心土+腐殖土（市售）+苔藓（干净、切碎、干燥），体积比例为1∶1∶1。插穗应选择1~4年生母树，枝条年龄为6个月至1年，取其中部和枝梢为插穗。插穗用生根粉浸泡12小时。插后喷雾使床面湿润。遮阴网透光度30%。每隔天早上喷雾一次（切忌过度湿润）。

另外，也可以改为"花盆扦插"，方法与上述一样。但不同之处，不要建温室大棚，采用直径10~15cm的花盆扦插，插完后在花盆上方套一个塑料袋保温、保湿，方便喷雾、观察等管理。

八、同一树种的多功能应用方向

（一）两用树种

序号	中文名	学名	功能	
1	银杏	**Ginkgo biloba**	彩叶树种	药用树种（种子）
2	乌桕	**Sapium sebiferum**	彩叶树种	生态修复（土壤修复、矿山修复）
3	枫香	**Liquidambar formosana**	彩叶树种	用材树种
4	榔榆	**Ulmus parvifolia**	彩叶树种	生态修复（土壤修复、矿山修复）
5	朴树	**Celtis sinensis**	彩叶树种	生态修复（土壤修复、矿山修复）
6	苦楝	**Melia azedarach**	彩叶树种	生态修复（土壤修复）
7	蓝果树	**Nyssa sinensis**	彩叶树种	用材树种
8	椴树	**Tilia tuan** Szyszyl. var. **tuan**	彩叶树种	用材树种
9	槲栎	**Quercus aliena** Bl. var. **aliena**	彩叶树种	用材树种
10	槲树	**Quercus dentata**	彩叶树种	用材树种
11	麻栎	**Quercus acutissima**	彩叶树种	用材树种
12	黄连木	**Pistacia chinensis**	彩叶树种	药用树种
13	野漆树	**Toxicodendron succedaneum**	彩叶树种	工业原料
14	楝叶吴萸	**Evodia glabrifolia**	彩叶树种	药用树种
15	楝叶吴萸	**Evodia glabrifolia**	彩叶树种	药用树种
16	臭椿	**Ailanthus altissima** (Mill.) Swingle var. **altissima**	彩叶树种	用材树种
17	中山杉	**Taxodium** 'Zhongshanshan'	彩叶树种	生态修复（湿地修复）
18	池杉	**Taxodium ascendens**	彩叶树种	生态修复（湿地修复）
19	墨西哥落羽杉	**Taxodium mucronatum**	彩叶树种	生态修复（湿地修复）
20	水杉	**Metasequoia glyptostroboides**	彩叶树种	生态修复（湿地修复）
21	广西紫荆（南岭紫荆）	**Cercis chuniana**	观花树种	彩叶树种
22	湖北紫荆	**Cercis glabra**	观花树种	彩叶树种
23	金缕梅	**Hamamelis mollis**	观花树种	彩叶树种
24	钟花樱花	**Cerasus campanulata**	观花树种	彩叶树种
25	山樱花	**Cerasus serrulate**	观花树种	彩叶树种
26	栾树	**Koelreuteria paniculata**	观花树种	彩叶树种
27	梧桐	**Firmiana platanifolia**	观果树种	用材树种

续表

序号	中文名	学名	功能	
28	红果罗浮槭	Acer fabri Hance var. rubrocarpum	观果树种	树形观赏树种
29	岭南槭	Acer tutcheri	观果树种	彩叶树种
30	复羽叶栾树	Koelreuteria bipinnata	观果树种	彩叶树种
31	冬青	Ilex chinensis	观果树种	药用树种
32	铁冬青	Ilex rotunda	观果树种	药用树种
33	枸骨	Ilex cornuta	观果树种	药用树种
34	大叶冬青	Ilex latifolia	观果树种	药用树种
35	山桐子	Idesia polycarpa	观果树种	彩叶树种
36	鸡树条（天目琼花）	Viburnum opulus L. var. calvescens	观果树种	灌木观赏树种
37	大叶桂樱	Laurocerasus zippeliana	特色树杆观赏树种	景观树种
38	异色泡花树	Meliosma myriantha var. discolor	特色树杆观赏树种	用材树种
39	油柿	Diospyros oleifera	特色树杆观赏树种	药用树种
40	光皮树（光皮梾木）	Swida wilsoniana	特色树杆观赏树种	种子榨油食用
41	香叶树	Lindera communis	树形观赏树种	用材树种
42	黑壳楠（原变型）	Lindera megaphylla Hemsl. f. megaphyll	树形观赏树种	用材树种
43	红楠	Machilus thunbergii	树形观赏树种	用材树种
44	花榈木	Ormosia henryi	树形观赏树种	用材树种
45	树参	Dendropanax dentiger	树形观赏树种	药用树种
46	江西褐毛四照花	Dendrobenthamia ferruginea var. jiangxiensis	树形观赏树种	观花树种
47	紫楠	Phoebe sheareri	地带性特征景观树种	用材树种
48	川榛	Corylus heterophylla Fisch. var. sutchuenensis	地带性特征树种	彩叶树种
49	浙江润楠	Machilus chekiangensis	用材树种	森林景观树种
50	浙江楠	Phoebe chekiangensis	用材树种	森林景观树种
51	闽楠	Phoebe bournei	用材树种	森林景观树种
52	桢楠（楠木）	Phoebe zhennan	用材树种	森林景观树种
53	香槐	Cladrastis wilsonii	用材树种	森林景观树种
54	豹皮樟	Litsea coreana Lévl. var. sinensis(Allen)	用材树种	森林景观树种
55	大果木姜子	Litsea lancilimba	用材树种	森林景观树种
56	越南安息香（东京野茉莉）	Styrax tonkinensis	用材树种	工业原料（种子油）
57	红皮树（栓叶安息香）	Styrax suberifoliu	用材树种	森林景观树种
58	红花香椿	Toona rubriflora	用材树种	森林景观树种
59	翅荚香槐	Cladrastis platycarpa	用材树种	森林景观树种
60	木荚红豆	Ormosia xylocarpa	用材树种	森林景观树种
61	红豆树	Ormosia hosiei	用材树种	森林景观树种
62	苍叶红豆	Ormosia semicastrata f. pallida	用材树种	森林景观树种
63	肥皂荚	Gymnocladus chinensis	用材树种	森林景观树种
64	赤皮青冈	Cyclobalanopsis gilva	用材树种	森林景观树种
65	红锥（小红栲）	Castanopsis hystrix	用材树种	森林景观树种
66	白花泡桐	Paulownia fortunei	速生用材树种	生态修复（土壤、矿山修复）

续表

序号	中文名	学名	功能	
67	江南油杉	**Keteleeria cyclolepis**	用材树种	森林景观树种
68	铁坚油杉	**Keteleeria davidiana**	用材树种	森林景观树种
69	长苞铁杉	**Tsuga longibracteata**	用材树种	森林景观树种
70	福建柏	**Fokienia hodginsii**	用材树种	森林景观树种
71	红花凹叶厚朴	**Magnolia officinalis** subsp. **biloba** 'Flores Rubri'	药用树种	观花树种
72	半枫荷	**Semiliquidambar cathayensis**	药用树种	彩叶树种
73	青钱柳	**Cyclocarya paliurus**	药用树种	用材树种
74	黄花倒水莲	**Polygala**	药用树种	观花树种
75	锐尖山香圆（山香圆）	**Turpinia arguta**	药用树种	园林树种
76	金豆	**Fortunella venosa**	药用树种	观果树种
77	酸橙	**Citrus aurantium**	药用树种	观果树种
78	栀子（黄栀子）	**Gardenia jasminoides**	药用树种	园林树种
79	老鸦柿	**Diospyos rhombifolia**	药用树种	观果树种
80	钩吻	**Gelsemium elegans**	药用植物	农药植物
81	枳椇	**Hovenia acerba**	野生果树	彩叶树种
82	锥栗	**Castanea henryi**	野生果树	彩叶树种
83	野柿	**Diospyros kaki** Thunb. var. **silvestris**	野生果树	彩叶树种
84	桃金娘	**Rhodomyrtus tomentosa**	野生果树	观花植物
85	褐毛杜英（冬桃、青果）	**Elaeocarpus duclouxii**	野生果树	树形观赏树种
86	木油桐	**Vernicia montana**	土壤修复树种	工业原料（种子油）
87	构树	**Broussonetia papyifera**	生态修复（土壤修复）	彩叶树种
88	厚壳树	**Ehretia thyrsiflora**	生态修复（土壤修复）	彩叶树种
89	野枣（枣）	**Ziziphus jujuba** Mill. var. **jujuba**	生态修复（土壤修复）	野生果树
90	虎皮楠	**Daphniphyllum oldhami**	生态修复（土壤修复）	树形观赏树种
91	皂荚	**Gleditsia sinensis**	生态修复（土壤修复）	用材树种
92	窄叶短柱茶	**Camellia fluviatilis**	生态修复（土壤修复）	食用油（种子油）
93	单叶蔓荆	**Vitex trifolia** Linn. var. **simplicifolia**	生态修复（土壤修复）	药用植物
94	长叶冻绿	**Rhamnus crenata**	生态修复（土壤修复）	树形观赏树种
95	轮叶蒲桃（三叶赤楠）	**Syzygium grijsii**	生态修复（土壤修复）	树形观赏树种
96	显齿蛇葡萄	**Ampelopsis grossedentata**	生态修复（土壤修复）	藤本观赏植物
97	老虎刺	**Pterolobium punctatum**	矿区修复	土壤修复
98	常春油麻藤	**Mucuna sempervirens**	矿区修复	土壤修复

续表

序号	中文名	学名	功能	
99	夹竹桃	**Nerium indicum**	矿区修复	土壤修复
100	算盘子	**Glochidion puberum**	矿区修复	土壤修复
101	水松	**Glyptostrobus pensilis**	湿地修复	彩叶树种
102	枫杨	**Pterocarya stenoptera**	湿地修复	土壤修复
103	石榕树	**Ficus abelii**	湿地修复	观果植物
104	密花梭罗	**Reevesia pycnantha**	树形观赏树种	用材树种
105	山芝麻	**Helicteres angustifolia**	矿区修复	土壤修复
106	白背黄花稔（原变种）	**Sida rhombifolia** L.var. **rhombifolia**	矿区修复	土壤修复
107	梵天花（原变种）	**Urena procumbens** L. var. **procumbens**	矿区修复	土壤修复
108	枹栎	**Quercus serrata**	石头山植被恢复	水土流失区植被恢复
109	多穗柯	**Lithocarpus litseifolius**	石头山植被恢复	嫩叶可制茶
110	东南栲	**Castanopsis jucunda**	石头山植被恢复	景观营造
111	女贞	**Ligustrum lucidum**	石头山植被恢复	景观营造
112	李	**Prunus salicina**	石头山植被恢复	果树种质资源
113	珍珠莲	**Ficus sarmentosa** var. **henryi**	石头山植被恢复	垂直绿化

（二）三用树种

序号	中文名	学名	功能		
1	栓皮栎	**Quercus variabilis**	彩叶树种	用材树种	工业原料
2	加拿大杨	**Populus × canadensis**	彩叶树种	工业用材	湿地修复
3	南方红豆杉	**Taxus wallichiana** Zucc.var.**mairei**	观果树种	用材树种	药用树种
4	川桂	**Cinnamomum wilsonii**	树形观赏树种	用材树种	香料树种
5	樟树（香樟）	**Cinnamomum camphora**	地带性特征树种	用材树种	医药原料
6	猴樟	**Cinnamomum bodinieri**	地带性特征树种	用材树种	医药原料
7	刨花润楠	**Machilus pauhoi**	用材树种	森林景观树种	医药原料
8	黄樟	**Cinnamomum parthenoxylon**	用材树种	森林景观树种	医药原料
9	沉水樟	**Cinnamomum micranthum**	用材树种	森林景观树种	医药原料
10	大叶榉树（原榉树）	**Zelkova schneideriana**	用材树种	森林景观树种	彩叶树种
11	榉树（原光叶榉）	**Zelkova serrata**	用材树种	森林景观树种	彩叶树种
12	南酸枣	**Choerospondias axillaris**	野生果树	彩叶树种	工艺雕刻用材
13	刺槐	**Robinia pseudoacacia**	矿区修复	土壤修复	用材树种
14	葛藤（葛）	**Pueraria lobata** var. **lobata**	矿区修复	土壤修复	饲料植物
15	蓖麻	**Ricinus communis**	矿区修复	土壤修复	工业原料（种子油）
16	粗叶悬钩子	**Rubus alceaefolius**	矿区修复	土壤修复	野生果树
17	广东蛇葡萄	**Ampelopsis cantoniensis**	矿区修复	土壤修复	藤本观赏植物
18	青檀	**Pteroceltis tatarinowii**	石头山植被恢复	行道树配置	彩叶树种

中文名索引

A

白背黄花稔（原变种）	211/292*
白花泡桐	152/272
白蜡树	045/236
半枫荷	160/274
豹皮樟	137/267

B

蓖麻	209/291

C

苍叶红豆（软荚红豆的变型）	146/270
檫木	043/236
长苞铁杉	156/273
长梗柳（原变种）	218/294
长叶冻绿	197/287
常春油麻藤	204/289
沉水樟	136/267
池杉	064/242
齿缘吊钟花	081/247
赤皮青冈	150/271
翅荚香槐	142/269
臭椿（原变种）	056/240
川桂	107/256
川榛	129/264
刺槐	202/289
刺毛杜鹃	080/247
粗叶悬钩子	206/290

D

大果木姜子	138/267
大叶冬青	090/250
大叶桂樱	100/254
大叶榉树（原榉树）	148/271
单叶蔓荆	194/286
灯笼花	082/248
东南栲（秀丽锥、乌楣栲）	222/295
冬青	087/249
豆梨	174/279
杜鹃（映山红）	076/246
椴树	048/238
多花山竹子	116/259
多穗柯（木姜叶柯、甜茶）	221/294

E

鹅掌楸	032/233

F

梵天花（原变种）	212/292
肥皂荚	147/270
风箱树	215/293
枫香	028/231
枫杨	214/292
伏毛杜鹃	075/246
枹栎	220/294
福建柏	157/273
复羽叶栾树	086/249

G

岗松	193/286
葛藤（葛）	203/289
钩藤	164/276

---

*"/"前页码为对应物种于识别部分出现的页码，"/"后页码为对应物种于应用部分出现的页码，索引同。

钩吻	172/278	檵木	196/287
枸骨	089/250	加拿大杨	062/241
构棘（葨芝）	225/296	夹竹桃	205/290
构树	187/284	江南油杉	154/272
光皮树（光皮梾木）	103/255	江西褐毛四照花	119/260
广东琼楠	123/262	金豆	165/276
广东蛇葡萄	207/290	金缕梅	070/244
广东紫珠	169/277	金钱松	067/243
广西紫荆（南岭紫荆）	068/243	金叶含笑	033/233
		井冈山木莲	113/258
		榉树（原光叶榉）	149/271

H

褐毛杜英（冬桃、青果）	185/283		
黑壳楠（原变型）	105/255		

K

		栲（丝栗栲）	125/262
红豆树	145/270	苦楝	046/237
红果罗浮槭	084/248	苦树（苦木）	159/274
红花凹叶厚朴	158/274		
红花檵木	029/232		

L

红花香椿	141/268	蜡梅	060/241
红楠	106/256	蓝果树	047/237
红皮树（栓叶安息香）	140/268	榔榆	040/235
红锥（小红栲）	151/271	老虎刺	201/289
猴欢喜	094/251	老鼠矢	111/257
猴樟	121/261	老鸦柿	170/278
厚壳树	188/285	乐东拟单性木兰	112/258
湖北紫荆	069/244	棱角山矾	110/257
		李	227/296

H

槲栎	049/238	楝叶吴萸	055/239
槲树	050/238	岭南槭	085/248
虎皮楠	190/285	龙岩杜鹃	077/246
花榈木	114/258	庐山芙蓉（原变种）	074/245
华南青皮木	093/251	鹿角杜鹃	079/247
黄花倒水莲	162/275	栾树	073/245
黄荆	195/287	轮叶蒲桃（三叶赤楠）	199/288
黄连木	053/239		
黄樟	135/266		

M

		麻梨（鹅梨）	173/279

J

		麻栎	051/238
鸡树条（天目琼花）	096/252	毛花猕猴桃	180/281

毛锥（南岭栲）	124/262	石榕树	219/294
密花梭罗	108/256	树参	117/259
闽楠	133/266	栓皮栎	052/239
墨西哥落羽杉	065/242	水杉	066/243
木荷	128/263	水松	213/292
木荚红豆	144/269	水团花	216/293
木油桐	186/284	丝线吊芙蓉	078/246
		酸橙	166/276
		算盘子	208/291

N

南方红豆杉	097/253		
南酸枣	177/280		
南烛（乌饭树）	184/283	台湾林檎	175/279
女贞	224/295	桃金娘	183/282
		天料木（原变种）	057/240

T

		天师栗	058/240

P

刨花润楠	131/265	天台阔叶槭	035/234
朴树	041/235	铁冬青	088/249
		铁坚油杉	155/273

Q

W

青冈	126/263		
青钱柳	161/275	尾叶那藤	182/282
青檀	223/295	尾叶紫薇	099/253
青榨槭	036/234	乌桕	026/231
全缘琴叶榕	059/241	无患子	030/232
		吴茱萸五加	031/232

R

		梧桐	083/248
日本杜英（薯豆）	115/259	五列木	061/241
锐尖山香圆（山香圆）	163/275	五裂槭（原亚种）	039/235

S

X

三叶木通	181/282	西川朴	042/236
山胡椒	044/236	细柄蕈树	127/263
山麻杆	226/296	细叶水团花	217/293
山桐子	095/252	显齿蛇葡萄	200/288
山乌桕	025/230	香槐	143/269
山樱花	072/244	香叶树	104/255
山芝麻	210/291		
杉木	153/272		

Y

深裂叶中华槭	038/234	蕈树（阿丁枫）	118/260

野漆树	054/239	毡毛泡花树	109/257
野柿	179/281	樟树（香樟）	120/261
野鸦椿	091/250	浙江楠	132/265
野枣（枣）	189/285	浙江润楠	130/265
异色泡花树	101/254	珍珠莲（变种）	228/296
银杏	024/230	桢楠（楠木）	134/266
硬毛马甲子	198/288	栀子（黄栀子）	168/277
油柿	102/254	枳（枸橘）	167/277
余甘子	171/278	枳椇	176/280
圆齿野鸭椿	092/251	中华槭	037/234
圆叶乌桕	027/231	中山杉	063/242
越南安息香（东京野茉莉）	139/268	钟花樱花	071/244
		锥栗	178/281

Z

皂荚	191/286	紫果槭	034/233
窄叶短柱茶	192/286	紫茎	098/253
		紫楠	122/261

学名索引

A

Acanthopanax evodiaefolius Franch. 031/232
Acer amplum Rehd. var. tientaiense (Schneid.) Rehd. 035/234
Acer cordatum Pax 034/233
Acer davidii Frarich. 036/234
Acer fabri Hance var. rubrocarpum Mctc. 084/248
Acer oliverianum Pax subsp. oliverianum 039/235
Acer sinense Pax 037/234
Acer sinense Pax var. longilobum Fang 038/234
Acer tutcheri Duthie 085/248
Actinidia eriantha Benth. 180/281
Adina pilulifera (Lam.) Franch. ex Drake 216/293
Adina rubella Hance 217/293
Aesculus wilsonii Rehd. 058/240
Ailanthus altissima (Mill.) Swingle var. altissima 056/240
Akebia trifoliata (Thunb.) Koidz. subsp. trifoliata 181/282
Alchornea davidii Franch. 226/296
Altingia chinensis (Champ.) Oliver ex Hance 118/260
Altingia gracilipes Hemsl. 127/263
Ampelopsis cantoniensis (Hook. et Arn.) Planch. 207/290
Ampelopsis grossedentata (Hand.-Mazz.) W. T. Wang 200/288

B

Baeckea frutescens L. 193/286
Beilschniedia fordii Dunn 123/262
Broussonetia papyifera (Linn.) Ĺ Héritier ex Ventenat 187/284

C

Callicarpa kwangtungensis Chun 169/277
Camellia fluviatilis Hand.-Mazz. 192/286
Castanea henryi (Skan) Rehd. et Wils. 178/281
Castanopsis fargesii Franch. 125/262
Castanopsis fordii Hance 124/262
Castanopsis hystrix Miq. 151/271
Castanopsis jucunda Hance 222/295
Celtis sinensis Pers. 041/235
Celtis vandervoetiana Schneid. 042/236
Cephalanthus tetrandrus (Roxb.) Ridsd. et Bakh. f. 215/293
Cerasus campanulata (Maxim.) Yu et Li 071/244
Cerasus serrulata (Lindl.) G. Don ex London 072/244
Cercis chuniana Metc. 068/243
Cercis glabra Pampan. 069/244
Chimononthus praecox (L.) Link 060/241
Choerospondias axillaris (Roxb.) Burtt et Hill 177/280
Cinnamomum bodinieri Levl. 121/261
Cinnamomum camphora (L.) Presl. 120/261
Cinnamomum micranthum (Hayata) Hayata 136/267
Cinnamomum parthenoxylon (Jack) Meisner 135/266
Cinnamomum wilsonii Gamble 107/256
Citrus aurantium L. 166/276
Cladrastis platycarpa (Maxim.) Makino 142/269
Cladrastis wilsonii Takeda 143/269
Corylus heterophylla Fisch. var. sutchuenensis Franch. 129/264
Cudrania cochinchinensis (Lour.) Kudo et

Masam. 225/296

Cunninghamia lanceolata (Lamb.) Hook. 153/272

Cyclobalanopsis gilva (Blume) Oerst. 150/271

Cyclobalanopsis glauca (Thunb.) Oerst. 126/263

Cyclocarya paliurus (Batal.) Iljinsk. 161/275

D

Daphniphyllum oldhami (Hemsl.) Rosenth.
190/285

Dendrobenthamia ferruginea (Wu) Fang var. **jiangxiensis** Fang et Hsieh 119/260

Dendropanax dentiger (Harms) Merr. 117/259

Diospyos rhombifolia Hemsl. 170/278

Diospyros kaki Thunb. var. **silvestris** Makino
179/281

Diospyros oleifera Cheng 102/254

E

Ehretia thyrsiflora (Sieb. et Zucc.) Nakai 188/285

Elaeocarpus duclouxii Gagnep. 185/283

Elaeocarpus japonicus Sieb. et Zucc. 115/259

Enkianthus chinensis Franch. 082/248

Enkianthus serrulatus (Wils.) Schneid. 081/247

Euscaphis japonica (Thunb.) Dippel 091/250

Euscaphis konishii Hayata 092/251

Evodia glabrifolia (Champ. ex Benth.) Huang
055/239

F

Ficus abelii Miq. 219/294

Ficus pandurata Hance var. **holophylla** Migo
059/241

Ficus sarmentosa Buch.-Ham. ex J. E. Sm. var. **henryi** (King ex Oliv.) Corner 228/296

Firmiana platanifolia (Linn. f.) Marsili 083/248

Fokienia hodginsii (Dunn) Henry et Thomas
157/273

Fortunella venosa (Champ. ex Benth.) Huang
165/276

Fraxinus chinensis Roxb. 045/236

G

Garcinia multiflora Champ. ex Benth. 116/259

Gardenia jasminoides Ellis 168/277

Gelsemium elegans (Gardn. et Champ.) Benth.
172/278

Ginkgo biloba L. 024/230

Gleditsia sinensis Lam. 191/286

Glochidion puberum (Linn.) Hutch. 208/291

Glyptostrobus pensilis (Staunt.) Koch 213/292

Gymnocladus chinensis Baill. 147/270

H

Hamamelis mollis Oliver 070/244

Helicteres angustifolia L. 210/291

Hibiscus paramutabilis Bailey var. **paramutabilis**
074/245

Homalium cochinchinense (Lour.) Druce var. **cochinchinense** 057/240

Hovenia acerba Lindl. 176/280

I

Idesia polycarpa Maxim. 095/252

Ilex chinensis Sims 087/249

Ilex cornuta Lindl. et Paxt. 089/250

Ilex latifolia Thunb. 090/250

Ilex rotunda Thunb. 088/249

K

Keteleeria cyclolepis Flous 154/272

Keteleeria davidiana (Bertr.) Beissn. 155/273

Koelreuteria bipinnata Franch. 086/249

Koelreuteria paniculata Laxm. 073/245

L

Lagerstroemia caudata Chun et F. C. How ex S. K. Lee et L. F. Lau 099/253

Laurocerasus zippeliana (Miq.) Yu et Lu 100/254

Ligustrum lucidum Ait.	224/295
Lindera communis Hemsl.	104/255
Lindera glauca (Sieb. et Zucc.) Bl.	044/236
Lindera megaphylla Hemsl. f. **megaphylla**	105/255
Liquidambar formosana Hance	028/231
Liriodendron chinense (Hemsl.) Sargent.	032/233
Lithocarpus litseifolius (Hance) Chun	221/294
Litsea coreana Lévl. var. **sinensis**(Allen) Yang et P. H. Huang	137/267
Litsea lancilimba Merr.	138/267
Loropetalum chinense (R. Br.) Oliver	196/287
Loropetalum chinense Oliver var. **rubrum** Yieh	029/232

M

Machilus chekiangensis S. Lee	130/265
Machilus pauhoi Kanehira	131/265
Machilus thunbergii Sieb. et Zucc.	106/256
Magnolia officinalis Rehd. et Wils. subsp. **biloba** (Rehd. et Wils.) Law 'Flores Rubri'	158/274
Malus doumeri (Bois) Chev.	175/279
Manglietia jinggangshanensis R.L. Liu et Z.X. Zhang	113/258
Melia azedarach L.	046/237
Meliosma myriantha Sieb. et Zucc. var. **discolor** Dunn	101/254
Meliosma rigida Sieb. et Zucc. var. **pannosa** (Hand.-Mazz.) Law	109/257
Metasequoia glyptostroboides Hu et Cheng	066/243
Michelia foveolata Merr. ex Dandy	033/233
Mucuna sempervirens Hemsl.	204/289

N

Nerium indicum Mill.	205/290
Nyssa sinensis Oliv.	047/237

O

Ormosia henryi Prain	114/258
Ormosia hosiei Hemsl. et Wils.	145/270
Ormosia semicastrata Hance f. **pallida** How	146/270
Ormosia xylocarpa Chun ex L. Chen	144/269

P

Paliurus hirsutus Hemsl.	198/288
Parakmeria lotungensis (Chun et C. Tsoong) Law	112/258
Paulownia fortunei (Seem.) Hemsl.	152/272
Pentaphylax euryoides Gardn. et Champ.	061/241
Phoebe bournei (Hcmsl.) Yang	133/266
Phoebe chekiangensis C. B. Shang	132/265
Phoebe sheareri (Hemsl.) Gamble	122/261
Phoebe zhennan S. Lee et F. N. Wei	134/266
Phyllanthus emblica L.	171/278
Picrasma quassioides (D. Don) Benn.	159/274
Pistacia chinensis Bunge	053/239
Polygala fallax Hemsl.	162/275
Poncirus trifoliata (L.) Raf.	167/277
Populus × canadensis Moench.	062/241
Prunus salicina Lindl.	227/296
Pseudolarix amabilis (Nelson) Rehd.	067/243
Pterocarya stenoptera C. DC.	214/292
Pteroceltis tatarinowii Maxim.	223/295
Pterolobium punctatum Hemsl.	201/289
Pueraria lobata (Willd.) Ohwi var. **lobata**	203/289
Pyrus calleryana Dene.	174/279
Pyrus serrulata Rehd.	173/279

Q

Quercus acutissima Carruth.	051/238
Quercus aliena Bl. var. **aliena**	049/238
Quercus dentata Thunb.	050/238
Quercus serrata Thunb.	220/294
Quercus variabilis Bl.	052/239

R

Reevesia pycnantha Ling	108/256

Rhamnus crenata Sieb. et Zucc. 197/287

Rhododendron championae Hook. 080/247

Rhododendron florulentum Tam 077/246

Rhododendron latoucheae Franch. 079/247

Rhododendron simsii Planch. 076/246

Rhododendron strigosum R. L. Liu 075/246

Rhododendron westlandii Hemsl. 078/246

Rhodomyrtus tomentosa (Ait.) Hassk. 183/282

Ricinus communis L. 209/291

Robinia pseudoacacia L. 202/289

Rubus alceaefolius Poir. var. **alceaefolius** 206/290

S

Salix dunnii Schneid.var. **dunnii** 218/294

Sapindus mukorossi Gaertn. 030/232

Sapium discolor (Champ. ex Benth.) Muell.- Arg.
025/230

Sapium rotundifolium Hemsl. 027/231

Sapium sebiferum (L.) Roxb. 026/231

Sassafras tzumu (Hemsl.) Hemsl. 043/236

Schima superba Gardn. et Champ. 128/263

Schoepfia chinensis Gardn. et Champ. 093/251

Semiliquidambar cathayensis Chang 160/274

Sida rhombifolia L.var. **rhombifolia** 211/292

Sloanea sinensis (Hance) Hemsl. 094/251

Stauntonia obovatifoliola Hayata subsp. **urophylla** (Hand.-Mazz.) H. N. Qin 182/282

Stewartia sinensis Rehd. et Wils. 098/253

Styrax suberifolius Hook. et Arn. 140/268

Styrax tonrinensis (Pierre) Craib ex Hartw.
139/268

Swida wilsoniana (Wanger.) Sojak 103/255

Symplocos stellaris Brand 111/257

Symplocos tetragona Chen ex Y. F. Wu 110/257

Syzygium grijsii (Hance) Merr. et Perry. 199/288

T

Taxodium 'Zhongshanshan' 063/242

Taxodium ascendens Brongn. 064/242

Taxodium mucronatum Tenore 065/242

Taxus wallichiana Zucc.var.**mairei** (lemee et Lévl.) L. K. Fu et Nan Li 097/253

Tilia tuan Szyszyl. var. **tuan** 048/238

Toona rubriflora Tseng 141/268

Toxicodendron succedaneum (L.) O. Kuntze
054/239

Tsuga longibracteata Cheng 156/273

Turpinia arguta (Lindl.) Seem. 163/275

U

Ulmus parvifolia Jacq. 040/235

Uncaria rhynchophylla (Miq.) Miq. ex Havil.
164/276

Urena procumbens L. var. **procumbens** 212/292

V

Vaccinium bracteatum Thunb. 184/283

Vernicia montana Lour. 186/284

Viburnum opulus Linn. var. **calvescens** (Rehd.) Hara 096/252

Vitex negundo L. var. **negundo** 195/287

Vitex trifolia Linn. var. **simplicifolia** Cham.
194/286

Z

Zelkova schneideriana Hand. -Mazz. 148/271

Zelkova serrata (Thunb.) Makino 149/271

Ziziphus jujuba Mill. var. **jujuba** 189/285